高等学校油脂工程专业教材

油脂工厂物料输送

Oil Plant Material Transportation

刘玉兰　何东平　主编

陈文麟　主审

中国轻工业出版社

图书在版编目（CIP）数据

油脂工厂物料输送/刘玉兰，何东平主编 . —北京：中国轻工业出版社，2024.1

普通高等教育"十三五"规划教材

高等学校油脂工程专业教材

ISBN 978 - 7 - 5184 - 0877 - 1

Ⅰ . ①油… Ⅱ . ①刘… ②何… Ⅲ . ①油脂制备—化工厂—物料输送系统—高等学校—教材 Ⅳ . ①TQ647

中国版本图书馆 CIP 数据核字（2016）第 059258 号

责任编辑：张 靓 责任终审：张乃東 封面设计：锋尚设计
版式设计：锋尚设计 责任校对：燕 杰 责任监印：张 可

出版发行：中国轻工业出版社（北京鲁谷东街 5 号，邮编：100040）

印 刷：三河市万龙印装有限公司

经 销：各地新华书店

版 次：2024 年 1 月第 1 版第 2 次印刷

开 本：787 × 1092 1/16 印张：18.5

字 数：370 千字

书 号：ISBN 978-7-5184-0877-1 定价：42.00 元

邮购电话：010 - 85119873

发行电话：010 - 85119832 010 - 85119912

网 址：http://www.chlip.com.cn

Email：club@chlip.com.cn

序

追溯十多年前的 2005 年，由全国相关领域八十八位编委共同参与，由本人主编的《中国油脂工业发展史》历经十五年正式出版发行，出版后受到全国油脂界及相关行业专业人士的一致好评。书中介绍了我国"油脂专业教育及油脂专业科技书籍"的发展历史，每当重温这些文字，都会使我这个油脂战线的"老兵"心潮澎湃，心情久久难以平静。

自新中国成立以来，我国"油脂专业教育及油脂专业科技书籍"从无到有，从弱到强。这是我国几代"油脂人"辛勤耕耘、发奋图强的结果，来之不易，弥足珍贵，应该发扬光大，指引我们在今后的实际工作中，取得更加辉煌的业绩。

高等学校油脂专业系列教材由江南大学王兴国、武汉轻工大学何东平和河南工业大学刘玉兰三位教授担任编委会主任，联合三十余位高等院校、科研院所及相关企业的编委共同编写而成。在十一部高等学校油脂专业系列教材付梓之际，特邀请我这个油脂科研"老兵"为本套教材作序。其实，当得知我国设立"油脂专业"的这三所高等学府能够破除门户界线，精诚合作编撰本套系列教材，共同分享油脂专业科技和教育的最新科研成果，为我国培养更多、更好、素质更高的油脂专业人才而共同努力时，感到由衷的欣慰。

我国油脂专业高等教育蓬勃发展的大幕正在我们面前徐徐展开，相信本套教材将为我国油脂专业教育以及人才的培养注入新的能量，并为我国油脂行业的发展奠定更加坚实的基础。

中国粮油学会油脂分会会长
中国粮油首席专家

前言

在现代化的油脂工业中,连续输送机是生产过程中流水作业必不可少的组成部分。油脂工厂的物料输送包括固体物料输送、液体输送和气力输送。固体物料主要有油料、料坯、饼粕及白土等;液体物料主要有油脂、水、混合油、溶剂及碱液等;气力输送主要有空气、热风、冷风等。

本课程是高等院校油脂工程专业的一门技术基础课,其内容包括油脂加工厂所使用的输送机械和流体计量设备。通过学习,要求掌握主要设备的构造、工作原理、工作参数、选型设计计算、操作方法及常见故障分析排除等,使学生具有正确选用和对它们进行革新改造的基本能力。

本书由河南工业大学刘玉兰、武汉轻工大学何东平任主编。各章内容的编写者是:河南工业大学刘玉兰 绪论、第一章、第二章、第三章、第四章;河南工业大学张振山 第五章;武汉轻工大学何东平 第六章。

感谢中国粮油学会首席专家、中国粮油学会油脂分会会长王瑞元教授级高级工程师为《高等学校油脂专业系列教材》作序。

诚请武汉轻工大学陈文麟教授为本书主审,感谢他为本书付出的辛勤劳动。

限于编者水平,书中恐多疏漏,请批评指正。衷心希望聆听各方意见。

编　者

目 录

Contents

绪 论

本章知识点

1. 油脂工厂固体物料输送机械的型式。
2. 油脂工厂固体物料输送的作用。
3. 油脂工厂散粒物料的物理特性。

一、 油脂工厂物料输送的概念及分类

在现代化的各种工业企业中，连续输送机是生产过程中组成有节奏的流水作业运输线所不可缺少的组成部分。使用这些设备时，除去进行纯粹的物料输送外，还可以与各工业企业生产流程中的工艺过程的要求相配合。油脂工厂的物料输送包括固体物料输送、液体输送和气力输送。固体物料主要有油料原料、料坯、饼粕、辅助材料如白土等；液体物料主要是油脂、水、混合油、溶剂、碱液等；气力输送主要有空气、热风、冷风等。

油脂工厂的生产过程包括：原料进厂→车间各生产工序的半成品→产品出厂。完成连续生产必须具有连续生产设备和连续输送设备。连续输送设备是沿给定线路连续输送散粒物料或成件物品的机械，是在生产各工序间输送原料、半成品、成品，使生产过程连续化的各种机械设备及辅助设备的总称。对于固体物料的输送，由于输送机械在作用原理、结构特点、输送物料的方法和方向及其他一系列性能上各有不同，因此输送机械的种类繁多，要对它们做出准确的分类是困难的。一般来说可以按以下方式进行分类。

1. 按连续输送机的结构和工作原理分类

可以将连续输送机分为有挠性牵引构件（如胶带、链条）和无挠性牵引构件两类。有挠性牵引构件的连续输送机是将物品放在牵引构件上或承载构件内，利用牵引构件的连续运动使物品沿一定方向输送，如带式输送机、埋刮板输送机及斗式提升机等。无挠性牵引构件的连续输送机是利用工作构件的旋转或往复运动输送物料，如螺旋输送机、振动输送机及滚柱输送机等。

流体输送装置也是不具挠性牵引构件的输送机的一种。它是利用流体动力在管道内输送物料的输送装置，如气力输送装置、液力输送装置等。此外，物料输送系统中的辅助装置虽然不能完全独立地作为输送物料的机械，但它们是各种连续输送机组成机械化输送系统的重要组成部分，如闸、阀门、存仓装置及供料器等。

2. 按连续输送机的用途分类

生产性输送机械，输送过程需满足生产工艺的要求，例如流量及粉末度等；非生产性输送机械，仅用来装卸和输送物料，其输送量越大越好。

3. 按所输送物料的包装形式分类

用于输送散粒物料的输送机；用于输送成件物品的输送机；或两者兼可输送的输送机。

4. 按输送设备的工作位置分类

移动式、固定式、水平输送机及垂直输送机等。

二、 连续输送机在油脂生产中的作用和地位

连续输送机对于连续化生产性很强的油脂生产中的作用是非常重要的。连续输送机在油脂工厂的作用包括：输送物料，使生产各工序连接起来，配合生产设备形成连续化生产；控制生产速度，稳定生产量；保证工艺效果；完成工艺过程（如干燥、冷却、筛分及混合等）。

油脂生产中最常用的连续输送设备有带式输送机、埋刮板输送机、斗式提升机及螺旋输送机等。这些设备虽然属于通用连续输送机械，但由于油脂工业被输送物料（油料、油料加工半成品如生坯、饼粕等）特性及工艺要求的不同，这些输送设备的型式、工作构件以及工作条件有其自身的特殊性。

三、 输送设备的发展及现状

公元 186—189 年，我国就有了人力翻车的发明，翻车是一种取水和排水用的连续输送机。公元 600 年左右，有了高筒转车的发明，这种机械是现代斗式提升机的雏形，它的汲水高度可以达到 10 丈以上。18 世纪末期，螺旋输送机与带式输送机应用于面粉加工行业。现代输送工艺和设备的发展与油脂工业的发展密切相关。其特点归纳如下。

1. 使用的广泛性

我国油脂工业的生产过程已经达到了很高的机械化、连续化、自动化的水平。因此在油脂工厂中连续输送机械的应用已成常态。

2. 技术的先进性

随着近年来油脂工业的快速发展，油脂工厂的生产规模扩大、生产技术进步，油脂工厂输送设备也随之不断淘汰落后的机型，很多新型的、先进的连续输送设备在油脂工厂中应用，如圆管皮带输送机、平面环形埋刮板输送机及出仓螺旋输送机等。油脂工厂采用的连续输送机向大型化、标准化、系列化及新型、高效方向发展。

3. 应用中的创造性

随着油脂工厂生产技术的创新发展和对新型设备的需求，我国油脂工业和粮机制造业的技术人员对连续输送设备进行研发和改进，制作出同时具有生产设备和输送设备功能的设备，在油脂生产中得到很好的应用效果，例如，滚筒软化锅、干燥输送机、圆打筛及料封绞龙等。

4. 发展的不平衡性

由于我国油脂工厂的数量多，加工油料种类多，生产规模也有很大差别，因此油脂工厂所用连续输送设备的技术水平和规范性也有较大差异，输送机械的专业化、系列化、标准化和自动化水平仍有待提高。此外，油脂工厂所用连续输送设备与其他行业相

比，先进机型的普及应用也有一定的差距。

连续输送机及其系统是国民经济各部门输送散体物料或成件物品必不可少的设备和系统之一，也是油脂工厂必不可少的装备，环保、节能、柔性线路布置等将成为今后连续输送机械发展的方向。连续输送机在新理论、新材料、新技术、新工艺的不断促进下，在国内外市场强有力的需求下将得到快速发展。

四、 被输送物料的分类及特性

固体物料输送设备的选型必须依据被输送物料的种类及特性也即输送设备与物料的适应性。油脂工厂所输送的固体物料可分为件状物料和散装物料两大类。件状物料主要是指按件数统计的单件物料，主要有袋装、瓶装、桶装及箱装的物料等。件状物料的特性参数有单重、外形尺寸和形状、外摩擦因数、方向性、防潮及防腐等。

散状物料是指自然堆积的块状、颗粒状、粉末状物料，它们没有一定的外形和界限尺寸。散状物料根据其颗粒的尺寸可分为块状、粒状和粉状等。散状物料的特性参数有粒度、粒度组成、水分、容重、内摩擦角、外摩擦角、侧压系数、悬浮性、磨损性、腐蚀性、黏着性及粉爆性等。

1. 粒度

粒度是描述散状物料单个颗粒的大小和形状的参数。其大小以单个颗粒的最大线形尺寸（最大对角线尺寸）表示。其形状由颗粒的三度尺寸表示，最大尺寸 a，居中尺寸 b，最小尺寸 c。当 $a > b > c$ 时，为长形颗粒，如花生仁等；当 $a = b > c$ 时，为扁形颗粒，如玉米籽粒等；当 $a = b = c$ 时，为球形颗粒，如油菜籽等。

2. 粒度分布（粒度组成）

粒度分布是以质量分数表示的各种粒度的颗粒在群体中所占的百分数，可用粒度曲线或表格的形式表示。通常根据粒度组成，散粒物料可分为原装物料和分选物料。

原装物料是指最大颗粒和最小颗粒的粒度之比大于2.5，即 $A_{max}/A_{min} > 2.5$。

若尺寸 $(0.8 \sim 1) A_{max}$ 的颗粒质量 > 试样质量10%，则尺寸 A_{max} 颗粒算作最大典型尺寸颗粒，即 $A' = A_{max}$；

若尺寸 $(0.8 \sim 1) A_{max}$ 的颗粒质量 < 试样质量10%，则尺寸 $0.8 A_{max}$ 颗粒算作最大典型尺寸颗粒，即 $A' = 0.8 A_{max}$。

分选物料是指 $A_{max}/A_{min} \leq 2.5$。分选物料以颗粒的平均尺寸表示其典型颗粒尺寸，即 $A' = (A_{max} + A_{min})/2$。

散状物料按典型颗粒尺寸 A' 大小的分类如表0-1所示。

表0-1　　　　　　　　　　散状物料按粒度分类

典型颗粒尺寸 A'/mm	粒度分类	典型颗粒尺寸 A'/mm	粒度分类
>160	大块物料	0.5~10	粒状物料
60~160	中块物料	0.05~0.5	粉状物料
10~60	小块物料	<0.05	尘状物料

典型颗粒尺寸 A' 具有特征性,当决定输送设备各个工作构件的尺寸以及决定存仓、漏斗、料槽的排出口尺寸时,必须考虑散粒物料的典型颗粒尺寸。

3. 水分

散粒物料水分含量的高低会影响其特性。水分含量增大,物料的散落性变差,容重增大,水分含量降低,物料易碎,粉末度增大。

4. 容重(堆积密度)

容重是指散状物料在自然状态下单位体积所具有的质量(t/m^3 或 kg/m^3),不同物料容重相差很大,如生坯与饼。散粒物料按其容重的不同分为四级,即轻物料(容重 $<0.4t/m^3$)、中物料(容重 $0.4\sim1.2t/m^3$)、重物料(容重 $1.2\sim1.8t/m^3$)、特重物料(容重 $>1.8t/m^3$)。输送机械的类型应与物料的容重级别相适应,容重大于 1.6 t/m^3 的物料应选用重型输送机械。重度是指散粒物料在松散状态下单位体积所具有的重量。物料受振动或动载荷后将被压实,压实后的容重和重度增加,称为压实重度,一般压实重度 $=1.05$ 堆积重度。

5. 自然堆积角及内摩擦角

散状物料松散而无振动的自然堆高,物料表面与水平面之间的夹角称之为自然堆积角 ρ_0 (又称静堆积角、静止角)。它反映了物料的散落性,即自然流动性。在大多数情况下(没有黏着性或黏着性较小的物料),物料的静堆积角近似相等于物料的内摩擦角 ρ_n 。当堆放物料的底面运动或振动时,自然堆积角减小,此时物料的堆积角称为动堆积角。增幅越大、振动时间越长,堆积角减小越显著。一般情况下动堆积角 $\rho_d = (0.65\sim0.8)\rho_0$ 。

6. 外摩擦角 ρ

散粒物料与之接触的固体材料表面(如钢板、橡胶板、木板等)之间的摩擦角称之为外摩擦角,它反映了散状物料与该固体表面之间的摩擦特性。

7. 侧压力与侧压系数 λ

对散状物料在某一方向施加压力(正压力),散状物料所受的压力会以不同的比例向各个方向传递,在垂直于施力方向的压力称之为侧压力。侧压力与正压力之比称侧压系数。正压力 q 、侧压力 p 、侧压系数 λ 三者的关系为:

$$p = \lambda q$$

散状物料在不同的状态下具有不同的侧压系数,三种典型状态是:

散状体无侧向膨胀条件(容器为刚性)下受压时,其侧压力称之为静止侧压力。侧压系数为: $\lambda_0 = 1 - 0.74\tan\rho_n$;

散粒体发生侧向膨胀(容器受侧压力的作用而扩张)时,其侧压力较静止侧压力为小,称为主动侧压力或散粒推力。侧压系数为: $\lambda_a = \tan^2(45° - \rho_n/2)$;

散粒体发生侧向压缩(容器受外力的作用而内缩)时,其侧压力较静止侧压力为大,称为被动侧压力或散粒抗力。侧压系数为: $\lambda_b = \tan^2(45° + \rho_n/2)$;

ρ_n 为散状物料的内摩擦角。

8. 悬浮性

散状物料的悬浮性是指其在气流中的悬浮性能,常用物料的悬浮速度表示。散粒物料的悬浮速度越小,表明其悬浮性越好。

9. 磨损性（或磨琢性）

散状物料在运动时对与它相接触表面产生磨损的性质。散料的磨损性取决于物料的硬度、表面状态、颗粒性状、流动速度等因素。物料的磨损性直接影响机械的使用寿命。

10. 腐蚀性

散状物料对设备表面的腐蚀能力。如菜籽生胚蒸炒过程中产生的含硫蒸汽对设备的腐蚀作用。

11. 黏着性

散状物料与设备构件的黏附能力。通常，物料的黏着性随其水分的增加而增大，物料对设备的黏着性会对卸料产生不良影响。

12. 粉爆性和燃爆性

在对散状物料进行输送和加工过程中，通常会散发粉尘。悬浮在空气中的粉尘物料（主要是有机粉尘，如油脂工厂的粕粉）急剧氧化燃烧，产生大量热和压力，可能导致爆炸。然而，油脂工厂更应注重的是在输送溶剂和含溶物料时的燃爆危险。

五、 对本课程学习的要求

（1）掌握物料输送设备的结构、工作原理、工作过程及应用特点。

（2）了解物料输送设备在油脂工厂的使用情况和问题处理。

（3）正确设计及合理选用油脂工厂物料输送工艺和设备。

思考题

1. 固体物料输送及输送机械在油脂工厂的作用。
2. 油脂工厂固体物料输送机械的分类。
3. 油脂工业中被输送物料的分类及特性。
4. 件状物料的定义及特性参数。
5. 散状物料的定义及特性参数。

第一章

带式输送机

本章知识点

1. 带式输送机的结构及特点。
2. 带式输送机的主要工作构件。
3. 带式输送机的工作过程。
4. 带式输送机生产率计算及输送带宽度的确定。
5. 带式输送机驱动功率的计算。

第一节　带式输送机概述

带式输送机用一根环绕于前后两个滚筒上的输送带作为牵引及承载构件，驱动滚筒依靠摩擦力驱动输送带运动，并带动物料一起运行，从而实现输送物料的目的。

一、带式输送机的一般结构

带式输送机的结构如图 1-1 所示，主要由输送带、滚筒、支承装置、驱动装置、张紧装置、进料装置、卸料装置、清扫装置及机架等部件组成。

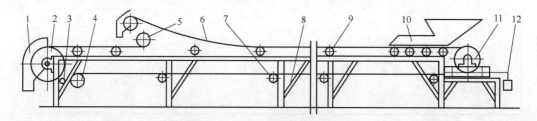

图 1-1　带式输送机的结构图

1—端部卸料　2—驱动滚筒　3—清扫装置　4—导向滚筒　5—卸料小车　6—输送带
7—下托辊　8—机架　9—上托辊　10—进料斗　11—张紧滚筒　12—张紧装置

二、带式输送机的类型

带式输送机可以输送一般的散粒物料，也能输送质量不太大的成件物料。根据带式输送机结构和主要工作部件的不同，可将其分为不同的类型。

按支承装置的型式不同，可分为托辊式和气垫式带式输送机。

按输送带的种类不同，可分为胶带式、帆布带式、塑料带式、钢带式和网带式输送机等。其中胶带输送机在粮油工业中应用最为广泛。根据胶带表面形状不同又可将其分为普通胶带输送机和花纹胶带输送机。

按输送方向不同，可分为水平、倾斜、垂直带式输送机。

按输送机固定与否，可分为固定式和移动式输送机两大类。固定式输送机通过机架安装在基础上，其工作位置不变，固定式带式输送机的基本形式如图 1-2 所示。移动式带式输送机装有行走机构，可根据使用需要进行移动，移动式带式输送机如图 1-3 所示。

为了满足特殊需要，还有特种带式输送机，如圆管带式输送机、可逆带式输送机、压带式输送机、钢带输送机等。

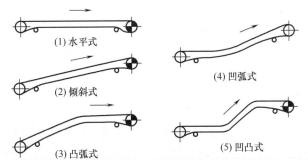

(1) 水平式　　(2) 倾斜式　　(3) 凸弧式　　(4) 凹弧式　　(5) 凹凸式

图 1-2　固定式带式输送机的基本形式图

图 1-3　移动式带式输送机立体图

三、带式输送机的应用特点及发展

1. 带式输送机的应用特点

带式输送机是应用极为广泛的输送设备。其主要优点是输送能力大，输送距离长，生产效率高；输送物料的适应性广，可输送散状物料和件状物料，并可兼作检查和操作台等；工作平稳，不损伤被输送物料，运行噪声小；结构相对简单、便于制造。缺点是输送带易磨损且输送带成本高（约占输送机总造价的40%）；如采用机械支承需大量的滚动轴承；中间卸料需加装专门的卸料装置；普通胶带不适于过大倾角输送。

在油脂加工厂，带式输送机主要作为非生产性的输送机械，用作原料、散状粕、袋装粕、包装箱等物料的输送。

2. 带式输送机的发展展望

长距离输送，提高输送距离仍然是带式输送机的发展方向之一，为实现大运量输送，除了采用大带宽外，同时还需要增大带速，这就要求设备有更好的安装精度和更高的加工精度；采用低阻力输送带，据称采用低阻力的橡胶，可以节约10%～15%的功率；结合改进安装和防跑偏方法，以取得显著的传动效率；采用中间驱动；发展曲线带式输送机系统、钢绳牵引带式输送机等。

如长距离曲线带式输送机系统。克虏伯－罗宾斯公司（ThyssenKrupp Robins）生产、安装的单机最长的曲线带式输送机，单机长度19km，设计带速7m/s，设计输送能力1090t/h，有10个水平转弯，3个驱动站，5台560kW的驱动装置，尾部1台，头部2台，中间2台。

钢绳牵引带式输送机，其张力由钢丝绳承担，与承载的输送带是分开的，其显著优点是输送距离长，世界上单机最长的钢丝绳牵引带式输送机安装在澳大利亚的沃斯里（Worsley）氧化铝矿，输送长度30.4km。这种带式输送机的张力承载元件（钢丝绳）与物料承载元件（输送带）分开，使得这种输送机可以以非常小的水平弯曲半径转弯。

近年来，带式输送机向着大输送能力、大单机长度和大输送倾角发展。输送带向多品种、高性能、轻量化、多功能、节能、安全、环保、长寿命方向发展。普通用途织物芯输送带向高强度、少层化方向发展，钢丝绳芯注重提升抗冲击、防撕裂、耐磨耗等性能。

第二节　带式输送机的主要工作构件

一、输送带

输送带既是带式输送机的牵引构件，又是承载构件。其结构一般包括抗拉层（带芯）和覆盖层（上下覆盖胶和边胶）组成。帆布芯输送带的抗拉材料由多层胶帆布组成，钢丝绳芯输送带的抗拉材料由多根纵向排列的钢丝绳组成，整体带芯输送带的抗拉材料用织机整体织成。输送带在工作过程的全部负荷都由抗拉层承担，要求其有一定的强度和刚度。覆盖胶和边胶是带芯的保护层，在工作时能保护带芯不受物料的直接冲击、磨损、腐蚀，防止带芯早期损坏，延长输送的使用寿命。上覆盖胶主要与输送的物料接触也称工作面，下覆盖胶则与传动辊筒接触。为了防止输送带磨边，一般在输送带的两侧加贴边胶。较大规格的输送带在带芯层与覆盖层之间加贴缓冲层，增大覆盖胶与抗拉层之间的附着力，增大胶带的耐冲击性。

输送带的品种繁多，新的品种不断涌现，制造厂和使用单位对输送带的分类和命名也不统一。通常可以根据带芯材质分为织物芯输送带、钢丝绳芯输送带、牵引钢丝绳芯输送带（钢缆输送带）和钢网输送带等。织物芯输送带又可分有织物型棉带、尼龙带、EP带、PVC、PVG整芯带。按产品结构也可以分有分层输送带、整芯输送带、钢丝绳芯输送带、钢缆输送带、管状输送带、花纹输送带、挡边输送带、减层输送带等。按照用途又有普通输送带、助燃抗静电输送带、耐热输送带、耐高温输送带、耐酸碱输送带、耐油输送带、耐寒输送带。普通输送带的带芯由一层或多层织物构成或整体带芯织物构成，带芯材料经橡胶或塑料浸渍或压延挂胶。带芯层外有覆盖层，必要时可以在带芯层与覆盖层之间或覆盖层内部加贴胶网眼布或帘布缓冲层，缓冲层厚度计入覆盖层厚度，而不计入带芯层厚度。

1. 橡胶输送带

橡胶输送带由带芯、上下覆盖胶和边胶等几部分组成，橡胶输送带棉织物带芯及橡胶面如图1-4所示。带芯的作用是承受牵引力、因此需要具有较高的抗拉强度。覆盖胶用以保护芯层，上覆盖胶用于承接物料，以抵抗物料的冲击和磨损，下覆盖胶与驱动滚筒接触，把牵引力从滚筒传递给带芯。边胶在输送带跑偏时可对输送带起保护作用。

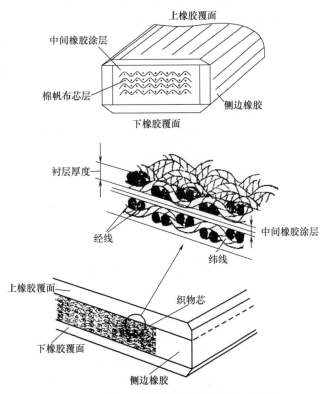

图1-4　橡胶输送带棉织物带芯及橡胶面图

橡胶输送带按用途可分为轻型、普通型、耐热型和强力型四种。粮油工业在输送粮食类物料时，多选用轻型输送带。

橡胶输送带的发展趋势是采用整芯结构，它与多芯层橡胶带相比，具有整体布层不会剥离、带芯与覆盖胶黏结强度高、纵横方向柔性好、边缘抗磨性能好、带芯抗冲击力强、径向伸长率小等优点。

输送带的接头质量直接影响输送带的整体强度，因此要选择合适的接头方法确保接头质量。常用的连接方法可分为机械连接法和黏合法两类。

机械连接法有多种形式，但应用最广泛的是金属皮带扣连接（钩卡连接），机械连接如图1-5所示。选用时应根据胶带厚度选用相应号码的皮带扣。机械连接法操作简便，费用低，但接头强度低（仅为胶带强度的35%～40%），接头表面不平，易被刮板清扫器卡阻，接头质量大，运行时易产生冲击和噪声，细粒物料可能从接缝中漏出。

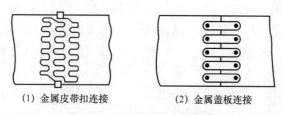

(1) 金属皮带扣连接　　　　　　(2) 金属盖板连接

图1-5　机械连接示意图

黏合法有热硫化法和冷胶结法两种。热硫化连接法是将胶带接头部位的帆布层和胶层按一定形式（斜角形、直角形和人字形）和角度剖切成对称的差级阶梯，涂以胶浆，对正接头后使其黏着，然后在一定压力（0.9～2.5MPa）和温度（135～145℃）下加热保温一段时间（25～40min），经过硫化反应使生橡胶变成熟橡胶，以使接头部位获得最佳的黏着强度。硫化接头如图1-6所示，是目前普遍使用的斜角接头的形式。热硫化法需要一套专门工具，并且费时，油脂工厂一般不采用。冷黏合法是将胶带两端按其帆布芯层切割成斜阶梯形，涂上胶黏剂（胶带制造厂提供）并互相对齐，放在螺杆压板上进行固化即可。螺杆加压板的压力约为0.03MPa，常温下固化时间一般为5～7h。

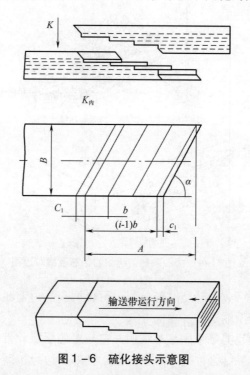

图1-6　硫化接头示意图

黏合法使胶带接头具有较高强度（为胶带强度的85%～90%），能防止带芯腐蚀，输送带使用寿命长，接头光滑且无间隙，输送带运行平稳，无冲击，挠性、成槽性好。

但该法费用较高，接头时间长。

2. 尼龙输送带及 EP 输送带

尼龙（NN）输送带，其中间夹层帆布为尼龙帆布，和普通棉布芯输送带相比具有带体薄、强力高、弹性好、耐冲击、自重轻、成槽性好、层间黏合力大、不发生霉蚀、使用寿命长等特点，可以有效的降低输送成本，适用于中长距离，较高载量，高速条件下输送物料。

EP 输送带又称聚酯输送带，其抗位体为经向涤纶、纬向为棉纶交织而成的帆布。其性能特点为经向的低延伸性和纬向的优良成槽性能，定负荷伸长性能优于尼龙输送带和其他织物芯输送带；耐水性好，湿态强度不下降；耐热性能及耐腐蚀性能好；与棉帆布芯输送带比，可以减层，从而带体薄，自重轻，成槽性好，可取较低的安全系数，适用于中长距离较高载重，高速条件下输送物料。

强力型织物芯输送带简称强力型输送带，包括尼龙输送带（尼龙帆布芯输送带）、聚酯输送带（聚酯帆布芯输送带）、尼龙－聚酯交织布芯输送带，适用于中等跨度输送线，输送粉状、粒状和块状无腐蚀性物料。

3. 聚氯乙烯塑料输送带

聚氯乙烯（PVC）输送带是用聚氯乙烯代替橡胶作为覆盖层。选用高强力优质全棉、尼龙、聚酯帆布作带芯，带芯有多芯层和整体芯层两种。塑料输送带具有较高的耐磨性能和抗拉强度，层间附着力大，不易分层剥离，耐油、酸、碱性能好，制作也简单。根据 PVC 输送带产品温度范围可分为耐寒输送带（－40℃以下）常温输送带（－10~80℃）。PVC 输送带用途比较广泛，适用于食品工业或粮食部门运输散装、听装、包装成箱物品的输送。

整芯阻燃输送带，带体不脱层、伸长小、抗冲击、耐撕裂。按结构不同可以分 PVC 型（塑料面）、PVG 型（在 PVC 基础上加附橡胶面）整芯阻燃带，执行 MT 914－2002 标准。

4. 钢绳芯输送带

钢绳芯橡胶输送带用若干根镀锌或镀铜的高碳钢钢丝捻成的钢绳排列为骨架，上下再覆以优质强韧的橡胶经硫化制成。钢丝绳以左旋和右旋相间排列，以保证输送带在承受拉力时表面不扭曲。钢绳芯输送带结构如图 1－7 所示。

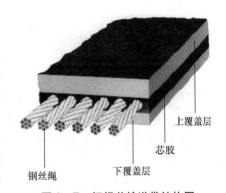

图 1－7　钢绳芯输送带结构图

钢绳芯输送带的主要优点是带芯抗拉强度高（比同规格的布织芯带大 10~15 倍），伸长率很小，成槽性好，耐疲劳和抗冲击性能好，适用于长距离、大运量、高速度输送物料。其缺点是带芯无横向钢丝，带的横向强度低，易引起纵向撕裂，且价格高。

新结构型钢丝绳输送带的芯胶有足够的渗透空间进入各个股丝间，橡胶与钢丝绳的黏合强度大，防锈蚀性好，缓解股丝之间相互剪切及股丝扭转，耐动态疲劳性能优异，赋予产品更长的使用寿命。

二、 驱动装置

驱动装置的功用是将原动力传递到驱动滚筒轴上使滚筒旋转，进而依靠驱动滚筒与输送带表面的摩擦力带动输送带运行。它主要由电动机、传动装置、驱动滚筒、控制系统和安全装置等组成。

带式输送机驱动装置分为外部驱动和内部驱动两种。属于内部驱动的电动滚筒适用于短距离及较小功率（2.2～55kW）的输送机。电动滚筒有油冷式、油冷隔爆式、油浸隔爆式和风冷式等几种。TDY75型油冷式电动滚筒如图1-8所示，是一种油冷式电动滚筒结构示意图。它将电机和减速齿轮装在滚筒内部，故结构紧凑、体积小、质量轻、密封性好，可适宜粉尘大、潮湿的室内外工作。

为了保护传动零部件，对于驱动功率大于15kW的驱动装置，要求使用液力耦合器。

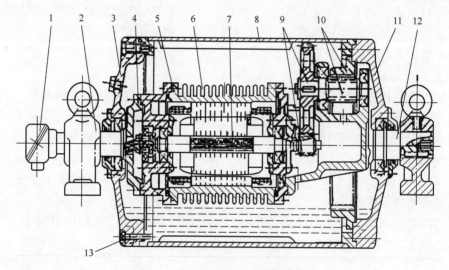

图1-8 TDY75型油冷式电动滚筒

1—接线盒 2—轴承座 3—左端盖 4—左法兰轴 5—电机外壳 6—电动机电子 7—电动机轴
8—滚筒外壳 9—外啮合齿轮 10—内啮合齿轮 11—油端盖 12—右法兰轴 13—放油塞

三、 滚筒

带式输送机的滚筒按作用分为驱动滚筒和改向滚筒两大类。

驱动滚筒是传递动力的主要部件，多为转轴式。它的轴承座安装在机座上，滚筒壳体通过轮辐固定在轴上，借助于其表面与输送带间摩擦力带动输送带运行。常见驱动滚筒的布置形式如图1-9所示。驱动滚筒可以采用光面，也可在其表面覆盖一层橡胶层，橡胶面呈人字沟槽或菱形沟槽，以提高输送带与驱动滚筒表面之间的摩擦因数。

改向滚筒也称导向滚筒，用于改变输送带的运行方向和增加输送带在驱动滚筒上的围包角，均为光面滚筒。改向滚筒多为定轴式，定轴固定在机座上，轴承座安装在轮毂和固定轴之间。输送机尾部或垂直拉紧装置的拉紧滚筒为180°改向，垂直拉紧装置上部的改性滚筒为90°改向，增面滚筒（增大输送带在驱动滚筒上的包

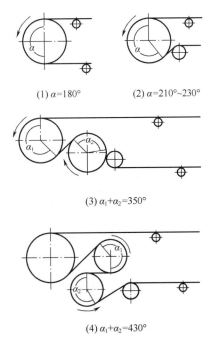

(1) α=180°　　(2) α=210°~230°

(3) α₁+α₂=350°

(4) α₁+α₂=430°

图1-9　常见驱动滚筒的布置形式图

角）为45°改向。

　　滚筒按材料可分为钢板焊接滚筒和铸造滚筒。其外表面的几何形状有鼓形、圆柱形和圆柱－圆台形，滚筒外表面几何形状如图1-10所示。滚筒中间突起是为了防止输送带在运行中的跑偏。表面凸起高度 δ（即滚筒中央处半径与边缘半径之差）应根据输送带宽 B 选取，对于驱动滚筒 $\delta = （1/60 \sim 1/50）B$，对于改向滚筒 $\delta = （1/100）B$。

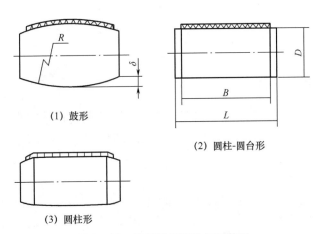

(1) 鼓形

(2) 圆柱-圆台形

(3) 圆柱形

图1-10　滚筒外表面几何形状图

　　滚筒直径大小关系到输送带的磨损速度和因反复弯曲引起的层裂程度，直接影响着输送带的使用年限。滚筒直径大，输送带弯曲程度缓和，芯层间的剪切力小，可减轻带的层裂现象，延长带的寿命，但尺寸庞大，笨重。

驱动滚筒直径 $D_驱$ 可用经验公式表示为 $D_驱 \geqslant Ki$，其中 K 为比例系数，随安装形式和接头形式不同而异，i 为带芯芯层数。

改向滚筒直径应与驱动滚筒直径相配合，其值一般取为 $(0.5 \sim 1.0)$ $D_驱$。

滚筒长度 L 应比输送带宽度 B 大，一般取 $L = B + (60 \sim 100)$ mm。

根据 GB/T 19595—2009《带式输送机》的规定，输送机滚筒直径应符合（mm）：200、250、315、400、500、630、800、1000、1250、1400、1600、1800。

输送机带宽与滚筒长度和滚筒直径的组合如表 1-1 所示。

表 1-1　　　　　　　　　　　输送机带宽与滚筒长度和滚筒直径的组合　　　　　　　　单位：mm

宽带 B	滚筒长度 L	滚筒直径 D
300	400	200、250、315、400
400	500	
500	600	200、250、315、400、500
650	750	200、250、315、400、500、630
800	950	200、250、315、400、500、630、800、1000、1250、1400
1000	1150	
1200	1400	250、315、400、500、630、800、1000、1250、1400、1600、1800
1400	1600	
1600	1800	315、400、500、630、800、1000、1250、1400、1600、1800
1800	2000	
2000	2200	
2200	2500	500、630、800、1000、1250、1400、1600、1800
2400	2800	
2600	3000	
2800	3200	630、800、1000、1250、1400、1600、1800

注：滚筒直径 D 是不包括包层厚度在内的名义滚筒直径，与宽带组合为推荐组合。

四、张紧装置

张紧装置的作用是保证输送带具有足够的张力，避免输送带在驱动滚筒上打滑及输送带过度下垂，保证正常输送。常用的张紧装置有螺杆式张紧装置、重锤式张紧装置等。

1. 螺杆式张紧装置

螺杆式张紧装置是通过调节装置使尾部滚筒的轴承座移动，从而改变输送带的松紧程度。其优点是结构简单、紧凑，费用低，占用空间小，不增加输送带弯曲次数。缺点是张紧程度需根据经验定期手动调整，而输送带在工作时的张力是不稳定的，因而易造成输送带张力忽高忽低，偶尔过载时不能自动调节，且张紧行程较小。这种张紧装置仅推荐用于移动式带式输送机或机长在 80m 以下的固定式输送机上。螺杆式张紧装置张紧行程有 500、800、1000mm 三种。螺杆式张紧装置如图 1-11 所示。

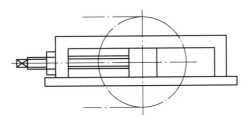

图 1-11　螺杆式张紧装置图

2. 重锤式张紧装置

重锤式张紧装置有水平小车式和垂直导架式。水平小车式张紧装置的结构如图 1-12 所示。它设在输送机的尾部，张紧滚筒安装在小车上，小车被重锤牵引沿水平或倾斜轨道移动，从而张紧输送带。这种装置结构简单，使用可靠，可以自动保持输送带恒定的张力，同时能在偶然过载时降低输送带的高峰载荷值，且调节范围较大。缺点是结构比较庞大，有时会发生跳动现象。这种装置适用于长距离、大功率的输送机。

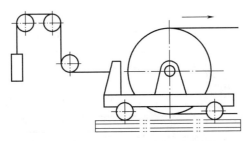

图 1-12　水平小车式张紧装置的结构图

垂直导架式张紧装置如图 1-13 所示。它主要由两个固定的改向滚筒和一个活动的张紧滚筒组成。张紧滚筒在重锤重力的作用下可沿垂直导架移动，从而张紧输送带。该装置的优点是工作平稳、可靠，可以利用输送机走廊的空间布置。缺点是结构复杂，检修麻烦，改向滚筒数目多，增加了输送带弯曲次数，且物料易落入输送带与张紧滚筒之间而使输送带损坏或物料破碎。采用该装置的条件是输送机下要有足够的空间。

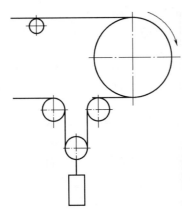

图 1-13　垂直导架式张紧装置图

五、 支承装置

带式输送机支承装置的作用是支承输送带及带上物料，减小输送带下垂度，保持输送带承载分支适宜的工作截面形状。对支承装置的要求是运动阻力小，工作可靠，经久耐用，构造简单，质量轻，维护方便。

目前粮油食品工业所用支承装置的主要类型有滚柱式托辊支承（简称托辊）和气垫支承。

（一） 托辊支承

1. 托辊的形式和应用

根据托辊的用途可分为普通托辊、缓冲托辊、调心托辊三大类。

（1） 普通托辊　普通托辊仅起支承装置的作用，有平直托辊、槽形托辊两种，普通托辊支承如图1-14所示。平直托辊多用于包装输送的承载分支及包装物料和散料输送的无载分支。优点是使用轴承少，运行阻力小，缺点是输送散料时输送带上物流的堆积横截面小。

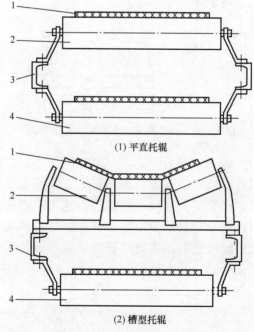

(1) 平直托辊

(2) 槽型托辊

图1-14　普通托辊支承结构图
1—输送带　2—上托辊　3—机架　4—下托辊

槽形托辊又有一节式、二节式、三节式、四节式和五节式多种，槽形托辊组型式如图1-15所示。

一节槽形托辊的优点是仅用一节托辊即可使输送带成槽形，使用轴承少，缺点是托辊表面上沿其轴向各点直径不同会引起输送带和托辊各接触点间产生程度不同的相对滑动，使输送带容易磨损。这种托辊仅适用于轻物料的小输送量输送。

二节式槽形托辊在输送带负荷最大的中间部位没有轴承，带中央横向弯曲较大易引起输送带弯折损伤。这种托辊多用于包散两用机，也可用于输送带较宽、输送距离较长

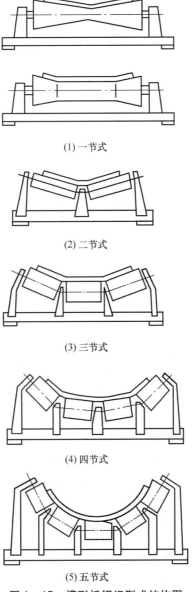

(1) 一节式

(2) 二节式

(3) 三节式

(4) 四节式

(5) 五节式

图 1-15 槽形托辊组型式结构图

的带式输送机无载分支。

三节式槽形托辊的槽形较佳，带上料流截面较合理，缺点是转动件多。三节式槽形托辊的三轴可在同一平面或两侧托辊与平托辊的轴不在同一平面。最常用的是由长度相等并在同一平面的三节托辊组成的槽形托辊。

五节式槽形托辊支承性能最好，输送量大，但结构复杂，制造麻烦，应用不普遍。

槽形托辊的侧托辊倾角（又称槽角）是输送机输送能力的决定因素之一。目前的带式输送机侧托辊倾角多选用30°。

根据 GB/T 19595—2009《带式输送机》的规定，输送机托辊辊子的名义直径（mm）应符合：63.5、76.89、108、133、159、194、219。

带式输送机托辊辊子的基本参数和尺寸如表1-2所示。

表1-2　　　　　　　　带式输送机托辊辊子的基本参数和尺寸　　　　　　　单位：mm

带宽 B	辊子直径 d	辊子长度 l
300		160，380
400	63，5，76，89	160，250，500
500		200，315，600
650	76，89，108	250，380，750
800	89，108，133，159	315，465，950
1000		380，600，1150
1200	108，133，159，194	465，700，1400
1400		530，800，1600
1600		600，900，1800
1800		670，1000，2000
2000	133，159，194，219	750，1100，2200
2200		800，1250，2500
2400		900，1400，2800
2600	159，194，219	950，1500，3000
2800		1050，1600，3200

（2）缓冲托辊　缓冲托辊又称减振托辊，安装在加料段，对输送带起支承和缓冲作用，以减缓被输送物料（特别是大块物料）重量对输送带造成的冲击作用，保护输送带。缓冲托辊有橡胶圈式和弹簧板式，缓冲托辊如图1-16所示。一般粮油工业中的散料输送可不使用缓冲托辊。

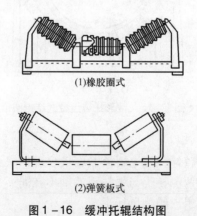

(1)橡胶圈式

(2)弹簧板式

图1-16　缓冲托辊结构图

（3）调心托辊　调心托辊对输送带起支承和调心作用，防止和克服输送带跑偏。一般承载分支每隔10组托辊装设一组调心托辊，无载分支每隔6~10组托辊装设一组调心托辊，以保证输送带正常运行。

调心托辊也可分为平直托辊和槽形托辊两种，所采用调心托辊的端面形式应与相邻普通支承托辊相同。

锥形自动调心托辊由安装在转动托架上的三节式槽形托辊组成。两侧托辊为锥形体，中间托辊为圆柱形体，托架可绕其垂直轴在一定范围内摆动，用于调偏，锥形自动调心托辊如图1-17所示。锥形自动调心托辊结构简单，带缘不受碰撞，但其恢复力较小。

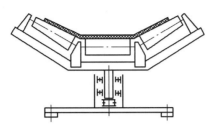

图1-17 锥形自动调心托辊结构图

带旁导辊自动调心托辊的托辊均为圆柱体，且在可转动的托辊支架两侧装设有旁导辊（侧面挡辊），带旁导辊自动调心托辊（槽形带）如图1-18所示。这种调心托辊灵敏度较高，产生的使输送带复位的恢复力较大，同时旁导辊还有防止输送带滑出支承托辊的作用。但易损伤输送带边缘，降低输送带寿命。

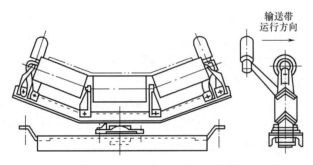

图1-18 带旁导辊自动调心托辊（槽形带）结构图

侧托辊前倾式自动调心托辊如图1-19所示，侧托辊前倾式自动调心托辊是在普通三节式槽形托辊的基础上将其两个侧托辊向输送带运行方向倾斜1°～3°。这种调心托辊制造简单，运行平稳，缺点是侧托辊前倾增大了输送带的运行阻力。

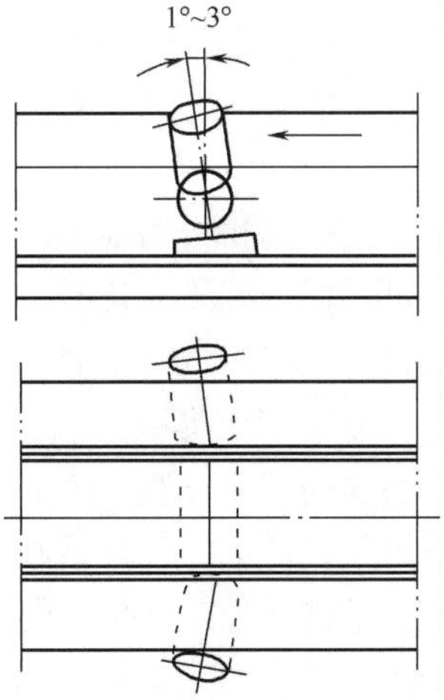

2. 托辊构造和几何尺寸

托辊的基本结构由心轴、轴承、轴承座、托辊体组成。托辊壳体材料有无缝钢管、焊接钢管、铸造件、塑料、橡胶等。一般采用专用焊接钢管，负荷较轻时采用硬质塑料管。

托辊的工作性能在很大程度上取决于托辊轴承的润滑和密封情况，一般情况下可采用毛粘圈密封，环境粉尘较大时最好采用迷宫式密封装置。

图1-19 侧托辊前倾式自动
调心托辊示意图

托辊直径的大小与带宽、被输送物料容重和块度有关。如粮油工业常用的 QD80 型固定式轻型带式输送机规范规定：带宽不大于 650mm

时，托辊直径为60mm；带宽为800～1200mm时，托辊直径为76mm。被输送物料容重和块度越大，托辊直径也越大。托辊直径增大，其质量相应增大，但改善了胶带的运行条件，减小了胶带运行阻力。

托辊长度主要取决于输送带宽度，每组托辊的总长度一般应比带宽长60～100mm，以便保护输送带使其不易碰撞机架或滑出。

3. 托辊间距

托辊间距影响到输送机的许多性能参数。确定托辊间距时需要考虑输送带重量、带上物料质量、托辊额定负荷、输送带许可垂度、托辊寿命、输送带额定负荷和输送带张力等因素。托辊间距应保证输送带在托辊间所产生的下垂度尽可能小，且随负重情况、带宽不同而不同。

托辊间距过大，输送带过分下垂，在运行时起伏波动，通过托辊时物料会跳动甚至被抛起，输送带的运行阻力增大，动力消耗增加。若托辊间距过小，则托辊数量增多，使机重、造价和运行阻力增加。

输送散料时承载分支托辊间距一般按带宽选取。带宽 B（mm）为300～400、500～600、800～1000、1200时，对应上托辊间距 t_1（mm）分别为1500、1400、1300、1200。输送包装物料时，原则上应保证无论料包在什么位置，每个料包下面至少要有两组托辊，即托辊间距应小于料包在输送方向上长度的一半。

无载分支托辊间距 t_2 约为承载分支托辊间距 t_1 的2～3倍，通常取为2～3m。

在加料区段上托辊间距一般取标准上托辊间距的1/3左右。

在凸弧段，横断面为平直形的输送带在垂直面上作凸弧转弯时，可用一个导向滚筒转向；若输送带的横断面为槽形，其凸弧过渡段不宜采用导向滚筒或一组槽形托辊过渡，而应该用几组槽形托辊排列成弧形线路来逐步导向。

在凹弧段，托辊排列的曲率半径应按空载时输送带的悬垂曲线布置，以避免发生"飘带"。凹弧段有载分支的托辊间距取为600～700mm。

输送带由平直形变为槽形或从槽形变为平直形的区段称做过渡段。在过渡段，输送带边缘可能被拉伸，由此产生附加拉应力。如果过渡段过短，输送带边缘将产生过大附加拉应力，同时使输送带和侧托辊过早磨损，严重时还会把输送带边缘拉裂。过渡段过长，又会引起物料抛撒。过渡段的长度一般取为上托辊间距的1.3倍。同时在过渡段内，可根据过渡段的长度，采用一组、两组或更多组过渡槽形辊进行支承，这些过渡托辊既可安装成固定角度的，亦可安装成可调角度的。

（二）气垫支承

在输送带下方有一个上表面为圆弧形槽并带有气孔的气室，工作时，自气室的气孔喷出由风机产生的气体，在输送带与气室之间形成一层具有一定压力的气膜（气垫），气膜支承输送带及其带上的物料。采用气垫支承的带式输送机称为气垫带式输送机，气垫带式输送机如图1-20所示。

气垫支承的结构形式有两类：半气垫型，即上部承载输送带的支承形式为气室，下部空载输送带的支承形式为托辊；全气垫型，即承载和空载输送带的支承形式均采用气室，全气垫型的气垫支承结构如图1-21所示。

气垫支承的主要特点和应用：①输送带在气垫上运行，摩擦阻力小，输送带磨损

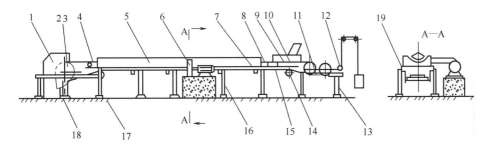

图 1-20　气垫带式输送机结构图

1—头部卸料罩壳　2—驱动装置　3—传动滚筒　4—输送带　5—气室　6—气源　7—平行下托辊　8—槽形上
托辊　9—缓冲托辊　10—导料槽　11—尾部改向滚筒　12—张紧装置　13—尾架　14—改向滚筒　15—空
段清扫器　16—中间架支辊　17—头架　18—弹簧清扫器　19—中间架

小，使用寿命长；驱动功率降低；运行平稳可靠，无颠簸，不撒料；②取消承载托辊后，运动部件减少，维修工作量减少，维修费用降低；③可以负载启动，过载敏感性降低，输送带具有自动调心作用，跑偏量小；④输送带采用聚酯或尼龙机械材料，以保证有足够的强度和满足最大的挠曲标准，能阻燃、防静电，输送带在现场用热硫化法连接；⑤气垫式带式输送机便于在气室或回程分支上加装防雨罩和密封条实现密闭输送，使输

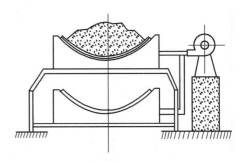

图 1-21　全气垫型的气垫支承结构图

送过程物料不受环境及气候的影响，用于露天防雨及输送易飞扬的粉状物料，加罩（密闭式）的气垫支承结构如图 1-22 所示。但气垫带式输送机不适宜大块物料的输送。

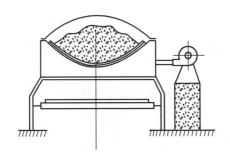

图 1-22　加罩（密闭式）的气垫支承结构图

六、装料装置

为了准确、均匀、平稳地给输送机加料，一般输送机都装有或配有装料装置。装料装置的结构取决于被输送物料的性质。对输送包装物料的输送机，都配有倾斜溜槽或滑板，料包经溜槽或滑板落在输送带上。对输送散料的输送机，一般都装有固定式或移动式进料斗。而对供料量、供料速度有严格要求的输送机，则须设置供料器。常见的散料装料装置有移动式进料斗和固定式进料斗。散料装料装置如图 1-23 所示。为了满足对

装料的基本要求，应合理确定进料斗的基本参数。

装料淌板倾角 γ：一般取 $\gamma = \varphi + (5° \sim 10°)$，其中 φ 为物料与淌板摩擦角。

防护侧板长度 l：应大于物料的相对滑动区长度，实际生产中一般取 $l = 1.4 \sim 2\mathrm{m}$，国外规定防护侧板长度 $\geqslant 5B$，B 为皮带宽度。

落料孔尺寸：指进料斗落料孔的宽度和高度。该尺寸既要满足一定的输送量，又要保证物料能均匀地中心给料，一般情况下料流在输送带上的宽度为带宽的 0.8 倍左右，因此落料孔宽度通常取 $B_1 = (0.6 \sim 0.7) B$（mm），落料孔距输送带槽形底部的最小高度取 $h_{\min} = 300\mathrm{mm}$。

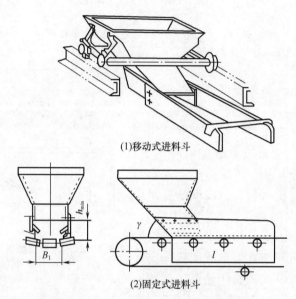

(1)移动式进料斗

(2)固定式进料斗

图 1 - 23　散料装料装置结构图

七、　卸料装置

带式输送机的卸料方式有端部（头部）卸料和中间卸料两种。

1. 端部卸料

端部卸料是一种常用的简单卸料方式。当输送机仅有一个固定卸料点时，均采用端部卸料，端部（头部）卸料如图 1 - 24 所示。在头部卸散料时，应装设卸料罩壳以收集物料，防止物料飞溅和粉尘飞扬。在头部卸包装物料时，可在端部卸料滚筒处装设一倾斜淌板，淌板倾角 γ 应大于料包与淌板的摩擦角 φ，一般取 $\gamma = \varphi + (5° \sim 10°)$，淌板的上端点略低于料包卸出的脱离点。

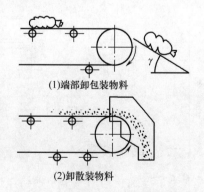

(1)端部卸包装物料

(2)卸散装物料

图 1 - 24　端部（头部）卸料结构图

2. 中间卸料

中间卸料时，卸料装置有犁式卸料器和卸料小车两种，应根据被输送物料的种类及托辊槽形的不同，选择相应的中间卸料装置。

犁式卸料器主要由一块卸料挡板组成，卸料挡板装设在平形托辊区段输送带上方

（挡板下边缘与带面间有很小间隙），以一定倾斜方向拦挡输送带上的散粒物料或包装物料，使其按要求卸下。挡板卸散料如图 1-25 所示。

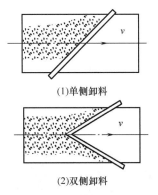

(1)单侧卸料

(2)双侧卸料

图 1-25　挡板卸散料装置图

卸料挡板有平直挡板和 V 形挡板两种。平直挡板既可用来卸散料，又可用来卸包装物料，只能单侧卸料，且物料对输送带的摩擦力有横向分力，会引起输送带跑偏。V 形挡板可双侧卸料，但仅能卸散料。

犁式卸料器的优点是结构简单，成本低，不增加带的弯曲次数，缺点是输送带磨损严重，运行阻力大，且单侧卸料时有侧向力，只能用于平形带或槽形带平形托辊区卸料，且难以将带上的物料全部卸净。对较长的输送机，特别是输送块度大、磨琢性强的物料时不宜采用。使用这种卸料装置时，输送带最好采用硫化接头，且带速不宜超过 2m/s。

犁式挡板卸料的条件是 $\alpha < (90° - \varphi)$，其中 α 是挡板与输送带运行方向的夹角，φ 为物料与挡板间的摩擦角。

当卸料点的位置需要根据要求不断改变时，可以采用卸料小车卸料。卸料小车即可用于平形带，又可用于槽形带，但只能用来卸散料。实际应用中，卸料小车常用于立筒仓仓顶进料。卸料小车如图 1-26 所示，卸料小车主要由一个可沿机架纵向移动的框架小车、上下两个改向滚筒、定位装置、罩壳等组成。输送带在两个改向滚筒处弯曲成 S 形，物料从上部滚筒卸出后落入卸料料筒，调节排料活门，可使物料卸到输送带任意一侧或同时卸到两侧。

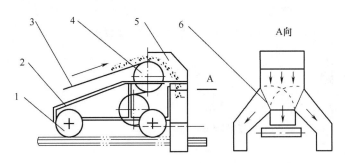

图 1-26　卸料小车结构图

1—行走轮　2—卸料车架　3—输送带　4—改向滚筒　5—卸料罩壳　6—排料活门

卸料小车的优点是使用方便，沿输送机全长均可卸料，对输送带磨损较轻，特别适用于生产率高、输送距离长的带式输送机在中途卸料。缺点是外形尺寸大，结构复杂，成本高，输送带弯曲次数多，易损坏，动力消耗较犁式卸料器大。

八、 清扫装置

清扫装置的作用是及时清理输送带工作表面和非工作表面上黏附的物料和灰尘，防止托辊和滚筒表面形成积垢引起输送带的跑偏。

常用的清扫装置有刮板式清扫器和旋转式清扫器。

1. 刮板式清扫器

刮板式清扫器工作时，一块刮板或几块刮板借助于重锤或弹簧的作用与输送带表面保持接触，用来清除输送带表面的黏附物。

刮板的材料主要有橡胶、硬质合金两种。当输送带粘料比较严重时，可选用硬质合金刮板。刮板的形状有平直刮板清扫器、分段刮板清扫器和 V 形刮板清扫器三种。V 形刮板清扫器用于对空载段带子的清理，故又称为空段清扫器。刮板清扫器如图 1 - 27所示。

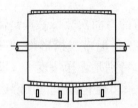 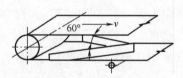

图 1 - 27　刮板清扫器结构图

2. 旋转式清扫器

旋转式清扫器系由动力驱动的主轴及装在其上的硬毛刷或刮板组成。工作时，毛刷或刮板的旋转方向应与输送带运行方向相反。旋转式清扫器如图 1 - 28 所示。

 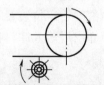

(1)旋转毛刷清扫器　　　　　　　(2)旋转式橡胶刮板清扫器

图 1 -28　旋转式清扫器装置图

九、 其他装置

带式输送机的机架常用槽钢、角钢、钢管焊接或铆接制成，其结构多为桁架式。对机架的基本要求是有足够的强度和刚度，能够满足工作要求。机架宽度应大于输送带宽度 300～500mm。

对于输送倾角较大的向上倾斜输送机，因停电或驱动装置发生机械故障而突然停机时，输送带在带上物料重力作用下，有反向运动（逆转）的趋势。为了防止输送带在停车时发生逆转运动，保证安全生产，必须在输送机驱动装置处装设安全装置（逆止器）。常用的逆止器有带式逆止器和滚柱逆止器。

近年来皮带输送机的自动化程度提高，加装有较为完善的安全保护装置，例如在卸粮口处装堵塞传感器；在机头和机尾处装防跑偏开关；尾轮处装失速传感器；张紧装置的限位开关；轴承温度检测开关；气垫带式输送机在气室远离风机端装有空气压力传感器等。

第三节　带式输送机的工作过程

一、带式输送机的驱动原理

带式输送机是靠摩擦驱动进行工作的，驱动滚筒通过摩擦将圆周力传递给输送带，为了使带式输送机能可靠地工作，并尽量减少磨损，必须防止输送带在驱动滚筒上打滑，实现正常驱动。

1. 摩擦驱动原理

在输送带静止时，输送带以初张力 S_0 张紧在两个滚筒上。当输送机运行时，输送带在驱动滚筒绕入点的张力由 S_0 增至 S_n，绕出点的张力由 S_0 变为 S_1，输送带在驱动滚筒绕入点、绕出点张力如图 1-29 所示。二者的差值（$S_n - S_1$）即为输送带所传递的有效圆周力 P。此圆周力 P 不是具有一定作用点的集中力，而是输送带和驱动滚筒接触表面摩擦力的等效力。

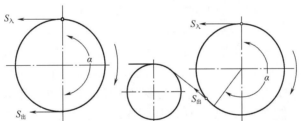

图 1-29　输送带在驱动滚筒绕入点、绕出点张力图

由于圆周力 P 是由摩擦产生，故在一定条件下它有一个极限值。当输送带的运行阻力超过有效圆周力的最大值时，输送带将在驱动滚筒上打滑。输送带在驱动滚筒上不打滑的条件可由尤拉公式（1-1）表示：

$$\frac{S_n}{S_1} \leqslant e^{f\alpha} - 1 \tag{1-1}$$

驱动滚筒所传递的最大圆周力（即输送带所能获得的最大牵引力）P_{max} 为式（1-2）。

$$P_{max} = S_{nmax} - S_1 = S_1(e^{f\alpha} - 1) \tag{1-2}$$

2. 牵引力的传递

在尤拉公式中，$S_n/S_1 = e^{f\alpha}$ 是满足启动时牵引力的传递，此时的牵引力 $P = P_{max}$，α 全部进行力的传递，当输送机稳定运行后，$P < P_{max}$，$S_n/S_1 < e^{f\alpha}$，这时不是全部的 α 进

行力的传递，只有 α_1 用作力的传递，$\alpha_1 = \alpha - \alpha_2$，$\alpha_1 < \alpha$。单驱动滚筒上的利用角和静止角如图 1 - 30 所示（图中 α_N 即为利用弧段 α_1，α_R 为静止弧段 α_2）。

（1）α_1 利用弧段，带的初张力按对数螺旋线分布逐渐降低，即输送带在各点的伸长率为变量，逐渐减小，而滚筒的圆周速度为常数，因而，输送带在滚筒旋转的相反方向内产生一微小的相对运动，即伸长滑移，所谓"蠕变"。静摩擦变成小小的滑动摩擦，出现摩擦发热。因此摩擦驱动即使在不打滑的情况下，也有一定的能量损失。

（2）α_2 静止弧，没有进行力的传递，静止弧表示牵引力的一种储备，用来克服启动时的阻力或防止 f 减小时输送带的打滑，可看作安全系数，如果运行时 α_2 消失，处于过载状态，输送带将产生打滑。

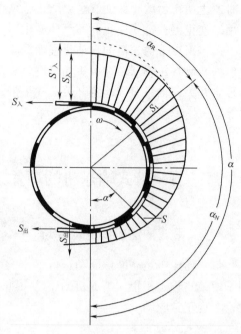

图 1 - 30　单驱动滚筒上的利用角和静止角图

静止弧段不进行力传递时，输送带张力处处相等，伸长变形为定量，带的运行速度与滚筒圆周速度相等，带与滚筒间无相对滑动，静摩擦。

3. 防止输送带打滑的措施

为了防止输送带打滑，可采用增大牵引力或减小输送带运行阻力的方法。

增大牵引力的措施：增大输送带在驱动滚筒上绕出点的张力 S_1，这可通过增大输送带初张力来实现，但要受输送带自身强度条件的限制；增大输送带在驱动滚筒上的围包角 α，围包角 α 值取决于驱动滚筒的数目和输送带在驱动滚筒上的回绕形式；增大输送带和驱动滚筒之间的摩擦因数 f，输送带与驱动滚筒间的摩擦因数取决于其工作条件和驱动滚筒表面形状、性质；采用加压带或加压辊，加压带和加压辊如图 1 - 31 所示。

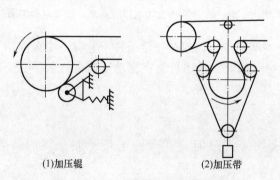

(1)加压辊　　　　　　(2)加压带

图 1 - 31　加压带和加压辊装置图

减小输送带运行阻力的措施：采用运行阻力较小的支承装置；合理选择各运行参数，减轻物料线载荷和输送带自身单位长度重量；清洗并润滑转动零件；发展直线摩擦驱动（或称中间驱动）的带式输送机，中间驱动带式输送机如图 1 – 32 所示。

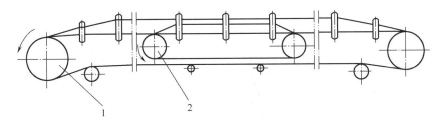

图 1 – 32　中间驱动带式输送机结构图

1—头部驱动　2—中间驱动

二、 带式输送机的运行

1. 带式输送机装载时物料的加速过程

物料以初始速度 v_0 装载到带速 v 的输送带上，v_0 可分解为平行于输送带的分速度 v_{0x} 及垂直于输送带的分速度 v_{0y}。物料与输送带的速差（$v - v_{0x}$），会造成物料与输送带发生相对滑动，使输送带表面磨损，运行功率增加。而 v_{0y} 会造成对输送带的冲击，使带上的物料跳动、翻滚，加剧输送带表面磨损，较重且尖锐的块料甚至能够划伤或割裂输送带覆盖层，损坏带芯。

装载时，物料由初始的 v_{0x} 逐渐达到输送带速度 v，这个加速过程使得物料处于不稳定状态，为了防止物料抛撒，应在输送机的加料点装设防护侧板，组成导料槽。加料点物料速度分析如图 1 – 33 所示。

带式输送机对装料的要求：将物料装在输送带的中央，以免偏载引起输送带跑偏；物料装入方向应尽量与输送带运行方向一致，使法向分速度（即相对于输送带表面）应尽可能小，切向分速度尽量接近输送带速度；**图 1 – 33　加料点物料速度分析图**

物料加入带的落差尽量小，料流稳定；当被输送物料的粒度相差大时，可采用槽底有孔的导料槽，使物料分级落下。

2. 带式输送机的最大允许倾角

带式输送机的输送倾角是指其倾斜段工作面纵向中心线与水平面的夹角。该角度过大，会引起物料沿输送带下滑，使输送量降低，影响正常输送，甚至根本不能向上输送，同时加剧输送带磨损。

输送带上物料不下滑的条件是带式输送机理论倾角 β 不大于物料与输送带间的摩擦角 φ。但在实际应用中，带式输送机最大允许倾角通常取为 $\beta_{max} = \varphi - （7° \sim 10°）$。其原因是：输送带在两相邻托辊间的下垂度使得局部区段 $\beta_区 > \beta$；输送带通过托辊时造成其上物料的振动冲击使物料相对不稳定；物料自身的不稳定因素如圆滑、滚动等使颗粒间堆积结构受到破坏。

提高带式输送机输送倾角的措施是：连续、均匀、稳定的进料；增大输送带的初张力、减少局部倾角；加大输送带槽角；采用特种输送带，花纹胶带如图 1 – 34 所示、挡板和挡边胶带如图 1 – 35 所示、波纹挡边挡板胶图 1 – 36 所示；发展大倾角带式输送机，压带式输送机如图 1 – 37 所示、圆管带式输送机的结构简图如图 1 – 38 所示。

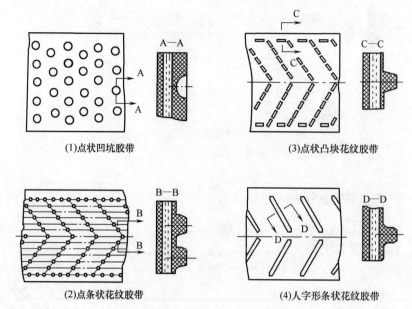

(1)点状凹坑胶带　　　　　　(3)点状凸块花纹胶带

(2)点条状花纹胶带　　　　　(4)人字形条状花纹胶带

图 1 – 34　花纹胶带结构图

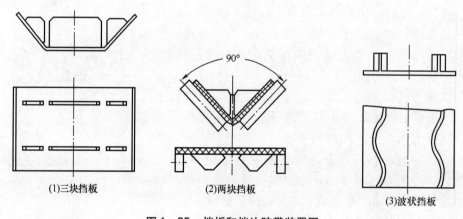

(1)三块挡板　　　　(2)两块挡板　　　　(3)波状挡板

图 1 – 35　挡板和挡边胶带装置图

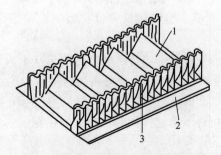

图 1 – 36　波纹挡边挡板胶带装置图

1—横隔板　2—基带　3—波状挡边

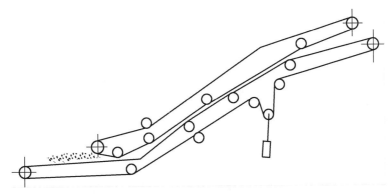

图 1-37　压带式输送机装置图

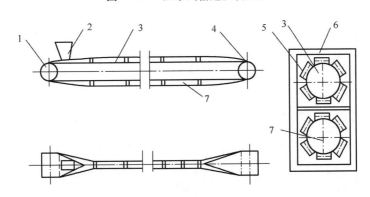

图 1-38　圆管带式输送机的结构图
1—尾部滚筒　2—加料口　3—有载分支　4—驱动滚筒　5—托辊　6—结构架　7—无载分支

压带式输送机是将散装物料或成件物料夹紧在两平行带（输送带和辅助带）之间进行大倾角或垂直输送。根据产生带压力的形式不同，压带式输送机可分为气压式、机械式、弹性带式三种机型。

圆管带式输送机的结构特点是：输送段由 6 或 8 个托辊组成的多边形托辊组，将输送带围成圆管状；装料段、卸料段为平形托辊；过渡段，在滚筒处输送带仍为平形，从端部滚筒到输送带形成圆管状。

其输送带工作过程：打开装料—封闭运行—打开卸料。显著优点是可以进行大倾角、密闭输送，不跑偏。

3. 输送带的不良运行

（1）输送带跑偏　输送带运行时，横向偏离设计限定的中央位置即为跑偏。跑偏会使输送带与机架、托辊架相摩擦，造成输送带边胶磨损，功率消耗增加，还可使物料外撒。使用规范规定，输送带跑偏量不允许超过输送带宽度的 5%。

输送带跑偏的原因很多，它与输送机的制造质量、安装质量、操作水平等有关。主要因素有：滚筒外圆加工不精确或滚筒表面黏附有杂物，致使滚筒两端直径不等；两滚筒的轴线不平行或输送带接头不正，造成输送带两侧边松紧程度不同；输送带质量不好，伸长率不均匀；喂料装置不合理或喂料不对中，载荷不对中即偏载；输送带在卸载处受到较大的横向力；滚筒轴线水平度不够；机架纵向中心线直线度偏差过大；托辊、滚筒的横向中心线与输送机纵向中心线不重合等。

带式输送带的安装应按照 GB 50270—2010《输送设备安装工程施工及验收规范》的要求进行。

（2）输送带蛇行　输送带在其自重和物料重力作用下，在托辊间产生一定的下垂。如果输送带在两托辊间的下垂度过大，输送带在运行中就会产生明显的起伏现象，称之为输送带蛇行。输送带蛇行会导致带上物料滑移、抛撒。输送带下垂度取决于输送带及物料的线载荷、输送带张力和托辊间距。为保证输送机正常工作，要求有载分支输送带的下垂度不大于托辊间距 t_1 的 2.5%，无载分支输送带的下垂度不大于托辊间距 t_2 的 4%。

（3）输送带飘带　当槽形输送带向上呈凹弧转向时，如果其回转半径过小，输送带就会在张紧力作用下脱离支承托辊，即所谓的"飘带"。飘带会造成输送带槽形展开、物料撒落、输送带跑偏，因此应避免飘带的发生。

第四节　带式输送机的设计计算

一、带式输送机生产率计算

带式输送机的生产率是指输送机在单位时间内所能输送的物料或物品数量。生产率的三种表达方法有质量生产率、容积生产率和件数生产率。常用重量生产率表示。

1. 质量生产率

质量生产率是指单位时间内输送物料或物品的质量。

（1）输送散料时的质量生产率 ［式（1-3）］

$$Q = 3.6qv = 3600F \cdot v \cdot \gamma (t/h) \qquad (1-3)$$

式中　q——物料线载荷，kg/m；

　　　γ——物料容重，t/m³；

　　　v——输送带运行速度，m/s；

　　　F——输送带上料流截面。

（2）输送包装物料或件状物料的质量生产率 ［式（1-4）］

$$Q = 3.6 \cdot \frac{G}{a} \cdot v (t/h) \qquad (1-4)$$

式中　G——包装物料或成件物品每包或每件质量，kg；

　　　a——包装物料或成件物品在输送带上排列间距，m。

输送带运行速度 v 是带式输送机的一个重要参数。当输送量不变时，增大带速可减小带宽和张力，减轻机重，降低造价。但提高带速，延长了物料的加速时间，加剧输送带的磨损，使输送带更易跑偏，输送倾角降低，物料抛撒破碎，普遍降低输送机零部件的使用寿命等。

带速的选取应考虑以下因素：

①被输送物料的特性：输送磨琢性小、颗粒不大、不易破碎和潮湿发黏的散料时，宜选较高带速（2~4m/s）；输送含尘量大的散料、粉料、脆性物料、成件物品时，宜选较低带速（≤1m/s）。

②带式输送机的布置和参数：水平的、输送距离较长的、带宽和厚度越大的、深槽

形的输送机可选较高带速，倾角越大或输送距离越短，应选较低带速。采用犁式卸料器时，因有附加阻力和磨损，带速不宜超过 2m/s；采用卸料小车中间卸料时，因输送带在小车处实际倾角较大，带速不宜超过 3.15m/s。

根据 GB/T 19595—2009《带式输送机》的规定，输送机名义带速（m/s）为：0.2、0.25、0.315、0.4、0.5、0.63、0.8、1.0、1.25、1.6、2.0、2.5、3.15、3.55、4.0、4.5、5.0、5.6、6.6、7.1。

例如，TD75 型带式输送机。带宽 B（mm）分别为 500 ~ 600、800 ~ 1000、1000 ~ 1200 时，其带速 v（m/s）分别为 0.8 ~ 2.5、1.0 ~ 3.15、1 ~ 4。

输送带上料流截面 F 的大小与输送带宽度、托辊组的型式、侧托辊倾角、物料的堆积角及粒度构成、输送机倾斜度、输送带运行速度、给料方式等有关（如表 1 - 3 所示）。平直托辊的 F 近似弓形，槽形托辊的 F 近似由弓形和梯形两部分组成。将与 F 有关的因素考虑进去，得式（1 - 5）：

$$Q = K \cdot \gamma \cdot v \cdot c \cdot \varphi \cdot B^2 (\text{t/h}) \tag{1-5}$$

式中　K——料流截面系数，与物料堆积角、带宽及槽角有关，通用带式输送机的 K 值可查表 1 - 3，一般情况下动堆积角为 0.65 ~ 0.8 自然堆积角，计算时常取 $\rho_d = 0.7\rho$；

　　　c——与倾角有关的系数，可查表 1 - 4；

　　　φ——与输送带运行速度有关的系数，可查表 1 - 5；

　　　B——带宽，应为带宽标准值。

2. 输送带带宽的确定

按照工艺设计确定了生产率、带速及输送机布置形式后，可按式（1 - 5）求得输送散料时的带宽 B［式（1 - 6）］：

$$B = \sqrt{\frac{Q}{K\gamma v c \varphi}} (\text{m}) \tag{1-6}$$

输送包装物料或成件物品时则按料包横向尺寸确定带宽，带宽应比物件的横向尺寸大 50 ~ 100mm，物件在输送带上的压强小于 5000Pa。

表 1 - 3　料流截面系数

侧托辊倾角 α	0°					20°					30°					45°				
堆积动角 ρ_d	15	20	25	30	35	15	20	25	30	35	15	20	25	30	35	15	20	25	30	35
带宽 B/mm　300	92	110	145	175	205	200	220	250	280	310	240	260	290	320	345	305	320	350	370	395
400	100	120	160	195	230	225	245	285	315	350	275	295	330	360	390	325	340	370	395	420
500 650	105	130	170	210	250	245	265	305	340	375	300	320	355	390	420	355	370	400	430	455
800 1000	115	145	190	230	270	270	300	340	380	415	335	360	400	435	470	400	420	450	480	505
1200	125	150	200	285	285	290	360	360	400	440	355	380	420	455	500	420	440	475	505	535

表 1 – 4　　　　　　　　　　　　　　　　　倾角系数

输送倾角 β	<6°	8°	10°	12°	14°	16°	18°	20°	22°	24°	25°
倾角系数 c	1.00	0.96	0.94	0.92	0.90	0.88	0.85	0.81	0.76	0.74	0.72

表 1 – 5　　　　　　　　　　　　　　　　　速度系数

速度 v/（m/s）	<1.0	< 1.6	≤2.5	≤3.2	≤4.5
速度系数 φ	1.05	1.00	0.98 ~ 0.95	0.94 ~ 0.90	0.84 ~ 0.80

注：当带速较小，动堆积角较大，粒度较大时，φ 取较大值。

　　根据 GB/T 19595—2009《带式输送机》的规定，输送机带宽（mm）为：300、400、500、650、800、1000、1200、1400、1600、1800、2000、2200、2400、2600、2800。

二、带式输送机驱动功率计算

　　作为油脂工厂带式输送机的选型，带式输送机的驱动功率计算可以采用简易计算法，又称概算法，利用经过实验得出的经验公式进行计算。

　　1. 驱动滚筒轴功率 N_0 的计算

　　输送带运行时，需要克服的运行阻力有：提升或下降物料的重力负荷；输送机以设计能力运行时，其部件、驱动装置和所有附属装置的摩擦阻力；输送过程中物料的摩擦阻力，当物料由加料溜槽或给料机供给输送机时，连续加速物料所需的动力。

　　因此，驱动滚筒轴功率 N_0 可按式（1 – 7）计算：

$$N_0 = K_3(K_1 L_h v + K_2 L_h Q + 0.00273 QH) \tag{1-7}$$

　　向上输送取" + "号，向下输送取" – "号。

式中　$K_1 L_h v$——输送带及托辊转动部分运行功率，kW；

　　　$K_2 L_h Q$——物料水平输送功率，kW；

　 $0.00273 QH$——物料垂直提升输送功率，kW；

　　　　　L_h——水平输送距离，m；

　　　　　 H——垂直输送高度，m；

　　　　　K_1——空载运行功率系数；

　　　　　K_2——物料水平运行功率系数；

　　　　　K_3——附加功率系数。

　　K_1、K_2、K_3 的选取可查阅《连续输送机械设计手册》。

　　2. 电动机功率 N 的计算

　　电动机功率 N 的计算按式（1 – 8）进行

$$N = K \frac{N_0}{\eta} \tag{1-8}$$

式中　K——电动机功率储备系数，取 1.0 ~ 1.2；

　　　η——总传动效率，一般取 0.8 ~ 0.9。

思考题

1. 带式输送机的应用特点。
2. 带式输送机输送带的型式及结构。
3. 带式输送机的装料装置及装料要求。
4. 带式输送机支承装置的作用及型式。
5. 带式输送机调心托辊的作用。
6. 带式输送机的卸料形式及工作条件。
7. 增大带式输送机输送倾角的措施。
8. 输送带在驱动滚筒上不打滑的条件及防止输送带打滑的措施。
9. 带式输送机跑偏、蛇行、飘带的原因及防治。
10. 气垫带式输送机的输送带支承方式及特点。
11. 带式输送机带速选取的依据及带速范围。
12. 带式输送机输送生产率的计算。

第二章

埋刮板输送机

 本章知识点

1. 埋刮板输送机的一般结构及应用特点。
2. 埋刮板输送机的主要工作构件。
3. 埋刮板输送机的工作原理。
4. 埋刮板输送机生产率的计算。

埋刮板输送机是油脂工厂广泛采用的一种连续输送设备。埋刮板输送机工作时，因其刮板链条的有载分支被埋在物料中与物料形成整体连续的料流一起向前移动，故称为"埋刮板输送机"。

第一节　埋刮板输送机概述

埋刮板输送机由封闭断面的壳体、刮板链条、驱动装置及张紧装置等部件组成。垂直型埋刮板输送机的结构如图 2 - 1 所示。埋刮板输送机工作时，物料经进料口进入机壳承载段，受到刮板的推力，与刮板链条一同向前运动，到达料槽的卸料口自行排出，刮板链条沿机壳的空载段返回。驱动装置的作用是将电动机的动力传递给刮板链条。张紧装置的作用是保持刮板链条具有一定的初张力。

一、埋刮板输送机的类型

（一）按用途及使用范围分类

按埋刮板输送机的用途及使用范围可分为普通型和特殊型。普通型埋刮板输送机用于输送一般性能的粉尘状、小颗粒状和小块状物料，特殊型埋刮板输送机用于输送有某种特殊性能的散状物料。如用于输送高温物料的热料型（物料温度为 $100\sim400℃$，瞬时料温允许达到 $800℃$）；用于输送有渗漏和爆炸性物料的密封型（如油脂浸出车间输送含溶剂湿粕的刮板输送机）；用于输送粮食类物料的粮食专用型；用于输送磨损性很强物料的耐磨型（机槽内加耐磨衬板或铺设铸石板）；用于输送腐蚀性很强物料的耐腐蚀型（机槽内喷镀或涂盖耐腐材料或采用不锈钢制造）；还有专门用于港口的埋刮板卸船机

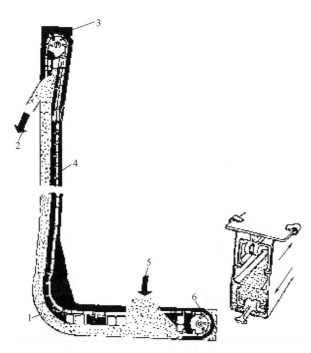

图 2 - 1　垂直型埋刮板输送机结构图

1—转弯部分　2—卸料口　3—带有转动装置的头部　4—刮板
链条及机壳　5—进料口　6—带有拉紧装置的尾部

等。特殊型与普通型的输送原理完全相同，只是在普通型的基础上，突出地发展了某一方面的优点，使之更加适应某种或某类物料的输送，以满足其特殊要求。埋刮板输送机的用途及特征分类代号如表 2 - 1 所示。

表 2 - 1　　　　　　　　　埋刮板输送机的用途及特征分类代号

分类	代号	分类	代号
普通型	—	耐腐蚀型	F
热料型	R	轻型	Q
密封型	P	移动型	Y
耐磨型	M	粮食专用型	Z

（二）按布置型式分类

按布置型式可分为标准布置型式和非标准布置型式。标准布置型式的工艺布置方式和零部件结构均已规范化。非标准布置型式多是根据用户的工艺要求现场设计，但要求与标准布置型式的差别不能太大，且尽量选用标准零部件。普通型埋刮板输送机共有如下 7 种标准布置型式。

1. 水平型（MS 型）

水平型埋刮板输送机用来进行水平或小倾角的输送工作。一般情况下，其安装倾角为 $0° \leqslant \alpha \leqslant 15°$，在采用特殊设计时，倾角 α 可达到 30°。单台输送机的输送长度可达 80 ~ 120m，槽宽规格自 120mm 到 1000mm 共有 10 种，最大输送量可达

1200m³/h，可十分方便地实现多点进料和多点卸料。水平型埋刮板输送机如图2－2所示。

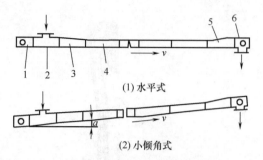

（1）水平式

（2）小倾角式

图2－2　水平型埋刮板输送机布置图

1—尾部　2—加料段　3，5—过渡段
4—水平中间段　6—头部

2. 垂直型（MC型）

垂直型埋刮板输送机用来完成垂直提升或大倾角的输送工作，有90°、75°、60°、45°、30°等5种标准布置倾角，使用最多的是90°和60°。单台输送机的物料提升高度可达 30～40m，槽宽规格自 120mm 到 630mm 共有 8 种，最大输送量可达 500m³/h，可以实现多点进料，但无法实现多点卸料。垂直型（MC型）埋刮板输送机如图2－3所示。

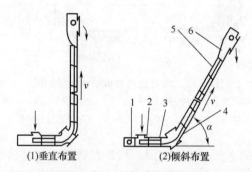

（1）垂直布置　　　　（2）倾斜布置

图2－3　垂直型（MC型）埋刮板输送机布置图

1—尾部　2—加料段　3—下水平段　4—弯曲段
5—垂直中间段　6—头部

3. Z型（MZ型）

Z型埋刮板输送机用来完成水平－垂直提升或大倾角提升－水平的物料输送工作，其布置倾角为60°≤α≤90°，α小于60°较少见。它的垂直提升高度最大为20m，上水平段输送长度一般不超过30m，在上水平段可以实现多点卸料。MZ型的槽宽规格及最大输送量同垂直型。该机型刮板型式多为V形，采用内向布置。MZ型埋刮板输送机如图2－4所示。

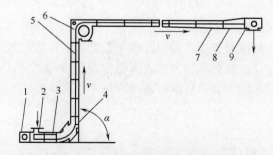

图2－4　MZ型埋刮板输送机布置图

1—尾部　2—加料段　3—下水平段　4—弯曲段　5—垂直中间段
6—上回转段　7—上水平段　8—过渡段　9—头部

4. 扣环型（MK 型）

扣环型也是用来完成垂直提升或大倾角的输送工作，它有 90°、60°、45°和 30°四种标准布置倾角，通常使用的倾角为 90°和 60°。它与 MC 型的区别在于，下部物料的入口处没有下水平段，而是一个 $\alpha=180°$ 的弯曲段，在弯曲段最低点的部位加料。MK 型适用于工作场地十分狭窄、且无法容纳几米长的下水平段的场所。本机型的槽宽规格及最大输送量与 MC 型相同。MK 型埋刮板输送机能直接插入物料堆中自行取料，以适应港口卸船的要求。该机型多使用模锻链条和 V 型刮板，刮板链条采用外向布置。扣环型（MK 型）埋刮板输送机如图 2−5 所示。

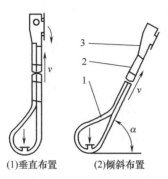

图 2−5　扣环型（MK 型）埋刮板输送机布置图

1—弯曲（加料段）段　2—垂直中间段　3—头部

5. 平面环型（MP 型）

平面环型埋刮板输送机能在一个水平面内完成输送工作，平面环型（MP 型）埋刮板输送机如图 2−6 所示。它由 4 个水平段、头部、尾部及两个平面回转段组成，刮板链条在一个水平面内形成封闭的链环，其输送长度可达 100m 左右。其特点是：每一部分的水平段都为水平布置，不允许有任何倾角；每一拐弯处的转角均为 90°，不能作其他角度的拐弯；每个平面回转段中都有导轮，轮上装有滚动轴承，以滚动摩擦代替滑动摩擦，降低运行阻力；各壳体的断面内只有一股单向运行的刮板链条，不像 MS 型、MC 型、MZ 型那样分有上下两腔，因此壳体高度较低，机槽内不需设回程导轨。刮板链条的张紧有两种方式，一种仍在尾部张紧，另一种是使用可调节的伸缩套筒。

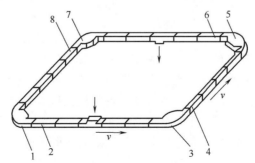

图 2−6　平面环型（MP 型）埋刮板输送机布置图

1—尾部　2—第一水平中间段　3—第一回转段　4—第二水平中间段　5—第二回转段
6—第三水平中间段　7—头部　8—第四水平中间段

MP 型的槽宽规格从 120mm 到 1000mm 共有 10 种，最大输送量可达 1000 m^3/h 以上。它可以十分方便地实现多点加料和多点卸料，用这种输送机作为平面型物料分配器最为合适。该机型只使用模锻链条和 L 型刮板，在输送机内相当于外向布置型式。

6. 立面环型（ML 型）

立面环型埋刮板输送机能在一个垂直立面内完成物料输送工作。它由头部、垂直中间段、尾部、下水平段、弯曲段、上回转段及上水平段组成。物料自下水平段的某一位置进入料槽，经弯曲段转入垂直提升，通过上回转段后进入上水平输送，在上水平段的某一位置卸出物料，刮板链条在一个垂直的平面内形成封闭的链环。本机型的水平输送距离可达 30m，垂直提升高度可达 20m，每个转弯处的转角均为 90°。同 MP 型一样，它的壳体断面内只有一股单向运行的刮板链条，没有回程导轨。刮板链条的张紧装置只能设在尾部。

本机型的槽宽规格及最大输送量与 MC 型相同。在下水平段增设加料口及在上水平段增设卸料口，能实现多点加料及卸料。这种布置型式特别适合于多个料仓间的物料循环输送，可以完成物料的进仓、出仓、倒仓等多种作业。

ML 型埋刮板输送机多使用模锻链和 V 型及 O 型刮板，刮板链条在输送机中相当于外向布置型式。ML 型（立面环型）埋刮板输送机如图 2-7 所示。

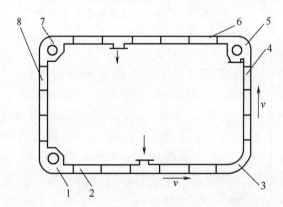

图 2-7　ML 型（立面环型）埋刮板输送机布置图

1—尾部　2—下水平段　3—弯曲段　4，8—垂直中间段

5—上回转段　6—上水平段　7—头部

7. 给料型（MG 型）

给料型埋刮板输送机的布置型式与 MS 型完全相同，但其结构与 MS 型有区别。MG 型的水平中间段或是分离的槽体，或虽为一体但被整体隔板分为独立的上下两腔，仅留出让物料落入槽体下部的开口，在加料口处配备料层高度控制器，通过改变料层高度来调节输送量的大小，从而实现按需要给料的工艺要求。它的另一个特点是可利用一台设备同时输送几种物料，也能进行混合输送。MG 型埋刮板输送机的槽宽规格及最大输送量与 MS 型相同。MG 型（给料型）埋刮板输送机如图 2-8 所示。

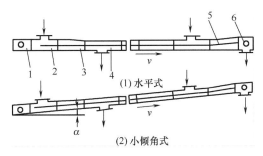

图 2-8　MG 型（给料型）埋刮板输送机布置图

1—尾部　2—加料段　3,5—过渡段（有时可取消）
4—水平中间段　6—头部

（三）　按承载性质分类

按承载性质可分为重型和轻型，且分类的方法有两种。一种是按物料容重分：输送物料容重 $\gamma > 9.8 \mathrm{kN/m^3}$ 的为重型，输送物料容重 $\gamma \leqslant 9.8 \mathrm{kN/m^3}$ 的为轻型；另一种是按输送机的重量分：机体的钢板较厚，设备重量大的为重型，输送粮食类等轻物料时，机体钢板较薄，设备重量较小的为轻型。

按照 GB/T 10596—2011《埋刮板输送机》规定。埋刮板输送机的型号采用三个汉语拼音字母和 2~3 位阿拉伯数字来表示：

第一个字母 M 和第二个字母必须标出；第三个字母如为普通机型就不标注，如是特殊机型就要标注；第四个机槽宽度数字需标出。

标记示例 1：机槽宽度 B320mm，用于输送物料温度在 100~450℃的水平输送机：埋刮板输送机 MSR32。

标记示例 2：机槽宽度 B320mm，用于输送常用物料的垂直埋刮板输送机：埋刮板输送机 MC32。

二、　埋刮板输送机的应用特点

埋刮板输送机的主要优点是：使用范围广，输送物料的品种多，其他连续输送机械难以输送的物料，许多都可以采用埋刮板输送机进行输送；密闭性能好，物料在封闭的机槽内输送，不抛撒，不泄漏，能防尘、防水、防毒、防爆，大大改善了劳动条件，防止环境污染；工艺布置十分灵活；容易实现多点加料或多点卸料；体积小，占地面积小，可在比较狭窄的工作场地使用；输送过程中物料与刮板链条之间基本上无相对运动，故对物料的损伤小；安装容易，操作、维修方便，运行安全可靠。

埋刮板输送机的缺点是：输送距离和提升高度有一定的限制；刮板链条与机槽的磨损较大，磨损部位主要是链条关节处、机槽底板及导轨，特别是输送磨琢性较大的粉尘状物料时磨损更为严重；功率消耗较大；不适于输送黏性大的、悬浮性大的、块度较大的及磨损性很大的物料。

埋刮板输送机的主要发展：刮板链条衬板采用高分子聚合物制成，具有耐磨、减震、降低噪声等优点。采用电机和液力偶合器、减速机传动，能实现满载起动，具有过敏保护的功能。刮板输送机配有各种安全保护装置，如防堵开关、卸爆装置、失速传感器、尾端积料自动清理装置等，尽量避免发生事故或减少损失。

第二节　埋刮板输送机工作构件

这里主要介绍 MS、MC、MZ 三种最常用机型的主要构件。

一、 刮板链条

刮板链条是埋刮板输送机的承载牵引构件，由许多链节通过销轴等零件连接而成。链节通常由不同型式的刮板和链条焊接或铆接或整体铸造而成。根据机槽宽度、节距大小、承载能力及物料特性的不同，链条和刮板有各种不同的型式。

1. 刮板

埋刮板输送机的刮板型式很多，大体上可分为 T 型、U 型、V 型、O 型、L 型等五类，埋刮板输送机的刮板型式如图 2 - 9 所示。刮板型式的选用是根据机型和物料性质决定的。

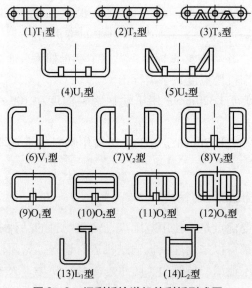

(1)T$_1$型　　(2)T$_2$型　　(3)T$_3$型

(4)U$_1$型　　(5)U$_2$型

(6)V$_1$型　　(7)V$_2$型　　(8)V$_3$型

(9)O$_1$型　(10)O$_2$型　(11)O$_3$型　(12)O$_4$型

(13)L$_1$型　　(14)L$_2$型

图 2 - 9　埋刮板输送机的刮板型式图

T 型刮板的结构比较简单，常用于机槽宽度不大的水平型埋刮板输送机。U 型刮板主要有 U$_1$、U$_2$ 两种型式，常用的为 U$_1$ 型，它的输送能力较 T 型强，用于机槽宽度较大的水平型埋刮板输送机。V 型刮板主要有 V$_1$、V$_2$、V$_3$ 几种型式，常用的为 V$_1$ 型，用于垂直提升的各种埋刮板输送机中。O 型刮板主要有 O_1、O_2、O_3、O_4 等几种型式，常用的为 O_1 和 O_4 型，它是一个封闭式的刮板，刚性及强度好，用于机槽宽度较大和各种垂直提升的埋刮板输送机。L 型刮板有 L_1 和 L_2 两种型式，最常见的为 L_1 型，适用于 MP 型埋刮板输送机。

对输送性能较好和黏性较大的物料，应选用形状简单的刮板；对悬浮性强和散落性好的物料，应选用包围系数大和形状较复杂的刮板；在输送重度较大的物料或机槽较宽时，为保证刮板的强度和刚度，应选用焊有斜撑的刮板；当输送易产生浮链的物料时，刮板应向后倾斜 70°~80° 焊在链条上。

刮板的材料一般采用 Q235A 钢或 Q235F 钢，只有在特别重要的场合才使用 45 钢。T 型刮板一般用 5~10mm 的扁钢制成；U 型、V 型、O 型刮板一般采用 $\Phi14$~22mm 的圆钢或 14mm×14mm~20mm×20mm 的方钢弯制而成。L 型刮板多采用 14mm×14mm~20mm×20mm 的方钢弯制而成。

刮板节距通常与链条节距相等，当工作载荷较小时，也可比链条节距大一倍。刮板节距过大，会导致料槽内物料间的相对滑移，降低生产率，增加动力消耗。刮板节距过小，则增大了刮板链条的自重，加大运动阻力。刮板节距一般在不超过料槽宽度时能得到最好的效果。

刮板（除 T 型以外）的布置分内向和外向两种，刮板的机槽内的布置形式如图 2-10 所示。外向布置的刮板在机槽由水平到垂直的弯道处，有载分支和无载分支中链条均和隔板接触，运转平稳，噪声小；外向布置的刮板有利于观察刮板链条的运行状态，维修和更换刮板链条也方便，还有利于物料的卸出，但机槽头部和尾部的结构尺寸较大，并且当刮板从弯曲段向垂直段过渡时，刮板之间的空间逐渐减少，对物料产生压缩，增大了物料运行的阻力。内向布置的刮板在机槽弯道处两个分支的刮板均会与隔板接触，刮板容易损坏，并引起噪声，但这种布置的机头和机尾结构尺寸小。MZ 型埋刮板输送机只采用内向布置的刮板。O 型刮板只适用于外向布置。

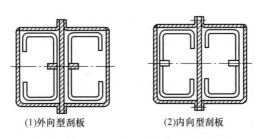

(1)外向型刮板　　　　　(2)内向型刮板

图 2-10　刮板的机槽内的布置形式图

刮板链条与机槽最小侧隙应符合：$B = 160$~200mm 时为 10mm；$B = 250$~500mm 时为 15mm；$B = 630$~1250mm 时为 20mm. 刮板与机槽的间隙，一般取为物料粒径的 3 倍左右，油脂工业一般取 10mm 左右。间隙过小，运行过程中刮板容易与侧壁相碰撞，物料容易卡在刮板与料槽之间，增大运行阻力，加速刮板及机槽的磨损，甚至造成刮板损坏和断链事故。间隙过大，不利于增大物料的内摩擦力和克服物料与料槽的外摩擦力，导致料槽内物料颗粒之间产生相对滑移，使料槽中物料的平均运动速度下降，生产率降低。

　　一般要在刮板链条的整个长度上均匀地安装 2 ~ 3 个清扫刮板。清扫刮板是形状相同而尺寸略大于刮板的橡胶板，用螺钉将清扫刮板固定在原有刮板上，使刮板与机槽不存在间隙。清扫刮板的运动可将机槽内剩余的物料清扫干净。

　　2. 链条

　　链条是埋刮板输送机用于物料输送的承载牵引构件，按其结构形式分为模锻链、滚子链和双板链。刮板链条如图 2 – 11 所示。

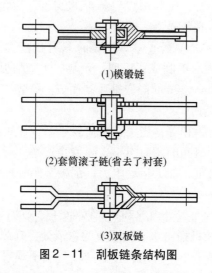

(1)模锻链

(2)套筒滚子链(省去了衬套)

(3)双板链

图 2 – 11　刮板链条结构图

　　模锻链（DL）由链杆与销轴组成。链杆通过模锻、钻、铣等机械加工制成，使用时，用销轴将链杆连在一起形成链条。刮板焊接在链杆上。这种链条具有结构简单、使用可靠、装卸方便、对物料的适应性强等特点。链杆各断面可进行等强度设计，这样在相同强度和相同节距的条件下，模锻链条的重量最轻。但这种链条在制造时需要专用模具，机械加工量较大，制造成本高，适于专业厂大批量生产。

　　滚子链（GL）由内链板、外链板、滚子和销轴等零件装配而成。这种链条工作时，链轮轮齿与滚子啮合，转动灵活，可减少磨损，延长使用寿命，并且由于滚子可在导轨上滚动运行，从而减少了运动阻力。这种链条的制造较为简单，但它的重量较大，拆换链条时必须成对更换。

　　套筒滚子链（TL）也属于滚子链的一种。它的结构是套筒紧固在内链板上，滚子活套在套筒上，然后用销轴将内外链板组合在一起。这种链条传动时，轮齿通过滚子将力传动给套筒，改善了销轴的受力状况，减少了销轴的磨损。它的缺点是制造工艺复杂，造价高，灰尘容易进入转动的缝隙中，使滚子和套筒转动困难。

　　带有弯片的滚子链如图 2 – 12 所示，是一种带有弯片的链条，属滚子链的变态型式。其优点是在更换链环时只需换一个链片，而不像一般滚子链要成对地更换。应用它可以减少张紧装置的计算行程。这种链条的缺点是在链片上作用附加弯曲力矩，比一般链条自重稍大。

　　双板链（BL）由冲压成型的两块钢板经焊接或铆接成链杆，再用销轴联接而成。这种链条结构简单，制造容易，价格低廉，装拆方便，节距较大，承载能力强。缺点是无法进行等强度设计，自重最大，铰点磨损快，使用寿命短。

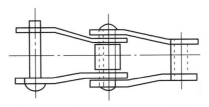

图 2-12　带有弯片的滚子链结构图

链条的节距应根据机槽宽度来选用。链条节距小，则节点多造价高；链条节距过大，则传动的稳定性差，且增加动载荷。刮板链条节距与机槽宽度的对应关系如表 2-2 所示。

表 2-2				刮板链条节距与机槽宽度的对应关系					单位：mm
机槽宽度 B	120	160	200	250	320	400	500	630	800	1000
链条节距 t	80	80	—	—	—	—	—	—	—	—
	100	100	100	—	—	—	—	—	—	—
	—	125	125	125	—	—	—	—	—	—
	—	—	—	160	160	160	160	—	—	—
	—	—	—	—	200	200	200	200	200	—
	—	—	—	—	250	250	250	250	250	250
	—	—	—	—	—	—	—	315	315	315

二、机壳

埋刮板输送机的机壳可分为机头段、机尾段、进料段、中间段、过渡段等。

1. 机头段

机头段的结构如图 2-13 所示。MS 型和 MZ 型埋刮板输送机头部仅有一种形式。MC 型埋刮板输送机的头部有 A、B 两种形式。B 型较 A 型多一个托轮轴系，结构也较为复杂。当输送机垂直布置即 $\alpha = 90°$ 时，其头部可用 A 型或 B 型。当输送机倾斜布置时，其头部只能选用 A 型。对于流动性较好、易于卸出的物料宜选用 A 型；对于卸出有困难的物料则应选用 B 型。

机头段由头部壳体和头轮轴系两大部分组成。头部壳体的断面为矩形，用 4.5~8mm 厚的钢板焊接而成。MS 型及 MZ 型的头部壳体前端用端盖板封住，后端法兰与过渡段相连，上部开有观察口，下部开有卸料口，两侧焊有安装轴承座的支承板。壳体中部装有脱链板、支承导轨和刮料刀。脱链板和支承导轨用来协助链条方便地从链轮上绕出，刮料刀伸入到头轮轮槽中（对模锻链和双板链），便于清除刮板链条带到头轮轮槽中的积料。卸料口开设的位置应与链轮保持一段距离，以防止物料进入轮齿啮合区，压碎物料或造成轮槽卡料。

头轮轴系主要包括头轮、头轮轴、轴承、轴承座及轴上的紧固零件和密封件等，通过头轮轴伸出端上的大链轮与传动链条、小链轮及驱动装置相连接。对模锻链和双板

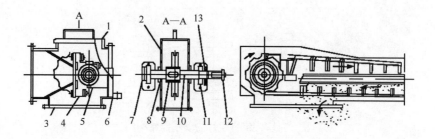

(1)用于MS、MZ型的头部

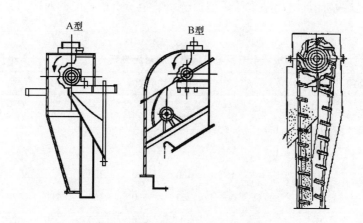

(2)用于MC型的头部（左为A型，右为B型）

图2-13　机头段的结构

1—观察盖　2—头部壳体　3—卸料口　4—轴承座　5—轴承盖　6—端盖板　7—闷盖　8—侧压板
9—头轮　10—头轮轴　11—滚动轴承　12—轴端挡板　13—透盖

链，轮齿采用叉形齿，叉形齿的沟槽用来承放链杆，叉形齿的齿廓面与链杆的突出部分接触，将链轮的圆周力传给链条。轴承采用双列向心球面滚子轴承，可以自动调心。

2. 机尾段

机尾段结构如图2-14所示。它主要由尾部壳体、尾轮轴系及链条张紧装置三大部分组成。尾部壳体是用4.5～8mm厚的钢板焊接而成的矩形断面壳体，后端用端盖板封住，前端法兰与加料段相连，上部开有观察口，下部用钢板焊死，两侧面焊成封闭的两腔，腔内安装有轴承座、链条张紧装置、上下导轨及滑动板等零部件。两腔的最外侧用盖板封住，仅让与尾部壳体平行的两根调节螺杆从两侧伸出，以便于操作。尾部轴系主要包括尾轮、尾轮轴、轴承、轴承座及轴上的紧固零件和密封件等。轴承座置于上下导轨之间，并与调节螺杆相连，尾轮轴系可随着调节螺杆的移动而移动，以利刮板链条的张紧或放松。调节螺杆上配有锁紧螺母，调节好链条的松紧度后，需将调节螺杆上的锁紧螺母紧固好，以防链条松动。

尾轮有两种型式，一种是轮面上开有沟槽，用于模锻链和双板链条；另一种是轮面较宽但没有沟槽，为一光滑面，用于套筒滚子链条。尾轮直径一般小于头轮直径，以减小机尾段高度。尾轮轴的轴承采用双列向心球面轴承，可以自动调心。

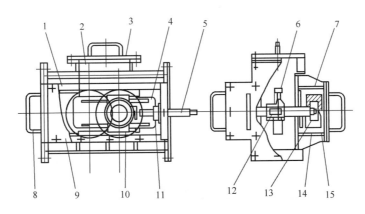

图 2-14　机尾段的结构图

1—尾部壳体　2—上盖板　3—观察盖　4—滑动板　5—调节螺杆　6—尾轮　7—上导轨
8—端盖板　9—侧盖板　10—下导轨　11—固定螺母　12—尾轮轴　13—轴承座
14—轴承　15—闷盖

张紧装置可分为螺杆式、弹簧螺杆式、坠重式等。螺杆式张紧装置依靠人工旋转螺杆进行张紧，其优点是外形尺寸小且结构紧凑，缺点是调整中牵引构件有可能"过分张紧"以及工作中偶然过载不能自动调节。

坠重式张紧装置能够自动地保持牵引构件在工作过程中张力的恒定，但是结构复杂、庞大。坠重式张紧装置适用于大型的长距离输送的埋刮板输送机。小车坠重式张紧装置如图 2-15 所示。

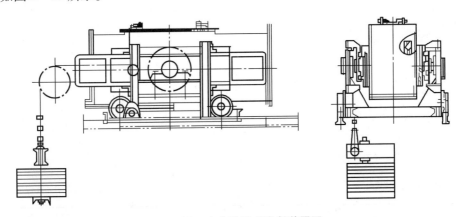

图 2-15　小车坠重式张紧装置图

螺杆式张紧装置的张紧行程一般为 250~300mm。坠重式张紧装置的张紧行程一般为 800mm。

3. 进料段

进料段有 A 型和 B 型之分，水平进料段如图 2-16 所示。其所对应的加料口分别称 A 型加料口和 B 型加料口。A 型加料口为上加料形式，物料自机壳顶板进入无载分支，穿过回程运行的刮板链条落到壳体下部的有载分支。A 型进料段的结构简单，但刮板链条的运行速度不宜过高，否则易造成尾部积料。B 型加料口为两侧加料形式（通常下倾角为55°)。物料自两侧的斜面直接进入壳体下部的有载分支,不与回程的刮板链条发生任何接触,这种进料段结构较复杂,但避免了物料在无载分支中的破碎。对于一般的散状物料,只要不与加料口侧壁斜板产生黏附,应优先选用 B 型进料口。只有当物料水分含量较大、黏附性较强、流动性不好时,才选用 A 型进料口。进料段的长度一般为1.5m。

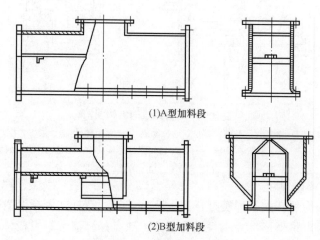

(1)A型加料段

(2)B型加料段

图2-16　水平进料段型式图

4. 中间段

机壳的中间段可以根据各机型允许的输送距离和提升高度自由地选用和组合。中间段可分为水平型中间段、垂直型中间段及平面环型和立面环型中间段三种,各种中间段机槽的宽度和高度如图2-17所示。

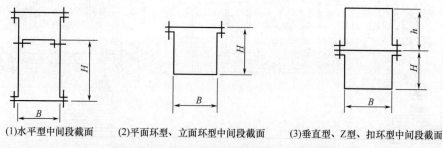

(1)水平型中间段截面　　(2)平面环型、立面环型中间段截面　　(3)垂直型、Z型、扣环型中间段截面

图2-17　各种中间段机槽的宽度和高度图

水平型中间段承担水平输送或为垂直输送段供料的作用。当输送倾角较大或作为供料段使用时,机壳内两个分支之间应安装隔板。当输送倾角小于被输送物料的内摩擦角时,机壳可制成无隔板型。无隔板水平段内按一定距离安装角钢制成的横梁,横梁上安装导轨,用来承载回程分支的链条。有的机型为了增加料槽底板和隔板的使用寿命,也在其上安装导轨,由导轨承载链条。导轨用扁钢或工字钢制成,材质多为45号优质碳素钢,并经表面淬火,使其硬度达HRC40~50。

垂直型中间段壳体中有隔板,隔板将壳体分为有载分支和无载分支两部分。通常无载分支机筒的高度 h 比有载分支 H 大10~15mm,用来减少刮板链条与机槽的碰撞。两分支机槽连接口应相互错开，以保持安装后机壳的平直度。

平面环型中间段及 L 型刮板在其中的布置形式如图 2 - 18 所示。

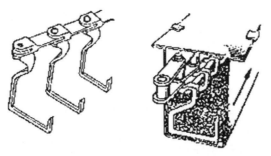

图 2 - 18　平面环型中间段及 L 型刮板在其中的布置形式图

中间段壳体长度一般为 0.5 ～ 3.0m，多为 2m、1.5m、0.8m 三种长度规格，应优先选用 2m 的长度，最后采用一节非标准长度的机壳凑成所需的输送长度。MC 型和 MZ 型的下水平段通常只用一节，其长度一般为 1.5m，必要时可略为加长或缩短。不同机型的机槽宽度和承载机槽高度如表 2 - 3 所示。

表 2 - 3　　　　　　　　　　不同机型的机槽宽度和承载机槽高度

机槽宽度 B		120	160	200	250	320	400	500	630	800	1000	1200
M、F	S											
	P		120	160	200	250	320	360	400	500	600	700	700
	C	承载机槽高度 H											
	Z		100	120	130	160	200	250	280	320	400	—	
	L												
	K												
R	S				250		360		500		—		
	C		—		130	160	200	250	280	320		—	

注：S、P、C、Z、L、K 为输送机结构型式代号；M、F、R 为输送机特征代号。

5. 过渡段

（1）机头段到水平中间段的过渡段。水平型机头段内因安装头轮，机壳高度大于水平中间段，为此中间需安装过渡段，以便把机头与水平中间段连在一起。这种过渡段的长度一般为 1.5m。机头段到水平段的过渡段如图 2 - 19 所示。

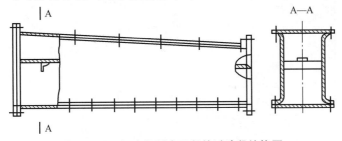

图 2 - 19　机头段到水平段的过渡段结构图

（2）水平段到垂直段的弯曲过渡段，水平段到垂直段的弯曲过渡段如图2－20所示。弯曲过渡段的壳体分为上下两部分，下面是承载壳体，上面是空载壳体，中间用弯曲隔板隔开。弯曲隔板靠承载段的这一面上，点焊固定着用45号扁钢制造的导轨，导轨条数根据刮板的内、外向及链条排数而定。空载壳体靠下水平端法兰处，也装有一条或两条水平导轨，以控制回程刮板链条的位置，使之顺利进入下水平段。弯曲过渡段的上、下方应设置检

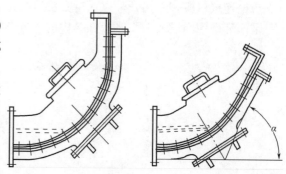

图2－20　水平段到垂直段的弯曲过渡段结构图

修孔和排料孔，以利于检修和排除物料。弯曲段的曲率半径为链条节距的8～12倍，当链条节距小于100mm时，曲率半径应为链条节距的10～15倍。

（3）垂直段到水平段的上回转过渡段，垂直段到水平段的上回转过渡段如图2－21所示。该过渡段分为三大部分：上回转段壳体、导轮轴系及托轮轴系。上回转段壳体由空载壳体、承载壳体和回料斗组成。空载壳体和承载壳体之间有一中间隔板，将两个壳体完全分开。空载壳体中装有托轮轴系和支承导轨，对回程刮板链条起引导及支托作用。托轮可以是有齿的链轮，也可以是无齿的光轮或托轮，轮的直径一般取 $D_1 = 2.5h$（h 为料槽高度）。承载壳体中及回料斗内装有导轮轴系，导轮通过弯曲底板上的开槽伸入到承载壳体内，运行中靠刮板链条的摩擦带动导轮及轴一起转动。导向轮为光面滚筒型结构，滚筒直径 $D_2 = 3.5h$。回料斗的作用是将由导轮与轮槽间的缝隙漏下的物料通过回料管送到垂直中间段的空载壳体中，它对保证导轮的转动及上回转段的正常工作有很大作用。在设计、制造及维修时，都必须保证导轮在支承壳体中的正确位置：一是轮面与弯曲底板的高度差，二是导轮与轮槽两侧间隙值的大小及均匀性。

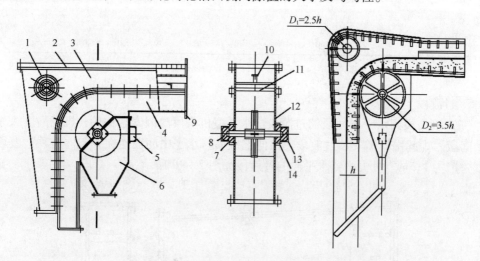

图2－21　垂直段到水平段的上回转过渡段结构图

1—托轮　2—上盖板　3—空载壳体　4—承载壳体　5—观察盖　6—回料斗　7—轴承座
8—闷盖　9—密封垫　10—导轨　11—中间隔板　12—导轮　13—滚动轴承　14—导轮轴

刮板链条在上回转段处的绕转角度是90°，所以至少要有4～5节刮板链条贴紧在导轮面上，才能产生足够的摩擦力带动导轮及轴转动，同时还要减小链条所受的附加弯矩。托轮和导轮轴系是由托（导）轮、轮轴、轴承座、双列向心球面轴承、端盖及密封垫组成。目前，有的机型在垂直段至水平段的上回转过渡段内装设弧形导轨，使两分支的刮板链条均依赖导轨实行转向，这样虽然增加了一部分链条运行阻力，但使设备结构简化了许多。

三、 驱动装置

埋刮板输送机的驱动装置是一个独立的通用部件，通常由电动机、减速器、柱销联轴器、传动链条、大链轮、小链轮、护罩、支架等组成，传动装置如图2-22所示。电动机经柱销联轴器与减速器高速轴直接相联，减速器低速轴通过开式链传动与头轮轴相联。减速器多采用卧式单级摆线针轮减速器。联轴器亦有使用液力联轴器的，它可作为一种过载保护装置，迅速切断动力的传递，从而防止机件的损坏。开式链传动通常使用套筒滚子链，其结构及工作参数与一般用链传动相同。

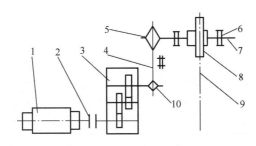

图2-22　传动装置图

1—电动机　2—联轴器　3—减速器　4—传动链条　5—大链轮
6—滚动轴承　7—头轮轴　8—头轮　9—刮板链条　10—小链轮

埋刮板输送机驱动装置的安装分左装、右装及自带式。站在输送机的尾部，顺着刮板链条的运动方向向前看，若驱动装置布置在头部的左侧为左装，布置在头部的右侧为右装，既不在左又不在右而是安装在中间壳体上的为自带式。埋刮板输送机的驱动方式可根据需要任意选定。

四、 安全保护装置

安全保护装置是埋刮板输送机必不可少的辅助设施，对保证输送机安全正常运行、及时排除故障有很大的作用。GB/T 10596—2011《埋刮板输送机》规定：当在输送机产生的冲击载荷使其过载电流超过规定要求时，过载保护装置应能使电动机在规定的时间内停止工作；当输送机出现断链事故时，断链报警装置应能在规定的时间内使电动机停止工作，并同时发出报警信号。埋刮板输送机的安全保护装置通常有电气保护、机械保护、机电结合断链保护等型式。

1. 电气保护

电气保护即过电流保护，它是在驱动装置的电气部分配备电机过电流保护器，以防止超载时电机负载过大而损坏电机。虽然过电流保护能起到一定的保护作用，但仍然存在着两个主要问题无法解决。

（1）埋刮板输送机超载有两种，一种是持续超载，另一种是短时或瞬时超载。第一种情况是不允许的，也不可能长期持续下去。第二种情况则比较复杂，因某种临时性故障发生短时超载是常有发生的，其发展结果是持续超载或自行排除。也就是说，短时超载并不意味着一定要出事故，即不意味着输送机一定要停止工作。但过电流保护不可能判断和识别这一点，只要负载电流一上升到规定的极限值，输送机就立即停止工作。在实际生产中，过电流保护往往造成许多不必要的停机现象，使那些可以自行排除的故障无法排除。

（2）出事故后不一定能有效地起到保护设备的作用。如埋刮板输送机的最大事故是链条拉断。断链有两种可能，一种是超载，过电流保护能起作用；另一种是由于个别链条质量太差，许用载荷值不够或因开口销磨损破坏，销轴自链孔中脱出，造成"脱链"现象，这种并未超载的断链或脱链发生时，过电流保护装置起不到作用，电机不会停止转动，结果造成刮板链条挤坏壳体，头尾部零件被拉坏的重大事故。

2. 机械保护

机械保护常用的是安全销保护，它是通过在大链轮与头轮之间增设安全剪切销来对驱动装置和设备本身进行保护的，其安全销的安装部位及结构如图 2-23 所示。在头轮轴 7 与大链轮 3 之间加了一连接套 2，连接套与头轮之间用键 4 传递扭矩，大链轮与连接套用安全销 1 传递扭矩。正常工作时，大链轮通过安全销带动连接套，连接套通过键带动头轮轴，使输送机运行。当超载或遇意外事故时，工作扭矩大于安全销所能传递的最大扭矩时，安全销被剪断，大链轮在连接套上空转，从而保护了减速机及输送机的其他机件。这种机械保护方法也同样存在一些不足，不能完全适应埋刮板输送机的工作特性和运行特点，其表现为：由于输送机的输送距离、提升高度、物料性能等变化较大，刮板链条所受的最大张力也有很大差别，作为安全销设计依据的工作载荷值难以确定，安全销的强度与实际工作载荷不一致时，起不到安全保护作用。另外，安全销的抗剪切强度与材质、加工尺寸及精度、热处理方法等有很大关系，某一因素的微小变化会使其剪切强度发生较大的改变。尽管如此，由于这种方法十分简单易行，所需零件少，故仍得到较为广泛的使用。特别是当刮板链条的最大工作载荷与其许用载荷十分接近、输送速度较低时，采用安全销保护有较好的效果。

3. 机电结合的断链保护

SCD 失速开关（断链保护器）主要由速度传感器和信号处理器组成。速度传感器为电磁感应式脉冲信号发生器。该装置安装在埋刮板输送机的尾轴上，随尾轴一起旋转，将尾轴上的旋转速度信号变换成脉冲信号。脉冲信号的频率与尾轴的转速呈正比。信号处理器即脉冲频率检测器，安装在就地电控箱或集控室内。信号处理器接收速度传感器的信号，并检测脉冲信号的频率。当脉冲信号的频率低于设定值时，信号处理器动作，输出开关信号，用于控制驱动电动机的停止或运行，从而保护输送设备。信号处理器动作后会自锁，此时即使速度传感器有正常脉冲信号输入，信号处理器也处于报警保护状态。重新启动时必须切断处理器电源，让信号处理器复位。

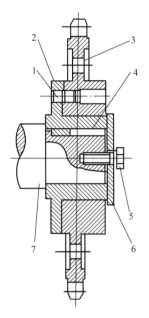

图 2 - 23　安全销的安装部位及结构图
1—安全销　2—连接套　3—大链轮　4—键　5—螺钉　6—挡圈　7—头轮轴

第三节　埋刮板输送机工作过程

一、 链传动原理

埋刮板输送机的牵引构件为链条，在工作中，驱动链轮通过轮齿与链节的啮合，将圆周力传递给牵引链条，链条上的刮板再将力传递给被输送的物料。链传动是一种啮合传动，它和摩擦传动比较，其优点是链条的强度高，能保证准确的传动比，传动效率高，工作安全可靠，链受拉伸后伸长度小，容易固接承载构件，耐腐蚀，不怕油和热。其缺点是链条自重大，磨损严重，传动不平稳，不适于高速运行，工作时有冲击和噪声。

（一）链传动的运动特性

为了便于说明问题，设链条主动边从水平位置绕入链轮，链传动运动如图 2 - 24 所示，当链节进入驱动链轮时，节点 1 总是随着链轮的转动不断地改变着位置，当节点 1 的动径与轮的垂直轴线间夹角为 φ 时，链速 v 为节点的圆周速度在水平方向的分速度，即式（2 - 1）。

$$v = R\omega\cos\varphi \qquad\qquad (2-1)$$

由于 φ 角在 $-\alpha/2$ 到 $\alpha/2$ 间变化，其中 α 为链节距 t 在链轮上对应的中心角，并且有式（2 - 2）。

$$\alpha = 360°/Z \qquad\qquad (2-2)$$

式中，Z 为链轮齿数。因此当链轮转速 ω 为常量时，链速 v 是变量。在 $\varphi = -\alpha/2$ 及 $\alpha/2$ 时，$v = v_{\min} = R\omega\cos(\alpha/2)$；在 $\varphi = 0$ 时，$v = v_{\max} = R\omega$。

链速由上可知，是作周期性的变化，因此，给链传动带来了速度的不均匀，链节距

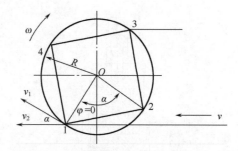

图 2-24 链传动运动图

越大，或链轮齿数越少，链速的不均匀性愈显著。链条的速度和加速度如图 2-25 所示，是链速 v 随时间 t 的变化关系。

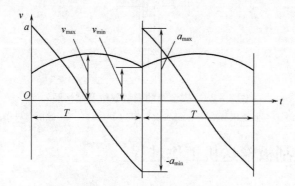

图 2-25 链条的速度和加速度图

链节点 1 在水平速度作周期性变化的同时，链条在垂直方向上还要作上下移动。在 $-\alpha/2 \leqslant \psi \leqslant 0$ 时，以变速下降，在 $0 \leqslant \psi \leqslant \alpha/2$ 时，以变速上升，这种时上时下，时快时慢的变化，形成了链传动的不稳定性和有规律的振动。

牵引链条平移的加速度可以作为速度对时间的一次导数而求出，或作为向心加速度 $a_0 = R\omega^2$ 在水平方向上的分量而求出：

$$a = -a_0 \sin\varphi = -R\omega^2 \sin\varphi \tag{2-3}$$

当 $\psi = 0$ 时，加速度 $a = 0$，（$v = v_{max}$），而当 $\varphi = -\alpha/2$ 和 $\alpha/2$ 时，得到正、负最大加速度：

$$\pm a_{max} = R\omega^2 \sin(\alpha/2) \tag{2-4}$$

已知 $\omega = 2\pi n/60$，$\sin(\alpha/2) = t/2R$，$n = 60v/Zt$，代入式（2-4）可以得出：

$$\pm a_{max} = 2\pi^2 v^2/Z^2 t = 2\pi^2 \frac{v^2 t}{(Zt)^2} \tag{2-5}$$

式中　n——驱动链轮转速，r/min；

　　　ω——驱动链轮角速度，弧度/min；

　　　α——链节 t 所对应的中心角，°；

　　　t——链条节距，m；

　　　R——链轮节圆半径，m；

　　　v——链条工作平均速度，m/s；

　　Z——链轮齿数。

　　由图 2 - 25 可以看出，在一个周期 T 的终了和在下一个周期 T 开始的瞬间，即链轮齿与链条链节刚啮合的瞬间，链条平移的加速度由 $-a_{max}$ 猛增到 $+a_{max}$，增大的绝对值是 $2\mid a_{max}\mid$。

　　由式（2 - 5）还可以看出，链轮的转速越高，链条节距越大，链轮的齿数越少，链条平移的加速度越大。

　　（二）链传动中的动载荷

　　链传动时对传动件引起动载荷的主要原因如下。

　　1. 由链条平移加速度的变化引起的动载荷

　　由前述已知轮齿与链节开始啮合的瞬间，链条平移的加速度增加 $2\mid\alpha_{max}\mid$，如果以 m 表示参与平移运动部分的质量，则瞬间链条张力增加 $2\mid m\alpha_{max}\mid$。由于这一力在瞬间突然由正向改成反向，又称它为突加载荷，根据突加载荷比一般静载荷在构件中所形成的应力大一倍的理论，即"双倍效应理论"，则计算这一力在链条中产生的效应力为 $2\times 2\mid m\alpha_{max}\mid$。链轮轮齿与链节刚啮合的瞬时，链条的加速度为负值，其惯性力的方向与链条运动的方向相同，惯性力使链条的总张力减小，所以计算链条实际张力时，应减去惯性力 $\mid m\alpha_{max}\mid$，则链条瞬时的最大总张力为式（2 - 6）：

$$S_{max} = S_j + S_d = S_j + 2\times 2\mid ma_{max}\mid -\mid ma_{max}\mid = S_j + 3\mid ma_{max}\mid \tag{2-6}$$

式中　S_j——链条静载荷张力，N；

　　　　S_d——链条动载荷张力，N。

　　式中参与质量 m 的计算：由于牵引构件不是绝对的刚性体，它具有一定的弹性，因此动力的传递不会像刚体一样立即传递到刚体的全部长度上；又牵引构件有自由悬垂部分，纵向动力能使悬垂部分的下垂度发生改变，从而影响动力的传递。再者，埋刮板输送机中物料移动的速度不完全等于链条运动的速度，因此参与平移运动的质量 m 不等于全部链条和全部物料的质量之和，根据试验，参与质量 m 可按式（2 - 7）计算：

$$m = (q + q_0 C)L \tag{2-7}$$

式中　q——料槽内单位长度物料质量，kg/m；

　　　　q_0——单位长度刮板链条的质量，kg/m；

　　　　L——输送长度，m；

　　　　C——折算系数。当 $L < 25\mathrm{m}$ 时，$C = 2.0$；当 $L = 26\sim 60\mathrm{m}$，$C = 1.5$；当 $L > 60\mathrm{m}$ 时，$C = 1.0$。

　　2. 由链节和轮齿的冲击引起的动载荷

　　当链节绕入链轮的瞬间，链节和轮齿都有不同方向和大小的初速度，啮合时，立即产生斜向冲击，作用在轮齿和链节上的冲击动能 E 为式（2 - 8）：

$$E = q_0 t^3 n^2 /C \tag{2-8}$$

式中　q_0——单位长度链条质量，kg/m；

　　　　n——链轮转数，r/min；

　　　　C——常数，其值与轮齿形状有关。

　　链节与轮齿的冲击动能 E 越大，它对链传动的破坏作用也越大，由于轮齿和链节的连续冲击，使链传动产生振动和噪声，这些都将增加传动件的损坏，也增加动能的消耗。为了减少冲击能量，应该采用较小的链条节距，较多的轮齿，较低的链速以及适宜的轮齿齿形。

3. 链条运动轨迹的变化和链条振动引起的动载荷

传动中链条运动的轨迹无论在起动时或在正常工作时，都会发生改变，另外链传动中，链条除因加速度的变化引起横向振动外，还会因链轮是个多边形而引起纵向振动，这些振动都会引起附加动载荷，使传动件受到损伤，并引起噪声。目前这项附加动载荷，尚不能提出实用的计算式进行计算。

由上述可知：链传动中的速度不均匀，冲击，振动及噪声，都会不可避免地产生动载荷，但只要恰当地选择某些结构参数和工作参数，可以把它降低到最低限度。在进行链条强度计算时，除应考虑链条的静载荷外，还应计入动载荷。一般情况下，只计入由链条平移加速度的变化引起的动载荷，其他几项则在选用链条时的安全系数 K 中予以考虑。

二、 水平输送过程

埋刮板输送机作水平输送时，承受刮板直接推力的物料层称为牵引层，牵引层以上的物料称为被牵引层，由于物料自重及料槽两侧壁的约束，在物料间产生了内摩擦力，当这两层物料间的内摩擦力大于槽壁对被牵引层物料的外摩擦力时，被牵引层物料就会随同牵引层物料一起并形成连续整体的料流随着刮板链条向前输送。

输送倾角 $\beta = 0$ 时，水平输送时物料受力图如图 2-26 所示。图 2-26 中 F_1 为一个刮板间距内两层物料间的内摩擦力，其大小决定于被牵引层物料的重力，即式（2-9）：

$$F_1 = B(h - h_1)a\gamma f_n \qquad (2-9)$$

式中　B——料槽工作宽度，m；

　　　h——料槽的工作高度，即物料层高度，m；

　　　h_1——牵引层高度，即刮板高度，m；

　　　a——相邻刮板间距，m；

　　　γ——物料堆积重度，N/m³；

　　　f_n——物料内摩擦因数。

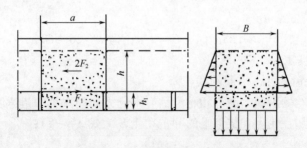

图 2-26　水平输送时物料受力图

已知被牵引层物料底面上的压强为 $Ba(h - h_1)\gamma/Ba = (h - h_1)\gamma$。则料槽侧壁在物料底面处的侧压强为 $(h - h_1)\gamma\lambda$，式中 λ 为侧压系数。被牵引层顶表面压强为零，则料槽侧壁在物料顶表面处的侧压强亦为零。故侧壁的平均侧压强为 $1/2(h - h_1)\gamma\lambda$，则料槽两个侧壁的压力为 $2 \times 1/2(h - h_1)\gamma\lambda a(h - h_1) = (h - h_1)^2\gamma\lambda a$。$F_2$ 为料槽两

个侧壁对一个刮板间距内被牵引层物料的运动阻力为式（2－10）：

$$料槽侧壁阻力\ F_2 = (h - h_1)^2 \gamma \lambda a f_w \tag{2-10}$$

式中　f_w——物料与料槽侧壁的摩擦因数。

被牵引层物料运动的条件为 $F_1 \geqslant F_2$，即为式 2－11：

$$B(h - h_1) a \gamma f_n \geqslant (h - h_1)^2 \gamma \lambda a f_w \tag{2-11}$$

对上式进行整理，得式（2－12）：

$$(h - h_1)/B \leqslant f_n /(\lambda f_w) \tag{2-12}$$

式（2－12）是水平型埋刮板输送机的工作条件。由式（2－12）可以看到：料槽的宽度越大，物料层的高度越小，对输送越有利；物料的表面越粗糙，料槽内壁越光滑，对输送越有利。当被输送物料的种类与料槽的结构确定之后，f_n、f_w、λ 均为定值，则比值 $(h - h_1)/B$ 为一常数。因为料槽槽壁对物料运动的阻力与物料层的高度平方值成正比，为了减少输送时能量的消耗，提高输送机的效率，应选用较小的物料层高度。设计时多取 $h/B = 1$。

三、　垂直输送过程

埋刮板输送机垂直输送时，物料在垂直方向受到刮板的推力、自身重力及垂直段下层物料对上层物料的支承反力的作用，这些垂直向压力在散粒体物料中能以一定比例向侧向传递，形成物料间及物料对料槽壁间的侧向压力，而侧向压力又构成使物料间相对稳定的内摩擦力及阻止物料运动的外摩擦力。当牵引层与被牵引层物料间的内摩擦力足以克服物料与料槽间的外摩擦力及物料的重力时，物料形成稳定的整体料流，随同刮板链条一同向上运动。垂直输送分析图如图 2－27 所示。

在垂直输送段的两刮板间取一薄层被牵引物料，如图 2－27 所示，已知其厚度为 dH，该薄层的周界可看成由料槽的部分侧壁长 L_1 及 U 型刮板内周长 L_2 组成，其面积为 A；该薄层上表面承受上方垂直压强为 P_a，下表面承受下方支承反力，其压强为 $P_a + dP_a$，四个侧面承受的压强为 P；薄层物料重力为 $AdH\gamma$；薄层与料槽的摩擦阻力为 $PdHL_1 f_w$；薄层承受的上方压力为 $P_a A$；薄层承受的下方反压力为 $(P_a + dP_a) A$；薄层与牵引层物料间内摩擦力为 $PdHL_2 f_n$；上述各式中 f_n 与 f_w 为物料的内摩擦因数与外摩擦因数；γ 为物料的堆积重度。于是薄层物料的受力平衡条件为：

$$AdH\gamma + PdHL_1 f_w + P_a A = PdHL_2 f_n + (P_a + dP_a) A$$

物料向上运动的条件为式（2－13）：

$$PdHL_2 f_n > AdH\gamma + PdHL_1 f_w$$
$$PL_2 f_n > A\gamma + PL_1 f_w \tag{2-13}$$

竖直料槽中物料的侧压强 P 是物料柱高度 H 的负指数函数。埋刮板输送机垂直输送段的料槽为细长筒形，其高度比料槽的截面积大的多，可以视为物料的高度为一无穷大值，当 H 趋近无穷大时，P 将为一常量。即式（2－14）：

$$P = \frac{A\gamma}{L_2 f_n - L_1 f_w} \tag{2-14}$$

由上式（2－13）和式（2－14）可以看到，垂直型埋刮板输送机能正常工作必须满足以下条件：

（1）埋刮板输送机垂直输送段的料槽必须为细长筒形，才能保证筒内物料有恒定的

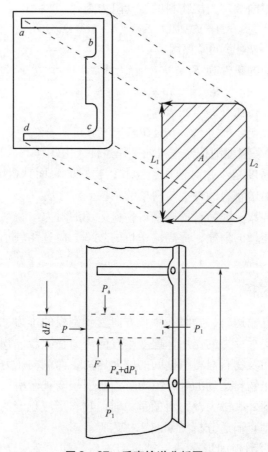

图 2-27　垂直输送分析图

最大侧压力,以维持上述不等式的成立。

(2) 垂直输送段的下方必须不断进料,以保证被牵引料柱的下方有足够的支承反力,否则料槽内物料的侧压力为零,使上述不等式不能成立。

(3) 机筒内壁光滑,对物料提升有利,即物料的外摩擦因数 f_w 越小,物料运动受的阻力也越小,上述不等式越容易成立。

(4) 应选用包围系数大的刮板形式,(如 U 型、O 型刮板)对输送有利,因为 $L_2 > L_1$ 时,上述不等式容易成立。

(5) 物料的容重 γ 越小,内摩擦因数 f_n 越大时,对输送越有利,例如垂直型埋刮板输送机输送稻谷比输送小麦更容易。

四、 埋刮板输送机的运行故障

1. 卡料

卡料发生在头轮轮槽处。当埋刮板输送机采用模锻链和双板链时,其头轮中间有一窄而深的轮槽,物料自头轮卸料口卸出时,链条上有时还残存极少量的物料随链条与头轮的啮合而进入头轮轮槽,若不能及时清除,这些物料将越积越多,越压越实,久而久之填满头轮轮槽,这称为卡料现象。卡料影响了链条与头轮的正常啮合,严重时将链条抬起，使输送机无法正常工作。轮槽卡料还迫使链条承受一种强大的附加载荷，迫使链条伸长，甚至导致断链。解决的方法是在输送机头部卸料口适当部位增加一套破拱卸料板和清扫板，并在壳体中部设置一块深入头轮轮槽的刮刀，防止头轮轮槽卡料的措施如图2－28所示。卸料板起强制辅助卸料作用，它能把压实结快的物料破坏冲散，使物料顺利卸下。清扫板是一块硬橡皮，通过压板和螺栓连接在卸料板上。清扫板紧挨着链条上表面，可以有效地清除链条上的积料。刮刀则可清除少量进入轮槽的物料。刮

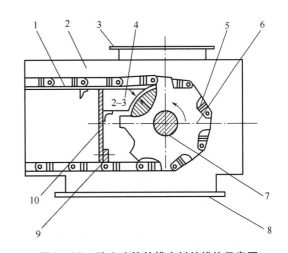

图2－28　防止头轮轮槽卡料的措施示意图
1—支承导轨　2—头部壳体　3—观察口　4—刮料刀　5—刮板链条
6—头轮　7—头轮轴　8—卸料口　9—清扫板　10—卸料板

刀应尽量贴近头轮根圆，与头轮轮槽两侧和根圆面间的间隙可取 2～3mm。

2. 积料

积料是埋刮板输送机最容易发生的一种故障，在壳体内的任何部位都有可能产生积料，最常见的多发生在头部、尾部、上回转段、弯曲段等处。

（1）头部积料　头部积料与头轮卡料是两个不同的概念，前者是整体性的，后者是局部性的，卡料不一定引起头部积料，而积料后必然导致轮槽卡料。头部积料通常只出现在MS 型和MZ 型埋刮板输送机中。其原因主要是卸料口卸料受到阻碍，物料在卸料口处不能完全卸净，部分剩余物料随着刮板链条的运行带到头部堆积造成的。解决头部积料的方法是物料必须在卸料口处完全卸净，并设法将不可避免带到头部的少量物料返回到承载壳体中去，不允许在头部停留聚集。影响卸料不净的原因很多，如刮板链条与物料的不适应，卸料口距离头轮太近，卸料口不通畅等。对于中间卸料方式，要求物料在中间卸料口处尽量卸净，头部卸料口不要关闭，让残余物料有个出处，不至于在头部堆积。

（2）尾部积料　尾部积料主要取决于选用的加料段型式。选用 A 型加料段容易出现积料，因为采用 A 型加料段时，回程的刮板链条在空载段要从加入的物料中穿过，这样刮板链条必然会把一些物料带到尾部壳体中去。尾部积料带来的后果是增大运行阻力，甚至使尾轮卡死而无法转动；尾轮槽一旦被积料填平，将导致链条跑偏，刮板与壳体侧壁产生磨损、碰撞及变形，甚至还会使链条脱离尾轮。避免和解决的方法是：应尽量选用 B 型加料段。若采用 A 型加料段，最好采用预防尾部积料的措施如图 2－29 所示。在加料段空载壳体内靠近尾部一侧的上方，增设用硬橡皮制作的扫料板；在尾部壳体靠近加料段一侧的中间部位上，设置一与壳体内腔等宽的挡料板；装设一块连接在尾轮轴上、并能与尾轮轴一起轴向移动（但不能转动）的圆弧形挡板，挡板与尾轮的间隙在保证刮板链条顺利通过的条件下取较小值（一般可取 10～20mm），其作用是使物料无法在尾部聚集，只能被承载分支的刮板链条带走。对 MS 型埋刮板输送机，在作倾斜布置时，倾角不能过大，否则物料容易向尾部滑动，造成尾部积料。

油脂工厂物料输送

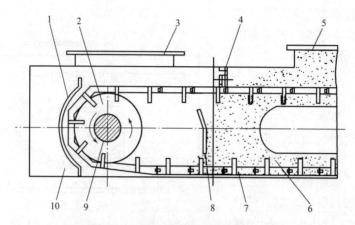

图 2-29　预防尾部积料的措施示意图

1—圆弧挡板　2—尾轮　3—观察口　4—扫料板　5—加料口　6—加料段壳体
7—刮板链条　8—挡料板　9—尾轮轴　10—尾料壳体

（3）弯曲段积料　对于垂直型埋刮板输送机，在卸料口处没有卸净的、残留在刮板链条上的物料，随刮板链条进入垂直中间段的空载壳体中，然后落到弯曲段的空载壳体内聚集起来。当物料输送性能较好时，它会被刮板链条带回到加料口和尾部；当输送物料性能较差时，如压结性较大、吸湿后固化性较大或黏结性较强，刮板链条不仅无法将其带走，反而会被强行抬起，迫使刮板链条与上盖板发生强烈摩擦，直接影响刮板链条的正常运行。预防的方法可将支承导轨及导轨底板改成曲线形状，使其与刮板链条的运动轨迹相吻合。这样使物料无法在弯曲段空载壳体内聚积，而只能被刮板链条带回到加料口或尾部。弯曲段结构的改进如图 2-30 所示。

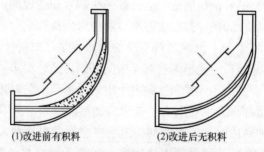

(1)改进前有积料　　　　　　(2)改进后无积料

图 2-30　弯曲段结构的改进图

（4）MZ 型埋刮板输送机弯曲段（上回转段）积料　正常情况下，导轮轮面高出承载壳体底部弯板约 5mm，弯板上开有比导轮轮面宽 2~4mm 的槽，预防上回转段积料的措施如图 2-31 所示，在导轮两侧形成 1~2mm 的间隙。输送过程中一部分细小的物料通过这个间隙落到回料斗里，再通过回料溜管返回到垂直中间段的空载壳体中，不会产生积料。但如果弯板上的槽开得太宽，与导轮两侧形成的间隙过大，或者导轮与底部弯板的高度差太小，单位时间内落进回料斗的物料量太多，或者回料斗不通畅，就会出现上回转段的积料现象。其后果是妨碍了导轮的正常转动。一旦导轮卡死，刮板链条只得从导轮上滑过，链条的运行阻力与张力将大大增加，甚至造成断链的不良后果。预防和改进的措施是：保持导轮与弯板槽的间隙尽可能地小和均匀，保证导轮与弯板间的高差不减小；要求回料溜管在任何情况下都畅通无阻。另外，在回料斗壳体中导轮的两侧各配置一连接在导轮轴上的搅拌器，还可将导轮轴从轴承座的两侧伸出，在轴上装一直径较大的手轮或长手柄，搅拌器和手轮可随导轮轴转动。这样搅拌器就可对回料斗内积存的物料起搅散作用，同时还可观察导轮是否正常运行。在手轮停止转动时，可人工转动手轮，排除积料，使导轮恢复正常工作。

此外，在加料口处也有积料的可能，这主要是由于进料不均匀、物料流动性差所造成的。

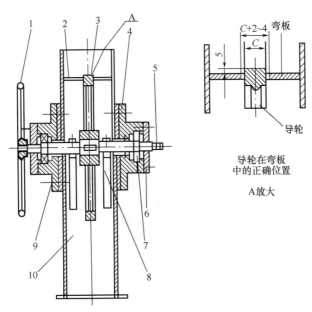

图2-31　预防上回转段积料的措施图

1—手轮　2—弯板　3—导轮　4—轴承座　5—导轮轴　6—透盖
7—滚动轴承　8—搅拌器　9—定位销　10—回料斗

3. 返料

返料是指物料在头部卸料口卸不净，少量被带回到空载壳体的现象。轻度返料尚属正常，而严重返料则降低了输送机的输送效率，增大了动力消耗。对MS型及MZ型埋刮板输送机来说，因中间段壳体的上下分支是连通的，返回到空载段的物料可重新落到承载段壳体中去，返料还不算大问题，而对MC型埋刮板输送机，严重返料则会造成弯曲段积料或尾部积料。

引起严重返料的主要原因有两个：一是物料湿度大，黏附性较强；二是刮板型式过于复杂，物料与刮板链条产生粘连、甚至压结成一整体，造成卸料困难。解决的方法除降低物料湿度和选用较为简单的刮板型式外，还需在头部卸料口处采取强制卸料措施。固定式卸料板如图2-32所示，方法是在卸料口上方刮板链条与头轮啮合之前的位置增设卸料板，利用卸料板破除刮板内因起拱或压结而未卸下的物料。

4. 浮链

浮链多见于MS型及MZ型埋刮板输送机。工作时，刮板链条不是埋在物料中，而

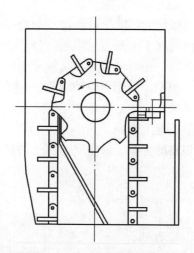

图2-32　固定式卸料板结构图

是被物料向上抬起、漂移在物料中上层的现象。浮链使埋刮板输送机工作的基本原理遭到破坏，轻者增大运行阻力，降低输送效率；重者刮板链条无法正常运行。浮链一旦发生，就不可能自动排除或减轻，只会愈来愈严重。产生浮链现象的原因主要有两个：一是物料特性。当物料呈粉尘状、小颗粒状，且黏附性和压结性较强，特别是吸湿后易固化，输送中最容易引起浮链。二是选用的机型及刮板链条不尽合理，输送机的有关技术参数选择不太恰当。例如，槽宽太小、输送速度偏大、链条自重小、输送距离过长、中间部位刮板链条的下压力不够大等。物料特性是引起浮链的主要原因，刮板选型是一个次要原因，或者说是外部原因。

解决浮链的方法如下。

（1）对易产生浮链的物料，应选用槽宽较大的机型、较大质量的套筒滚子链、物料的运行速度适当减小、输送距离不宜太长。若实在需要，可采用两台较短的输送机串联工作。

（2）输送易产生浮链的物料时，可将刮板倾斜70°焊接在链条上，使链条在运行中产生一个向下压的垂直分力，让刮板链条贴着槽底运行。输送浮链现象不严重的物料时，宜采用一节垂直、一节倾斜地把刮板交错焊接在链节上的办法。

（3）为了减少物料在机槽死角处的积存，底板上不宜安装导轨，并尽量减小刮板的弯曲圆角。刮板与料槽的间隙要小，最好在刮板链条上配置几个清扫刮板。

（4）对普通型埋刮板输送机，可在机槽的承载壳体内每隔2~4m配置一段压板压住链条，强制刮板链条不得浮起，配备压板防止浮链如图2-33所示。

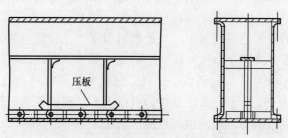

图2-33　配备压板防止浮链示意图

（5）停机时打开水平中间段的上盖板检查机槽底部是否有物料的固化压结层，若发现有较硬结层，应及时清除。

5. 噪声大

埋刮板输送机运行时，空载运行噪声较大，负载运行噪声较小。引起噪声大的原因有：刮板与机槽的间隙太小；刮板链条与头轮啮合不良，或有干涉现象；设备制造质量不良，如壳体不平直、有歪斜、内凹现象；每段壳体的接口及导轨接头处尺寸偏差大；壳体底板或导轨不平直；刮板链条总体尺寸超差等；安装质量不高，如整机直线度超差，头尾轮不对中引起刮板链条跑偏，刮板与壳体侧壁发生擦碰；壳体法兰安装内口有错位现象，导轨未接正；张紧装置对刮板链条张的过紧或过松等。其中直线度超差和刮板链条跑偏是噪声增大的主要原因。

6. 刮板链条的运行状态

（1）刮板链条跑偏　运行中，刮板链条始终跑偏或摆动式跑偏的现象。跑偏轻时，增大链条的运行阻力，有噪声，影响链条的使用寿命；跑偏重时，会引起刮板变形、折断，无法正常工作。

（2）刮板链条拉断　链条质量不好，链条中的销轴、链杆或链板被磨损后强度下降，工作中的意外载荷都能导致断链。

（3）刮板变形、脱落或断裂　刮板变形主要因卡碰、硬物挤压所致。变形主要有刮板内扣、外张、扭曲，刮板变形的主要型式图 2-34 所示，变形主要发生在刮板与链条焊接部位 M 及刮板下部的弯曲部位 S。脱落是因焊接不良引起的。

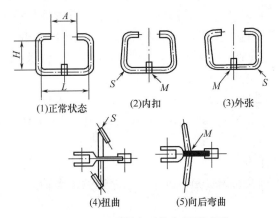

(1)正常状态　　(2)内扣　　(3)外张

(4)扭曲　　(5)向后弯曲

图 2-34　刮板变形的主要型式图

（4）跳齿与掉链　链节磨损后，节距增大，链节伸长对啮合的影响如图 2-35 所示，链节节距增大势必沿着轮齿齿廓向外移动，节距增大越多或链轮齿数越多时，链节向外移动也越多，当向外移动的距离超越齿顶后，则形成跳齿现象。链节跳齿时，若链轮轴倾斜或链条稍有横向摆动即形成掉链。

（5）运行不同步　对于双板链或大机槽中两根并列运行的刮板链条，若输送机的头、尾轮发生轴向移动，

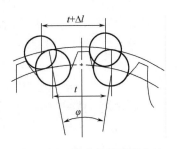

**图 2-35　链节伸长对啮合的
影响示意图**

或相互错位、倾斜等现象，则机槽中刮板链条的运行不同步。

第四节　埋刮板输送机的设计计算

一、埋刮板输送机生产率计算

埋刮板输送机的生产率按式（2-15）计算：

$$Q = 3600Bhv\gamma\eta \tag{2-15}$$

式中　Q——埋刮板输送机的生产率，t/h；

　　　　B——料槽有效宽度，m，料槽有效宽度目前已系列化，其系列值如表2-3所示；

　　　　h——物料层高度，即料槽有效高度，m，一般情况下水平输送取 $h = B$，垂直输送取 $h \leqslant B$，其系列值如表2-3所示；

　　　　v——刮板链条平均运动速度，m/s；

　　　　γ——物料容重，t/m³，被输送物料的容重应在 $0.2 \sim 1.8$ t/m³ 范围以内；

　　　　η——输送效率。

刮板链条的运动速度应根据被输送物料的特性、机型的特征、工艺要求等多种条件进行选用。速度选用过高会使物料滞后于链条的现象严重，使生产率下降，动耗增大，构件磨损加快，机械的使用寿命降低。对于原粮的输送，速度可选高些，对于流动性好、悬浮性较大、磨损性较大、容易破碎、易燃易爆的物料及料坯，速度应选用低些；对于水平输送，速度可以选用大些，对于垂直输送，速度应选低些。一般所采用的速度范围是 $0.08 \sim 0.8$ m/s，有时可达 1.0 m/s。在粮油工业中，输送原粮取 $v = 0.3 \sim 0.5$ m/s；面粉取 $v = 0.2$ m/s，浸出粕及坯片取 $v = 0.1 \sim 0.2$ m/s。

按照 GB/T 10596—2011《埋刮板输送机》规定，刮板链条速度 v 的系列值为 0.04，0.063，0.08，0.10，0.125，0.16，0.20，0.25，0.315，0.40，0.50，0.63，0.80，1.00（m/s）。

粮食专用型的埋刮板输送机，由于粮食的优良输送性能，其最高链速可达 1.05 m/s，且运量大，输送距离长。如 ZMS100，以输送小麦计的最大输送量可达 1250t/h，最大输送距离可达 80m。

输送效率 $\eta < 1$。其原因：刮板链条在料槽中占有一定的空间，物流截面小于料槽截面；链条运动的不均匀性、振动和冲击，物料运动的速度低于链条运动的速度；物料受到不同程度的压实，物料的实际容重有所增加；料槽底部，尤其是两个边角有剩余物料。

输送效率 η 与物料特性、刮板链条速度、刮板链条型式、机槽尺寸和使用条件等因素有关。水平输送时（$\beta = 0°$），机槽宽度 $B \leqslant 20$cm 时，取 $\eta = 0.75 \sim 0.85$；机槽 $B > 20$cm时，取 $\eta = 0.65 \sim 0.75$。倾斜输送（$\beta \leqslant 15°$）时，输送效率取 $\eta_0 = \eta K_0$，其中 η 为水平输送时的输送效率，K_0 为效率系数，效率系数如表2-4所示。垂直输送时（$\beta > 15°$），由于使用了水平进料段，且机壳内装有隔板，故输送效率高于低倾角输送，其输送效率可取 $\eta = 0.7 \sim 0.85$。对于悬浮性比较大的，流动性比较好的，黏附性、压结性比较大的物料应取小值；对于谷物类或轻物料类可取大值；对于一般物料可取中间值。

表 2 – 4			效率系数			
倾斜角 β	$0° \sim 2.5°$	$2.5° \sim 5°$	$5° \sim 7.5°$	$7.5° \sim 10°$	$10° \sim 12.5°$	$12.5° \sim 15°$
效率系数 K_0	1.00	0.96	0.90	0.85	0.80	0.70

二、 埋刮板输送机驱动功率计算

1. 驱动链轮圆周力 P 的计算

由于刮板链条在驱动链轮绕出点加速度的方向与绕入点加速度的方向相反，因此计算驱动链轮圆周力 P 时，不再计入链条的动载荷，即式（2 – 16）

$$P = (S_n - S_1) + W_{10} \qquad (2 - 16)$$

式中 　S_n——驱动链轮绕入点张力，N；

　　　S_1——驱动链轮绕出点张力，N；

　　　W_{10}——链长刚性阻力，N。

2. 驱动链轮轴功率的计算

驱动链轮轴功率按式（2 – 17）计算。

$$N = \frac{Pv}{1000} \qquad (2 - 17)$$

式中 　P——驱动链轮圆周力，N；

　　　v——刮板链条平均速度，m/s。

3. 所需配备电动机功率 $N_电$ 的计算

电动机功率按式（2 – 18）计算。

$$N_电 = K \frac{N}{\eta_0} \qquad (2 - 18)$$

式中 　K——电动机安全储备系数，$K = 1.1 \sim 1.3$；

　　　η_0——机械传动效率，$\eta_0 = \eta_1 \cdot \eta_2$，其中 η_1 为齿轮减速器传动效率，$\eta_1 = 0.92 \sim 0.94$；η_2 为开式链传动效率，$\eta_2 = 0.85 \sim 0.9$。

第五节　普通刮板输送机

一、 普通刮板输送机概述

普通刮板输送机如图 2 – 36 所示。它由牵引构件、刮板、机壳、驱动轮和张紧轮等部件组成。为了防止牵引构件的无载分支下垂和有载分支上浮，有些刮板输送机还装有托辊和压辊。

普通刮板输送机工作时，物料由进料口进入料槽，物料被运动着的刮板推动沿料槽前进，当物料行至卸料口时，物料在自身重力作用下由料槽卸出。

刮板输送机以水平输送为主，也可进行倾斜输送，有时也能进行倾斜水平或水平倾

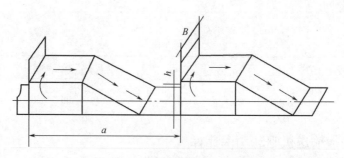

图2-36 普通刮板输送机的示意图

斜输送。但不管哪种输送形式，其输送倾角通常在30°。在弯曲段需要较大的过渡半径，通常取 $R=4\sim10m$。当水平输送时，可进行单层或双层输送，倾斜输送时，只可进行单层输送。刮板输送机还可实现多点进料及出料。普通刮板输送机的输送长度一般为 $50\sim60m$，生产率为 $150\sim200t/h$。矿用刮板输送机的输送长度可达250m，输送量可达1500t/h。

刮板输送机可以用来输送各种粉末状、小颗粒和块状的流动性较好的散粒物料，如煤炭、矿石、沙子、水泥及谷物等，但它不适宜输送易碾碎的脆性物料。普通刮板输送机的优点是：结构简单，在输送长度上可任意点进料或卸料；机壳能密闭，可防止输送物料时粉尘飞扬；整机体积小，工艺布置灵活；当其尾部不设置机壳并将刮板插入料堆时，可自行取料输送。因此，在粮食仓库中可将其组合成各种形式的扒粮机，用于散装粮食的装卸。其缺点是：物料在料槽内的运动阻力大；牵引构件容易下垂，使刮板与槽底接触，加快了机件的磨损；工作时刮板处于悬臂受力状态，因此刮板高度较小，该机种的输送效率较低。在粮油工业中普通刮板输送机一般用作轻质物料的短距离输送。

二、 普通刮板输送机工作构件

（一）牵引构件

普通刮板输送机的牵引构件可以是链条、输送带或钢丝绳，以链条应用最多。刮板输送机可以选用各种链条，但最常用的链条型式是套筒滚子链和模锻链，刮板输送机常用的链条形式如图2-37所示。矿用刮板输送机采用高强度矿用圆环链条，它是由多个单链环组编和焊接而成的链节构成。其材质采用20MnVB、23MnCrNiMo等高强度合金钢棒料，按棒料直径和节距的不同，矿用高强度圆环链有 $\Phi10\times40\sim\Phi34\times126$ 等8种规格。圆环链具有强度高、弯曲性能好、重量轻、装拆方便的优点。链条的根数根据刮板的宽度确定，当刮板宽度大于400mm时，通常采用两根链条。

(1)模锻链　　　(2)滚子链　　　(3)圆环链

图2-37 刮板输送机常用的链条形式图

输送带通常使用宽度为 100～300mm 的橡胶传动带。用带作牵引构件时，刮板输送机的有载分支应装有压辊，以防止胶带漂浮使生产率下降。无载分支应装有托辊，以防止胶带过度下垂。托辊和压辊的结构与带式输送机的托辊结构相同。

钢丝绳通常使用单根或双根，结构为 $\Phi 6 \times 19 \sim \Phi 6 \times 61$ 的交互捻麻芯钢丝绳，绳上按一定距离用钢丝绳卡或夹板螺栓固定刮板，钢丝绳轮为缺口槽轮，轮缺口处放置刮板，槽内卧置钢丝绳。钢丝绳的缺点是极易产生弹性或塑性变形，使刮板间距变大而不能准确地进入绳轮缺口，破坏绳轮的正常驱动。使用单根绳传动时，绳上刮板容易扭转破坏刮板的正常工作。

（二）刮板

刮板按形状的不同，可分为梯形 [如图 2-38（1）、（3）所示]、矩形 [如图 2-38（2）、（8）、（9）所示]、半圆形 [如图 2-38（4）所示]、圆形 [如图 2-38（6）、（7）所示]、环形 [如图 2-38（5）所示]、折边矩形 [如图 2-38（10）所示] 等多种。刮板的材料可选用 2～8mm 的钢板、木板或橡胶板制造。为了增加刮板的刚度，可在刮板的边缘或背后附加角钢或扁钢。刮板的高度应低于料槽的工作高度，刮板的宽度应小于料槽的宽度。两者之间隙一般为 5～10mm，如图 2-38 所示。

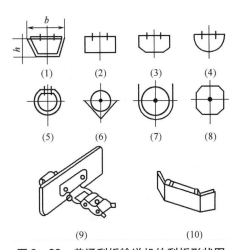

图 2-38　普通刮板输送机的刮板形状图

（三）机壳

机壳一般为密封的壳体，采用 4～6mm 的钢板制成。壳体的顶板和底板上开设进料口和卸料口，壳体的头部和尾部分别安装有驱动轮和张紧轮，机壳的下半部为输送物料的料槽，料槽的断面形状与刮板的形状相适应。整个机壳由多节组合而成，每节长度为 1.5～2m。某些刮板输送机采用敞开式料槽，可以在料槽上任意一点装料。

（四）驱动装置及张紧装置

用带作牵引构件的驱动装置及张紧装置与带式输送机基本相同，用链作牵引构件的驱动装置及张紧装置与埋刮板输送机基本相同。

思考题

1. 埋刮板输送机的应用特点。
2. 埋刮板输送机的分类及标识。
3. 埋刮板机主要工作构件及选用。
4. 埋刮板机的链传动原理、特点及动载荷产生的原因。
5. 埋刮板输送机水平输送、垂直输送的原理及条件。
6. 埋刮板输送机常见的运行故障及原因。
7. 埋刮板输送机链速选取、输送效率选取的依据。
8. 埋刮板输送机输送生产率计算。
9. 普通刮板输送机的结构及应用特点。

第三章

斗式提升机

本章知识点

1. 斗式提升机的一般结构及应用特点。
2. 斗式提升机的主要工作构件。
3. 斗式提升机的工作过程。
4. 斗式提升机生产率的计算。

第一节　斗式提升机概述

斗式提升机是用斗子式的承载件把物料提升输送的设备。斗式提升机的结构如图 3-1 所示。它主要由牵引构件（橡胶带或链条）、承载构件（料斗）、头轮、底轮、驱动装置、张紧装置、机壳等组成。牵引件围绕在头轮和底轮之间，料斗按一定距离固定在牵引件上，外壳将料斗和牵引带密封，物料由机座进入运动着的料斗，沿机筒提升，在机头处物料由料斗抛出，经卸料管卸出机外。

一、斗式提升机的类型

按照斗式提升机的结构和工作特征不同可分为多种类型。按牵引构件的类型不同可分为带式（带斗提升机）和链式（链斗提升机）；按照料斗的运行速度不同可分为低速（<1m/s）、中速（1~2.5m/s）和高速（>2.5m/s）提升机等；按设备固定与否可分为固定式和移动式。斗式提升机的类型根据其使用条件和所输送物料的性质如块度、重度、温度、流散性、脆性等来选择。

斗式提升机在各工业行业都有广泛应用，其型号和规格有多种不同的表示方法。

根据 JB 3926—2014《垂直斗式提升机》中型式分类如下。

（1）带式斗式提升机（TD 型）　织物芯带斗式提升机，牵引件为织物芯输送带，采用离心式或混合式卸料，适用于输送堆积密度小于 $1.5t/m^3$ 的粉状、粒状、小块状的无磨琢性、半磨琢性物料，物料温度不超过 60℃，采用耐热橡胶带时最高物料温度不应超过 150℃。

（2）钢丝绳芯带斗式提升机　牵引件为钢丝绳芯输送带，采用离心式或混合式卸料，适用于输送堆积密度小于 $1.5t/m^3$ 的粉状、粒状、小块状的无磨琢性、半磨琢性物料，物料温度不超过 60℃，采用耐热橡胶带时最高物料温度不应超过 150℃。

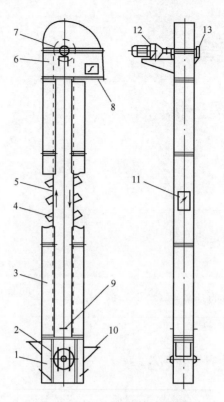

图 3-1　斗式提升机的结构图

1—机座　2—底轮　3—机筒　4—料斗　5—牵引构件　6—机头　7—头轮　8—出料口
9—张紧装置　10—进料口　11—观察窗　12—驱动装置　13—止逆装置

（3）圆环链斗式提升机（TH 型）　牵引件为高强度圆环链，采用混合式或重力式卸料，适用于输送堆积密度小于 1.5t/m³ 的粉状、粒状、小块状的无磨琢性、半磨琢性物料，物料温度不超过 250℃。

（4）板式套筒滚子链斗式提升机（TB 型）　牵引件为板式套筒滚子链，料斗运行速度 0.5m/s，采用重力式卸料，适用于堆积密度小于 2.2t/m³ 的中、大块状的磨琢性物料，物料温度不超过 250℃。

（5）高速板式套筒滚子链斗式提升机　牵引件为板式套筒滚子链，料斗运行速度 ≥1.0m/s，采用混合式或重力式卸料，粉状、粒状、小块状的无磨琢性、半磨琢性物料，物料温度不超过 250℃。

提升机斗宽（mm）应符合：100，160，250，315，400，500，630，800，1000，1250，1400，1600。

提升机的提升高度用提升机的中心高表示。提升机中心高为上下链轮（或滚筒）中心之间的垂直距离。

二、　斗式提升机的应用特点

斗式提升机的优点是结构简单、紧凑、占地面积小；提升高度和输送量大；机壳有良好的密封性；工作平稳可靠、噪声小；如果将提升机底部插入料堆能自动取料而不需要专门的供料设备，因此可用于散料卸船、卸车等。缺点是对过载敏感，料斗容易损坏，不适应输送大块物料。

我国生产的斗式提升机一般的最大提升高度为80m（高强度带），链斗提升机的最大提升高度为50m。生产率一般在1000t/h以下，采用高强度的钢绳芯橡胶带作牵引构件的高效斗式提升机其生产率可达2000m³/h以上。近年TDS型钢丝绳芯输送带斗式提升机、NE和NSE系列板链斗式提升机发展很快，用输送量和提升高度来表示斗式提升机的输送能力，国内已经使用的大规格有：钢丝绳芯输送带斗式提升机的输送量在600m³/h时，提升高度可以超过100m；链板斗式提升机输送量可以达到1000m³/h，提升高度达50m。TDS型带斗式提升机，采用抗撕裂钢丝绳芯输送带，适用于输送粉状及小颗粒状的物料。输送能力可达800m³/h，提升高度可达120m，被输送物料的温度，对普通橡胶输送带不宜超过80℃，对耐热橡胶输送带不予超过120℃。

第二节　斗式提升机工作构件

斗式提升机由壳体、牵引件、料斗、驱动轮（头轮）、改向轮（尾轮）、张紧装置、导向装置、加料口（入料口）和卸料口（出料口）组成。

一、牵引构件

斗式提升机的牵引构件有带和链两种。

1. 牵引带

牵引带可以采用棉布芯、尼龙芯或钢绳芯的橡胶带，高强度尼龙带或塑料带，以及棉帆布编制带。

牵引带的特点是重量轻、成本低、运转平稳、噪声小，可以采用较高的工作速度以获得较高的生产率（$v = 1 \sim 2m/s$，$v_{max} = 4m/s$，国外可达6m/s），但带的强度不如链条，在带上打孔固定料斗会使带的强度降低，耐油、耐热性差（橡胶带适应温度 $<65℃$，采用耐热橡胶可达200℃），不适宜输送高温和高含油的物料（如油脂加工厂的熟坯）。

带的连接方式有搭接、平接和角接，带子的连接方法如图3-2所示。搭接易于操作，使用较多，但接头处的绕性差，绕上带轮时有冲击。注意：带子搭接时接头的方向应顺着带子运行的方向，搭接长度大于2个料斗间距。平接的带子运行时对带轮没有冲击，运转平稳，但接头处绕性差。角接的带子绕性好、强度高、接头平整，但操作较为复杂。

带的宽度根据料斗的宽度而定，单列布置的料斗，当斗宽在300mm以下时，选择带宽比斗宽大10~20mm，对于较大的料斗，带宽应比斗宽大30~40mm。双列布置的料斗，带宽应比两个料斗的宽度大40~80mm。牵引带的厚度必须满足强度的要求，且因固定料斗需要在带子上打孔，所以在强度计算时其安全系数应增大10%。

2. 链条

常用的链条有环链和套筒滚子链，圆环链和方框链图3-3所示。环链有多种型式，

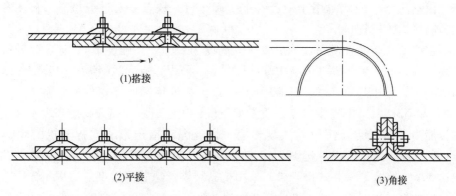

图 3 - 2   带子的连接方法图

(1)搭接

(2)平接

(3)角接

制造工艺有焊接、锻造和铸造。焊接环链如图 3 - 3（1）所示，它是用圆钢制成，其节距误差较大，因铰点是点接触，故耐磨性差，目前很少使用。锻造方框链如图 3 - 3（2）所示，用优质钢锻造制成，并经热处理，其表面硬度大、耐磨。另一种锻造环链是钩头方框链，如图 3 - 3（3）所示，它用方框环上的钩头相互连接，此种链的铰接处是开启的，因此拆装非常方便。这种链与轮齿啮合时，轮齿与钩头相接触，接触面积大，耐磨性好，使用较多。套筒滚子链结构合理、强度高、磨损少，但价格较高。

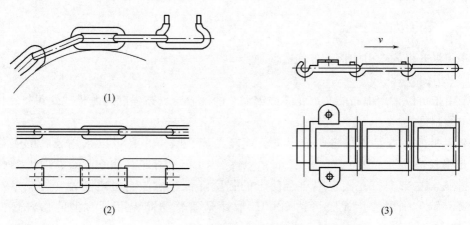

图 3 - 3   圆环链和方框链结构图

用链做牵引件的优点是强度大，伸长量小，传动可靠，易于固接料斗，尤其适宜输送高温、高含油、发粘的物料。缺点是自重大，价格高，运行速度低（0.5 ~ 1m/s，$v_{max} = 1.5m/s$），运转时有冲击、振动和噪声。

二、料斗

料斗是斗式提升机的承载构件。常用的料斗有钢板斗和塑料斗。粮油工业用的钢板斗一般是用厚度 1 ~ 2mm 钢板焊接或冲压而成，有的钢板斗为增加斗缘的耐磨性在外缘焊有附加钢板。塑料斗是用尼龙或聚丙烯经模压成型，其特点是重量轻、耐磨、与机壳碰撞时不会产生火花，但其刚度小，使用过程中容易变形。塑料斗适宜输送粒度小、容重小的物料。

常用料斗的型式有深型斗、浅型斗、隔板型斗和无底型斗四种。料斗的型式如图3－4所示。

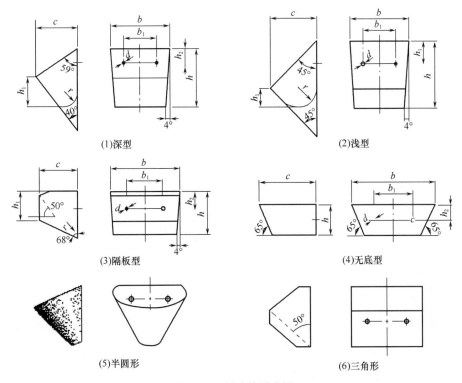

(1)深型　　　　　　　　　　　　　　　(2)浅型

(3)隔板型　　　　　　　　　　　　　　(4)无底型

(5)半圆形　　　　　　　　　　　　　　(6)三角形

图3－4　料斗的型式图

深型斗的特征是斗深、斗口斜度小，容积大，装料和卸料用的时间较长，适用于输送干燥、散落性好的物料。

浅型斗的特征是斗深度小，斗口斜度大，容量小，容易装满料和卸净料，适用于输送潮湿发黏、散落性较差的物料。

隔板斗是深型斗的改良型，从整体看好似一个深斗用隔板分成上下两部分，具有上下两个装料或卸料口，因此它集中了深型斗和浅型斗的优点，装料多且容易装满和卸净，但缺点是自重大，料斗提升时容易前倾而撒料，卸料时斗的底部容易翘起影响卸净，适宜输送流动性好的粒状物料。

无底型料斗用5～10个无底料斗组成一组，每组最下面的一个是有底料斗，各斗间距10～15mm，每组间距160～200mm，提升时每组料斗中的物料形成一个料柱，大大提高了料斗的装载量，适用于输送流动性好的粒状物料和离心式卸料，其缺点是物料提升时容易撒料，因此不适合高度大的提升机。

半圆形料斗的特点是容量大，制造方便，适宜输送干燥的粒状物料。

三角形料斗的两侧壁比前壁突出一定的高度，形成一个倒料槽，料斗密集排列而且运行速度很低，卸料时，后面料斗卸出的物料经过前面料斗的导料槽流向卸料口，特别适用于输送大块物料和怕碎物料。在提升粉状物料时，常在料斗底部开若干个直径6mm左右的小孔，以排泄或补充斗内空气，使料斗顺利装料和卸料。

料斗在牵引构件上的布置通常采用单列布置，大型提升机采用双列交错布置。根据前后料斗直接的排列距离，分稀疏型、密集型和分组型三种，料斗的排列形式如图 3-5 所示。一般的料斗采用稀疏型排列，只有三角形料斗采用密集型排列，无底型料斗采用分组型排列。稀疏型排列的料斗，间距应该适当，间距过大会降低斗升机的生产率，间距过小会影响正常的卸料。一般的料斗间距 a 随料斗高度 h 的关系可参考设计手册中料斗规格表中的数值，或按以下选取：重力式卸料 $a = (2.5 \sim 3.5) h$；离心式卸料 $a = (2.0 \sim 2.5) h$；混合式卸料 $a = (1.5 \sim 2.0) h$；式中 a 料斗间距，h 料斗高度。

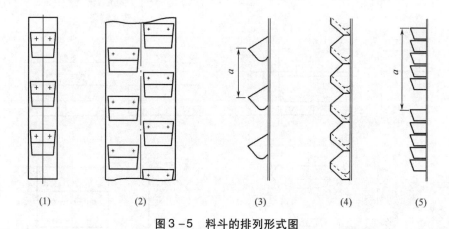

(1)   (2)   (3)   (4)   (5)

图 3-5　料斗的排列形式图

料斗在牵引带上的固定多采用特制的沉头螺栓，料斗在牵引带上的固定如图 3-6 所示。沉头螺栓的头部特别大，可以减小带籽的局部应力，头部背面的尖刺或筋用以防止螺钉转动。料斗后壁的螺钉孔相应地凹进，以保持连接处带子平整。另一种连接方法是在橡胶带上预先制成凸起橡胶块，然后把料斗装在橡胶块上。这种方法的优点是不需在橡胶带上打孔，不降低输送带原有的强度。

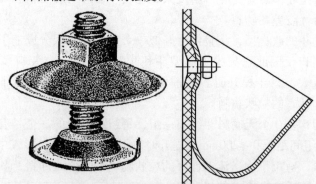

图 3-6　料斗在牵引带上的固定方式图

料斗在链条上的固定有两种形式，若采用单链牵引时在斗背固定，若采用双链牵引时在斗侧固定。料斗在链条上的固定如图 3-7 所示。单链牵引容易产生扭曲现象，故仅用于提升高度和生产率较小的提升机。

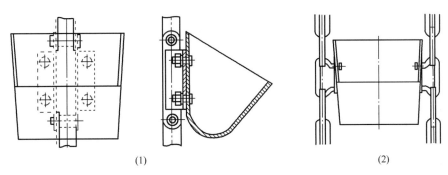

(1)　　　　　　　　　　　　　　　　　　　　　(2)

图 3 - 7　料斗在链条上的固定方式图

三、 机头

机头由头轮、机头外壳、卸料口、传动装置组成。

以带作牵引构件的斗式提升机其头轮多采用铸铁、铸钢制成的滚筒，头轮宽度较大时也可采用钢板焊接制成。头轮的形状多制成中部凸起的鼓形，凸起高度为 2% ~4% 头轮直径，以减少带的跑偏，头轮宽度比带宽大 20~50mm。通常斗升机的头轮都是驱动轮，为增大头轮表面的摩擦因数，避免输送带打滑，对于输送量较大或提升高度较大的斗升机，应在头轮的圆周表面覆盖橡胶层。

头轮直径的选择应考虑三个方面：第一要与输送量和提升高度相适应，较大的输送量和提升高度应取较大的头轮直径；第二要与所要求的卸料方式相适应，即符合 $v = K\sqrt{D}$ 的要求，即离心式卸料 $D \leqslant 0.204v^2$，混合式卸料 $D = (0.205 ~0.286)\ v^2$，重力式卸料 $D = (0.306 ~0.612)\ v^2$；第三要与牵引带的芯层数相适应，以减小胶带的弯曲应力，验算式为 $D \geqslant (100 ~125)\ i$，式中 i 为胶带帆布层数。根据以上三个方面确定的头轮直径应圆整为头轮的标准系列值。

当牵引件是链条时，头轮应采用齿形与链条型式相适应的链轮，链轮直径要符合卸料方式的要求，并且须经式（3 -1）的计算确定。

$$D = \frac{t}{\sin(180°/z)} \tag{3 - 1}$$

式中　t——链条节距；

　　　z——链轮齿数，通常取 $z = 12 ~20$，链速很低时可取更小的值。

机头外壳又称机头罩壳，机头的结构型式如图 3 - 8 所示。机头罩壳的形状必须与料斗的卸料方式相适应，以便从料斗内抛出的物料在机壳的诱导下顺利地到达卸料口，避免发生"回流"。图 3 - 8（1）为离心式卸料的机头罩壳，其外型一般为圆弧形顶，高度和水平距离较大。图 3 - 8（2）为重力式和混合式卸料的机头罩壳，其外型一般为平形顶，高度和水平距离较小。

卸料口内缘上方的舌板用来引导物料流向卸料口，减少回流量。舌板的位置可调，应使其上缘尽量靠近料斗外缘的运行轨迹。为保证料斗运行完全，舌板上端应使用柔性材料。在机壳的顶部还应开设泄爆孔，以排泄万一发生粉尘爆炸时所产生的气体压力，减少损失。壳体侧面的观察窗用以观察料斗的卸料情况。

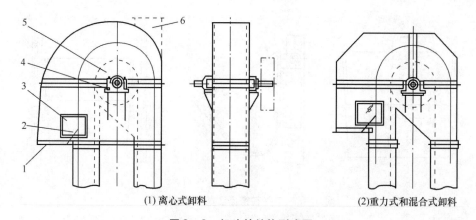

(1) 离心式卸料　　　　　　　(2)重力式和混合式卸料

图3-8　机头的结构型式图
1—出料口　2—舌板　3—观察窗　4—轴承座　5—头轮　6—泄爆口

斗式提升机的传动形式很多，如电动机通过皮带减速传动、通过齿轮减速器传动或摆线针轮减速器传动。当电动机功率不大时，头轮轴承座及传动装置均可直接固定在机头外壳上，使机构简化且节省空间。当斗式提升机的驱动功率较大（大于15kW）时，头轮轴承座及传动装置应另设支承装置，传动装置中应配液力偶合器，这样即能使斗升机起动和运转平稳，又能在斗升机过载时保护电机、减速器及牵引构件。

在斗式提升机的头轮轴或驱动机构的轴上，常常安装有防逆转装置即止逆器，以防止由于突然停电或其他故障使提升机驱动轮失去动力后而发生逆转。逆转时，盛有物料的承载分支因自重大于无载分支而自由下行，如果提升机高度较大或生产率较大，机座内便会堆积很多的物料，造成提升机严重堵塞、料斗损坏或带子拉裂事故。安装止逆器后，便能防止此类事故的发生。

止逆器的形式很多，最常用的是滚柱止逆器，滚柱止逆器如图3-9所示。铸铁的壳体固定在机架上，壳体的内圈衬有钢套，棘轮用键安装在传动轴上，可以在钢套内转动。棘轮的缺口与钢套间形成楔形的卡槽，卡槽内装有滚柱，当棘轮随轴作逆时针方向旋转时，滚柱被钢套的摩擦力推向卡槽的宽阔端，滚柱不起制动作用，故棘轮可以顺利转动。如果棘轮发生反向旋转，则滚柱被钢套的摩擦力及弹簧的推力推向卡槽的狭窄端，从而被棘轮和钢套卡住，于是棘轮和轴便被制动了。

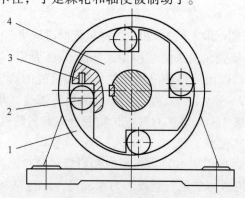

图3-9　滚柱止逆器结构图
1—外壳　2—滚柱　3—弹簧　4—棘轮

除防逆转装置之外，斗式提升机还可以配置各种安全保护装置，如堵塞传感器、跑偏传感器、失速传感器、重力张紧极限限位开关等，尽量避免发生事故或减少损失。有些传动机构采用内藏模块止逆器的轴装式减速器和液力偶合器，结构先进新颖，体积小而紧凑，能实现满载起动，具有过载保护的功能。提升机头轮包裹阻燃防静电橡胶层，且厚度不小于12mm。

四、机筒

斗式提升机的机筒一般为矩形截面，常用 1～2mm 厚的钢板制成，机筒的四条棱线上配以角钢以加强其刚度。机筒由每节长 2～2.5mm 长的标准节段组装而成，每节的两端焊有角钢，作为连结法兰。

斗式提升机的机筒有单体式机筒和双体式机筒两种。低速工作的提升机可采用单体式机筒，即将上行和下行的牵引构件置于同一机筒内，这种结构比较简单且节省材料。高速工作的提升机只能采用双体式机筒，将上行和下行的牵引构件分别置于两个机筒中，机筒的结构如图 3-10（1）所示，否则在单体式机筒内产生的涡状气流会使粉尘长期悬浮，成为火灾隐患。提升机头部和机筒适当位置设置泄爆口，一旦发生粉尘爆炸即泄压，减少粉爆损失。

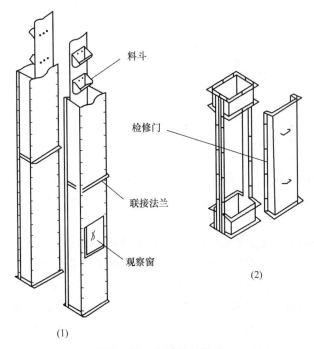

料斗

检修门

联接法兰

观察窗

(1)

(2)

图 3-10 机筒的结构图

机筒在穿过每层楼板时，都应设置玻璃观察窗，以便观察料斗的工作情况。在机筒全长的中下段，还应设置一个检修门，用来连接牵引构件和拆装料斗，机筒的结构如图 3-10（2）所示。

机筒的横截面尺寸应保证料斗在其中运行时不发生碰撞，并与机头外壳和机座外壳的宽度一致。料斗前缘与筒壁、带子两侧与筒壁、带子背面与筒壁间的距离机筒的尺寸如图 3-11 所示。

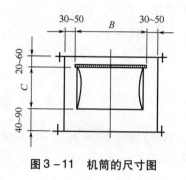

图 3-11　机筒的尺寸图

五、 底座

底座又称机座，位于提升机的最下部，机座由壳体、底轮、张紧装置、进料斗组成。其构造底座的结构如图 3-12 所示。

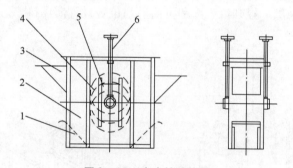

图 3-12　底座的结构图

1—排料口插板　2—壳体　3—进料斗　4—底轮　5—滑板　6—张紧装置

壳体的尺寸取决于底轮和料斗的大小及运转要求。机座高度根据张紧装置的行程确定，应保证底轮在最高位置时不露出机座上表面，在最低位置时料斗与机座底面保持 30~40mm 的距离。

进料斗的大小必须满足进料量的要求。进料斗底板的倾角应大于 45°，以保证物料能顺利流入机座内。顺向进料时，进料斗的底边应低于底轮的水平中心线，以减小料斗的推料阻力。逆向进料时，进料斗的底边应高于底轮水平中心线 100~150mm，以提高料斗的装满系数。根据使用要求，机座可以一侧进料也可两侧同时进料。排料口设在机座两侧的下方并安装插板，用来清理机座内存留的物料。在机座的侧板上还可以安装观察窗，用来观察机座内的物料和料斗的挖料情况。

底轮的直径一般与头轮相同，当头轮直径较大时，为了减小机座体积和料斗在底座内的装料阻力，底轮直径可以减小至头轮直径的 1/2~2/3。

张紧装置设置在机壳两侧板上，通过调节底轮的上下位置来张紧皮带。底轮的轴承安装在可以沿滑槽上下移动的滑板上，滑板与张紧装置相连。张紧装置的型式有螺杆式、弹簧螺杆式、坠重式三种。螺杆张紧装置的结构简单，应用广泛，但张力会因牵引构件伸长而减小。弹簧螺杆式由于增加了螺旋压力弹簧，在一定程度上弥补了螺杆式的不足。坠重式的张紧装置如图 3 – 13 所示。它是以重块的重力来张紧皮带，体积较大但张力恒定，适用于大型的提升机。底轮的张紧行程一般为 150 ~ 400mm。

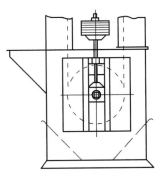

图 3 – 13　坠重式张紧装置图

自动取料的底座如图 3 – 14 所示，是直接从料堆取料的斗式提升机的底座，它设有外壳和进料斗，底轮的下半部分和料斗暴露在机外，底轮的轴承座和张紧装置与机筒下缘相联。为了保证机器的安全工作，暴露在外的料斗周围应安装防护栅栏。

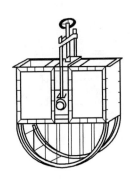

图 3 – 14　自动取料的底座结构图

在斗式提升机头部和底部应设有吸风管和通风口，以保证斗式提升机在卸料和进料过程中不会形成负压和粉尘外溢。一台制作精良的输送设备，它的密封必须可靠。但良好的密封在物料卸料和进料过程中就必然会产生压力差，造成进料和卸料困难。通风口使斗式提升机内部压力与外界压力基本相等。适当的吸风避免粉尘从通风处溢出，避免浪费且清洁环境。

第三节　斗式提升机工作过程

斗式提升机的全部工作过程包括料斗装料、料斗提升和料斗卸料。这三个过程紧密衔接，构成了斗式提升机的完整工作过程，任何一个过程出现问题，都会影响提升机的正常工作。

一、料斗装料过程

料斗装料是指空料斗绕底轮运行时从底座料堆中装载物料的全过程。料斗在装料过程中装满程度的大小，直接影响斗式提升机的生产率。料斗装得太浅，降低提升机的输送量。装的太满，又容易在提升和卸料阶段造成回流和撒落。通常用料斗的装满系数评价料斗的装满程度。

$$料斗装满系数 \psi = 料斗内物料体积 / 料斗的容积$$

影响料斗装满系数的因素主要有进料方式、机座内料位、料斗运行速度和物料特性等。

（一）斗式提升机的进料方式

料斗的进料方式有顺向进料、逆向进料和料堆取料，斗式提升机的进料方式如图3-15所示。它们的共同之处是料斗在料堆中通过，依靠料斗的运动来挖取物料。这种装载方式适用于输送流动性好的粉状、颗粒状或极小块状的物料。

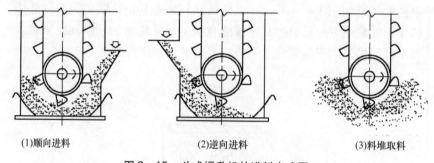

(1)顺向进料   (2)逆向进料   (3)料堆取料

图3-15   斗式提升机的进料方式图

1. 顺向进料

顺向进料时物料顺着料斗运动方向流入机座，与料斗的背面相遇，故又称背斗进料。此时料斗不会立即进料，而是在物料堆中推动物料前进，当料斗转过底轮最低点后，随着斗口的向上翻转，物料逐渐被挖入料斗。由图3-15（1）可以看出，机座内的料位越高，料斗挖取的物料越多。而料位的高度是随着供料量的增加而提高的。当料斗的装料量与供入的物料量平衡时，机座内的料位保持在一定的水平。如果供料量提高，首先在机座内料斗的下行侧料位提高，料斗前缘切入物料的深度增加，尽管料斗在此处的挖料量增加，但此时机座的另一侧料位还较低，当料斗移动到上行侧即将离开料堆时仍有一部分物料尚未进入料斗，这部分物料便掉落到机座料堆中。这样，后面的料斗不断重复，使该侧的料位逐渐提高，料斗的装满系数也随之提高。当料斗的装料量达到与入机量相等时，就产生了新的平衡，料位稳定在一个新的高度。

当供料量使上行侧的料位高于底轮水平中心线时，料斗即以直线运动状态从料堆中穿过，其装满系数达到极限。如果此时料斗的装料量仍然比入机的物料量小，则上行侧的料位会持续升高。这样，过度充填的物料将对料斗产生很大的阻力，最终导致提升机堵塞，料斗停止运行。

因而，顺向进料虽然能使料斗获得较高的装满系数，但料斗要受到较大的运行阻力，所以在设计时应取较低的装满系数。另外由于料斗需在底轮两侧的物料堆中穿行及推动物料，为减小此部分阻力，通常将进料斗安装的低一些，使其底边处在底轮水平中心线以下。这样还可以减少物料被夹在料斗与带子之间的机会。

2. 逆向进料

逆向进料时，物料迎着料斗运行方向流入机座，一部分流向机座底部，一部分可直接装入料斗，故又称迎斗进料。料斗在机座的下行侧只接触到很少的物料，到了上行侧才开始装料。图 3 - 15（2）可以看出，当进料口处于低位时，进机物料几乎全部流入机座底部，同顺向进料一样料斗，料斗完全靠挖取物料的方式装料，装满系数较低。当进料口处于高位时，进机物料一部分流向机座底部，一部分可直接落入料斗内，这样机座内料位便可以保持在较低的水平，让料斗在底部仅挖取少量物料，待其转到上行方向时再由料流直接注入进行补充，因而可获取较高的装满系数，挖料阻力也不大。为了利于物料注入料斗，逆向进料时通常需要将进料口的地缘设在底轮水平中心线以上。

3. 料堆取料

料堆取料是将斗升机的裸露底轮插入料堆，使料斗从料堆中直接挖取物料。这种取料方式是通过改变底轮在料堆中的位置和插入深度来改变料斗装满系数。装料时，要不断地向前、向下或向侧方移动提升机，使料斗始终能吃住物料。由于没有机座外壳，料斗附近不易形成足够高的料位，因此料斗的装满系数低于顺向进料和逆向进料，为了提高装满系数，料斗的运行速度要低些，一般取 2.0m/s 以下。料堆取料常用于链斗式卸船机的作业中。

（二）影响料斗装满系数的因素

1. 进料方式

通常情况下，逆向进料较顺向进料的装满系数高，动力消耗也小。当料斗的运行速度较低时，采用逆向进料对提高装满系数有利；而当料斗运行速度较快甚至达到 3～4m/s 或进入机座的料流速度较快时，由于物料对料斗的冲击力较大，逆向进料反而不利于装满系数的提高，并且这种冲击力会带来较大的动力消耗。

2. 机座内的料位

提高机座内的物料面能提高料斗的装满系数，但生产中仍须将料位控制在一定高度内，特别是要低于底轮水平中心线。其目的是为了减小料斗的运行阻力，同时避免因偶尔供料过量造成机座堵塞。

3. 料斗的运行速度

在其他条件相同的条件下，料斗运行速度越高，料斗的装满系数越低。因为料斗速度高时，料斗绕底轮回转时的离心惯性力大，料斗与物料之间的冲击力也大，不利于料斗的装满。但综合来讲，在一定范围内提高料斗速度能提高提升机的生产率。

4. 物料的特性

输送流动性好的粉状、颗粒状或小块状物料，其装满系数较高，条件好时可达 0.9～0.95，常取 0.8～0.85。供料不均匀时取 0.7～0.75；而对于较大块状或不能保证足够均匀供料时，则应取较低的装满系数，为 0.6～0.75。容易粘结的物料装满系数更低，应取 0.4～0.6。

除上述因素外，料斗的装满系数还随物料容重的增大而增大，随底轮直径的增大而减小，不同条件下输送一般的粮油物料的装满系数，可参照料斗的装满系数（表 3 - 1）。

表 3 – 1		料斗的装满系数	
料斗线速/（m/s）	逆向进料	顺向进料	料堆取料
1.0 ~ 1.5	0.95	0.90	0.60
1.5 ~ 2.5	0.90	0.80	0.50
2.5 ~ 4.0	0.80	0.70	0.40

（三）料斗的提升过程

静止料斗内的极限物料面如图 3 – 16 所示，装料后的料斗绕过底轮的水平中心线，开始作匀速直线运动，将物料向上提升。料斗提升时，料斗中物料的自然堆积面为一受力平衡面，受力平衡面与水平面夹角为物料的内摩擦角，即一极限物料面。提升时，高于极限物料面的物料在重力作用下，沿此面下滑，低于极限物料面的物料相对静止而被提升。由此可见，料斗在装料时没有必要太满，否则料斗中的物料在提升过程中会撒落。

料斗在牵引构件上的受力状态如图 3 – 17 所示，料斗在提升时，由于料斗扭转、振动等因素会使料斗中的极限物料面下降，致使已装入料斗的物料因极限物料面的下降而抛撒出来。料斗在牵引件上处于悬臂状态，料斗的重力距企图使之前倾扭转，料斗的前倾扭转会造成斗内部分物料向斗缘滑动而撒出。料斗前倾扭转的程度与料斗尺寸、重量及牵引构件的张力有关。料斗自重过大、料斗突度过大、料斗太深、料斗安装孔位置过高以及牵引构件张力较小时，料斗易前倾扭转，形成撒料。料斗振动的原因缘于斗升机自身构件的振动和工作环境的振动。

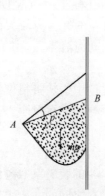

图 3 – 16　静止料斗内的
极限物料面图

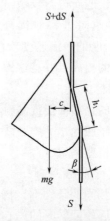

图 3 – 17　料斗在牵引构
件上的受力状态图

（四）料斗的卸料过程

载料斗绕上头轮开始作匀速圆周运动，随着料斗的翻转，料斗内的物料在自身重力和离心惯性力作用下，离开料斗被引导至卸料口，之后离开斗升机完成卸料过程。理想的卸料应该是料斗内所有的物料都能从卸料口排出，卸料过程中未及时离开料斗或离开料斗但未能从卸料口排出，顺机筒重新落回机座的物料称为回流料。回流料过多使设备生产率降低，浪费能量，因此必须确定提升机合理的工作条件及料斗、机壳、头部罩壳等形状，尽量减少物料回流。

　　斗式提升机的三种卸料方式如图 3－18 所示，当料斗与牵引构件一起绕上头轮旋转时，斗内物料受重力 mg、离心力 $m\omega^2 r$ 的作用。二力的合力 T 的反向延长线与头轮的垂直中心线相交于 P 点，P 点称为极点，极点与头轮水平中心线的距离 h 称为极距。由图中可看出，$\triangle CTM \backsim \triangle OPM$，$CM/CT = OM/OP$，即 $m\omega^2 r/mg = r/h$；$h = g/\omega^2$，因 $\omega = \pi n/30$，所以 $h \approx 895/n^2$。由此可知，极距 h 的大小只与头轮的转速有关，而与头轮的直径、料斗或斗内颗粒的位置无关。处在同一头轮上的所有物料或颗粒，它们共有一个极点。转速增大，极距减小；转速减小，极距增大。根据极点位置不同，可将载料斗的卸料方式区分为离心式、重力式和混合式三种。

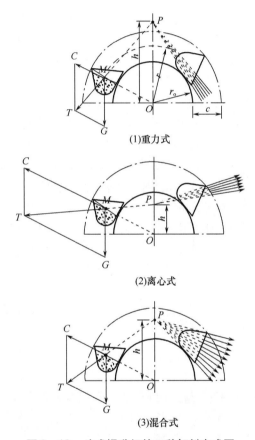

(1)重力式

(2)离心式

(3)混合式

图 3－18　斗式提升机的三种卸料方式图

　　1. 重力式卸料

　　当 $h > r_a$ 时，极点位于料斗外缘的旋转半径之外，物料所受重力大于离心力，斗内物料在合力 T 的作用下，向料斗内壁滑动而流出。这种卸料方式称为重力式卸料。

　　2. 离心式卸料

　　当 $h < r_b$ 时，极点位于料斗的内缘旋转半径之内，物料所受的离心力大于重力。斗内物料在合力 T 的作用下向料斗外缘滑动而抛出。这种卸料方式称为离心式卸料。

　　3. 混合式卸料

　　当 $r_b < h < r_a$ 时，极点位于料斗外缘和内缘回转半径之间，斗内的物料在合力 T 的作

用下，一部分按离心卸料方式从料斗外缘滑出，一部分按重力卸料方式从料斗内缘滑出，大部分物料则自斗口直接倾出。这种卸料方式称为混合式卸料。

不同卸料方式与料斗速度 v 和头轮直径 D 的关系：

重力式卸料：$v/\sqrt{D} < 2.2$；离心式卸料：$v/\sqrt{D} > 2.2$；混合式卸料：$v/\sqrt{D} = 2.2$。

令 $v/\sqrt{D} = K$，被称为速度系数。$K < 2.2$ 时为重力式卸料，$K > 2.2$ 时为离心式卸料，$K = 2.2$ 时为混合式卸料。

离心式卸料的特点是，大量物料是在料斗从头轮中心线向上旋转 $15° \sim 20°$ 才开始卸出的，物料比较分散地在较大的一段回转圆弧上从料斗的外缘抛出，卸料时间长，物料卸出面大。重力式卸料的特点是，在料斗旋转至接近头轮顶点时料斗内物料开始移动，再转过一定角度后，所有物料便相当密集地由料斗的内边缘卸出，卸料时间短，卸料面比较集中。混合式卸料时，只有较少的物料在料斗到达头轮顶点之前从料斗外缘卸出，大部分物料在料斗旋转至接近头轮上顶点时开始运动并从料斗的外缘和内缘卸出，而且被抛出的物料不如重力式卸料那样集中。

对于流散性良好且不怕破碎的、粒状和小块状的干燥物料，适宜选用离心式或混合式卸料，料斗的运行速度较高，有利于提高产量，缩小提升机体积。而对于潮湿的、流散性差的、怕碎的、细粉状的物料，应选用重力式卸料，采用较低的料斗运行速度。离心式卸料由于料斗运行速度较高，故多采用带作牵引构件，目前最高速度已达 5m/s。重力式和混合式卸料可采用带或链作牵引构件，料斗运行速度为 $0.6 \sim 0.8\text{m/s}$。

机头外壳的形状应与卸料方式相适应，以减少回料。包络式机头能把料斗中不同点的卸料轨迹都包络在机壳中，机壳不会阻挡物料的运动，这种机壳尺寸大，耗材多，多用于重力式和混合式卸料。引导式机头能将离开料斗的物料与机壳内壁碰撞，物料在机壳的引导下进入卸料管，这种机头外壳节省材料，但噪声大，机壳磨损严重，物料易破碎，多用于离心式卸料。

二、 斗式提升机的运行故障

1. 料斗带打滑

（1）采用输送带作为牵引构件时，若输送带的张力不够，将导致料斗带打滑。这时，应立即停机，调节张紧装置以拉紧料斗带。若张紧装置不能使料斗带完全张紧，说明张紧装置的行程太短，应重新调节。正确的解决方法是：打开料斗带接头，使底轮上的张紧装置调至最高位置，将料斗带由提升机机头放入，穿过头轮和底轮，并首尾连接好，使料斗带处于将张紧而未张紧的状态。然后使张紧装置完全张紧。此时张紧装置的调节螺杆尚未利用的张紧行程不应小于全行程的50%。

（2）提升机超载时，阻力矩增大，导致料斗带打滑。此时应减小物料的喂入量，并力求喂料均匀。若减小喂入量后，仍不能改善打滑，则可能是机座内物料堆积太多或料斗被异物卡住，应停机检查，排除故障。

（3）头轮传动轴和料斗带内表面过于光滑，使两者间的摩擦力减小，导致料斗带打滑。这时，可在传动轴和料斗带内表面涂一层胶，以增大摩擦力。

（4）头轮和底轮轴承转动不灵，阻力矩增大，引起料斗带打滑。这时可拆洗加油或更换轴承。

2. 料斗带跑偏和撕裂

（1）头轮和底轮传动轴安装不正。主要体现在以下几个方面：头轮和底轮的传动轴在同一垂直平面内且不平行；两传动轴都安装在水平位置且不在同一垂直平面内；两传动轴平行，在同一垂直平面内且不水平。这时，料斗带跑偏，易引起料斗与机筒的撞击、料斗带的撕裂。应立即停机，排除故障。做到头轮和底轮的传动轴安装在同一垂直平面内，而且都在水平位置上，整机中心线在1000mm高度上垂直偏差不超过2mm，积累偏差不超过8mm。

（2）料斗带接头不正，是指料斗带结合后，料斗带边缘线不在同一直线上。工作时，料斗带一边紧一边松，使料斗带向紧边侧向移动，产生跑偏，造成料斗盛料不充分，卸料不彻底，回料增多，生产率下降，严重时造成料斗带卡边、撕裂。这时应停机，修正接头并接好。

（3）料斗带在各种故障的综合作用下均会产生撕裂，这是最严重的故障之一。一般料斗带跑偏和料斗的脱落过程最容易引起料斗的撕裂。应及时全面的查清原因，排除故障。另外，物料中混入带尖棱的异物，也会将料斗带划裂。因此，生产中，应在进料口装钢丝网或吸铁石，严防大块异物落入机座。

3. 回料过多

提升机正常工作时，不应有严重的回流现象（不超过1%）。提升机回流会降低输送量，增加动力消耗和损伤物料，使机壳和牵引构件加快磨损等。产生回流的原因如下。

（1）料斗运行速度过快或过慢。从料斗卸出的物料不能抛入卸料口而落入机座。提升不同物料时料斗运行的速度有别：一般提升干燥的粉料和粒料时，速度为1~2m/s；提升块状物料时，速度为0.4~0.6m/s；提升潮湿的粉料和粒料时，速度为0.6~0.8m/s。速度过大，卸料提前，造成回料。速度过小，卸料太晚，也造成回料。应根据所提升物料的性状和所采用的卸料方式，调整合适的料斗运行速度，避免回料。

（2）机头外形尺寸设计不正确，或卸料口底板过高，或舌板前伸不够，使物料不能流入卸料口。机头出口的卸料舌板若距料斗卸料位置太远，会造成回料。

（3）卸料口排料不畅和料斗型式选用不恰当。

4. 料斗脱落

料斗脱落是指在生产中，料斗从料斗带上掉落的现象。料斗掉落时，会产生异常的响声，要及时的停机检查，否则，将导致更多的料斗变形、脱落；在连接料斗的位置，料斗带撕裂。产生料斗脱落的原因如下。

（1）进料过多进料过多，造成物料在机座内的堆积，升运阻力增大，料斗运行不畅，是产生料斗脱落、变形的直接原因。此时应立即停机，抽出机座下插板，排出机座内的积存物，更换新料斗，再开车生产。这时减小喂入量，并力求均匀。

（2）进料口位置太低一般，提升机在生产时，料斗自行盛取从进料口进来的物料。若进料口位置太低，将导致料斗来不及盛取物料，而物料大部分进入机座，造成料斗舀取物料。而物料为块状，就很容易引起料斗变形、脱落。这时，应将进料口位置调至底轮中心线以上。

（3）料斗材质不好，强度有限。料斗式提升机的承载部件，对它的材料有着较高的要求，安装时应尽量选配强度好的材料。一般，料斗用普通钢板或镀锌板材焊合或冲压而成，其边缘采用折边或卷入铅丝以增强料斗的强度。

（4）开机时没有清除机座内的积存物。斗式提升机应空负荷开车。所以每次停机前应排尽所有料斗内的物料，然后再停车。在生产中，经常会遇到突然停电或其他原因而停机的现象，若再开机时，没有清除机座内的积存物，就易引起料斗受冲击太大而断裂脱落。因此，在停机和开机之间，必须清除机座内的积存物料，避免料斗脱落。另外，定期检查料斗与料斗带连接是否牢固，发现螺钉松动、脱落和料斗歪斜、破损等现象时，应及时检修或更换，以防更大的事故发生。

5. 机座堵塞

机座被物料堵塞，使牵引件不能运转，因而造成机器停机甚至电机过载而损坏。原因很多：供料先于启动；牵引带张力不够而打滑；供料量过大；有大块物料落入机座使料斗卡死；回流太多等。

防止堵塞的方法是严格遵守提升机开车和停车程序，调节好张紧装置，使牵引带保持必要的张力；严格控制供料量；如果回流过多，应及时查找原因并予以解决。

6. 料粒破损率高

提升机正常工作时粮粒破损率要求不超过 1% 。料粒破碎率高的原因可能是：料斗边缘尖锐；机座内有堵塞的物料；料粒落入底轮与牵引带之间；料斗速度过快；回流过多等。

7. 输送量降低

输送量降低达不到设计能力的原因：进料时料斗的装满系数低；料斗提升过程的撒料；卸料时大量回料；牵引件打滑；电压低、电机转速不足等。

8. 运转时发生异常声响

牵引件松，料斗在机座中与底板相碰；导向板与链斗相碰；轴承发生故障，不能灵活运转，应更换轴承；料块或其他异物在机座壳内卡死；链轮的齿形不正，传动链轮与链条脱齿不良；机壳安装不正，调正机壳全长的垂直度。

9. 提升机机头罩壳磨损和动力消耗大

提升机机头罩壳磨损和动力消耗大的原因：轴承安装不良、损坏、积灰或润滑不好，造成阻力增加；牵引带太紧；超负荷运载，机座积料太多；回流多；料斗及牵引件与机壳摩擦；机头罩壳设计制造不好；料斗速度过高、物料冲击罩壳等。

第四节　斗式提升机的设计计算

斗式提升机的设计参数有：生产能力、料斗提升速度、料斗尺寸、带轮（链轮）直径及驱动功率等。

一、斗式提升机生产能力计算

斗式提升机的生产能力 Q 由两个因素决定，即料斗运动速度 v（m/s）和牵引构件单位长度上物料质量 q（kg/m），见式（3 – 2）。

$$Q = 3.6qv \tag{3 – 2}$$

物料线载荷 q 取决于牵引构件每米长度上的料斗个数和每个料斗所盛装物料的质量，即式（3-3）。

$$q = \frac{i}{a}\gamma\psi \qquad\qquad (3-3)$$

式中　i——料斗容积，L；

　　　a——斗间距，m；

　　　γ——物料容重，kg/L 或 t/m³；

　　　ψ——料斗装满系数。

因此，得

$$Q = \frac{3600}{1000}qv = 3.6\frac{i}{a}\gamma\psi v \quad (\text{t/h}) \qquad\qquad (3-4)$$

料斗的提升速度应视被输送物料的性质而定。输送流散性好、不怕破碎的粒状物料时，取 $v = 1.0 \sim 3.0$ m/s，一般不超过 3.5 m/s；输送流散性差、怕破碎或粉状物料时，取 $v = 0.6 \sim 1.5$ m/s。

由于斗式提升机供料的不均匀性及对过载比较敏感，因此要求提升机的设计输送能力一定要大于实际生产所需要的输送量。为此，在设计或选用提升机时，其设计输送能力应取 $Q_{设计} = KQ_{实}$，式中 K 为进料不均匀系数，取 $K = 1.2 \sim 1.4$。生产量大时取小值，反之取大值。TD、TH、TB 型斗式提升机特征及型号（TB3926）如表 3-2 所示。

表 3-2　　　　　TD、TH、TB 型斗式提升机特征及型号（TB3926）

型式	TD 型	TH 型	TB 型
结构特征	采用橡胶输送带作牵引构件	采用锻造的环形链条作牵引构件	采用板式套筒滚子链作牵引构件
卸载特征 适用输送物料	采用离心式或混合式卸料松散密度 $\rho < 1.5$t/m³ 的粉状、粒状、小块状的无磨琢性、半磨琢性物料	采用混合式或重力式卸料松散密度 $\rho < 1.5$t/m³ 的粉状、粒状、小块状的无磨琢性、半磨琢性物料	采用重力式卸料松散密度 $\rho < 2$t/m³ 的中、大块状的磨琢性物料
适用温度	被输送物料温度不得超过 60℃，如采用耐热橡胶带时温度不超过 200℃	被输送物料温度不得超过 250℃	被输送物料温度不得超过 250℃
型号	TD100、TD160、D250、TD315、TD400、TD500、TD630	TH315、TH400、TH500、TH630（TH800、TH1000）	TB250、TB315、TB400、TB500、TB630、TB800、TB1000
提升高度	4~40m	4.5~40m	5~50m
输送量	4~238m³/h	35~185m³/h	20~563m³/h

二、斗式提升机驱动功率计算

1. 电动机功率的计算

电动机功率的计算见公式（3-5）。

$$N_{电} = K\frac{N_0}{\eta} \quad (\text{kW}) \qquad\qquad (3-5)$$

式中　K——电动机功率储备系数，提升高度 $H < 10\text{m}$，取 $K = 1.45$；$H \geq 10\text{m}$，取 $K = 1.25$；$H \geq 20\text{m}$，取 $K = 1.15$；

　　N_0——电机功率；

　　η——传动效率，用齿轮减速器时，取 $\eta = 0.94$；三角带两级传动时，取 $\eta = 0.85$；平皮带两级传动时，取 $\eta = 0.9$。

2. 轴功率的简易计算

轴功率的简易计算见公式（3-6）。

$$N_0 = \frac{QH}{367}(1.15 + K_0 K_1) \quad (\text{kW}) \tag{3-6}$$

式中　Q——提升机生产率，t/h；

　　H——提升机高度，m；

　　K_0——牵引构件及料斗的自重系数，根据牵引件型式和料斗型式不同，其为 $1.23 \sim 4.0$；

　　K_1——系数，带式牵引取 $K_1 = 0.44$，链式牵引取 $K_1 = 0.36$。

斗式提升机轴功率的概略计算，可以采用更简化的计算式（3-7）。

$$N_0 = (0.004 \sim 0.006)QH \tag{3-7}$$

式中的系数随提升机的工作条件不同有较大变化，提升高度大、产量大、物料容重大时，取小值，反之取大值。

思考题

1. 斗升机的应用特点。
2. 牵引构件的型式及应用特点。
3. 料斗的形式及应用特点。
4. 机头和底座的结构。
5. 进料方式及进料斗位置。
6. 装满系数的影响因素。
7. 提升过程中极限物料面下降的原因。
8. 三种卸料方式的特点及应用。
9. 斗升机输送量的计算及影响输送量的因素。

第四章

螺旋输送机

 本章知识点

1. 螺旋输送机的一般结构及应用特点。
2. 螺旋输送机的主要构件和选用。
3. 水平螺旋输送机的输送原理及生产率计算。
4. 垂直螺旋输送机的提升原理及生产率计算。

第一节　螺旋输送机概述

螺旋输送机俗称"绞龙"，是一种无挠性牵引构件的连续输送设备，它借助旋转螺旋的推力将物料沿着机槽进行输送。

一、螺旋输送机的结构

螺旋输送机的一般结构，水平螺旋输送机如图 4-1 所示。它由料槽、螺旋叶片和转动轴组成的螺旋体、两端轴承、中间悬挂轴承及驱动装置组成。螺旋体由两端轴承和中间悬挂轴承支承，由驱动装置驱动。螺旋输送机工作时，物料由进料口进入料槽，在旋转螺旋叶片的推动下，沿着料槽作轴向移动，直至卸料口排出。

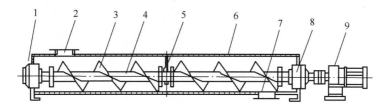

图 4-1　水平螺旋输送机结构图

1—尾端轴承　2—进料口　3—螺旋叶片　4—螺旋轴　5—悬挂轴承　6—料槽　7—出料口
8—首段轴承　9—驱动装置

二、 螺旋输送机的类型

螺旋输送机的基本机型有水平螺旋输送机、垂直螺旋输送机以及处于两者之间的倾斜螺旋输送机。此外，还有许多其他型式的兼有工艺过程和特殊作用的螺旋输送机。如螺旋给料机、螺旋卸料机、螺旋掺混机、移动式螺旋输送机、可弯曲的螺旋输送机及成件物品螺旋输送机等。以下主要介绍常用的水平螺旋输送机、垂直螺旋输送机。

1. 水平螺旋输送机

水平螺旋输送机多采用"U"形槽体（也可采用圆筒状槽体）、较低的螺旋转速及固定安装的结构。输送机工作时，物料从输送机的一端加入槽体，被输送到槽体的另一端或在某一中间位置经槽体底部的开口卸出，如图4-1所示。

按照 JB/T7679-2008《螺旋输送机》中规定的水平螺旋输送机型号标识为，

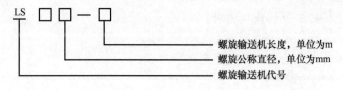

螺旋输送机长度，单位为m
螺旋公称直径，单位为mm
螺旋输送机代号

标记示例

螺旋公称直径为400mm，输送机长度为12m的螺旋输送机标记为：
螺旋输送机 LS400·12JB/T 7679

2. 垂直螺旋输送机

垂直螺旋输送机可垂直提升一般的散状固体物料。进料方式有自流式进料和强制式进料两种。强制式进料的垂直螺旋输送机如图4-2所示。垂直螺旋输送机的槽体为封闭的圆筒，螺旋体的转动可采用底部驱动或顶部驱动。垂直螺旋输送机的优点是结构简单，所占空间位置小，制造成本低，缺点是输送量小，输送高度一般不超过8m。

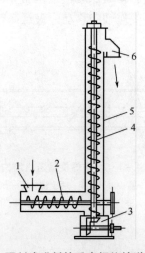

图4-2 强制式进料的垂直螺旋输送机结构图

1—进料口 2—水平喂料螺旋 3—驱动装置 4—垂直螺旋 5—机壳 6—卸料口

　　垂直螺旋输送机正常工作的必要条件是必须保持足够的进料压力及较高的螺旋转速。通过改进进料方式可以提高垂直螺旋输送机的提升效率。一种方法是改变进料部位螺旋叶片的螺距，这样可得到一个稳定而连续的料流，通过螺旋转动推动物料向上移动，可排除压差、阻塞及物料的滑落。Screw ConveyorCo. 设计的垂直螺旋输送机如图 4 - 3 所示，专门设计的垂直螺旋下段为特殊螺距的锥形双头螺旋叶片的垂直螺旋输送机。

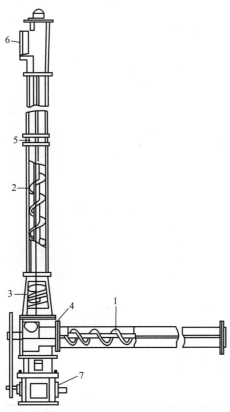

图 4 - 3　Screw ConveyorCo. 设计的垂直螺旋输送机结构图
1—水平给料螺旋　2—高速垂直螺旋　3—特殊螺距锥形双头螺旋叶片　4—给料机扩大的结合箱
5—稳定轴承　6—卸料口　7—电动机

　　瑞典 Siwertell 公司设计的卸船垂直螺旋输送机如图 4 - 4 所示，是由瑞典 Siwertell 公司设计的、用于船舶卸货的特殊型式的垂直螺旋输送机。输送机的入口是一种特殊的取得专利的给料机，它带有导流叶片，与主螺旋呈相反方向转动。这种给料机将物料供给主螺旋，并能阻止物料被重新抛出。物料沿输送机壳体高速提升。

　　这种螺旋卸船机具有高效的取料和清舱作用，它将旋转方向相反的内外螺旋结合起来，形成了特殊的自取料装置，将充填率由 15% 提高到 80%。外螺旋可以破碎或搅松易结块的物料，使之流入螺旋输送机的进料口，提高填充率；取料口是在物料表面以下工作的，可以实现无尘操作，保护环境；紧凑的结构可以到达船舱的大部分区域，减少了卸料死角，降低了清仓工作量，提高了卸船效率。

　　3. 倾斜螺旋输送机

　　输送倾角≤20°的螺旋输送机，其结构和工作条件一般与水平螺旋输送机相同。

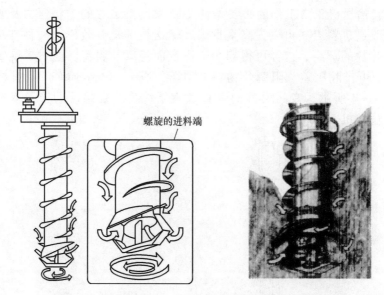

图 4 - 4　瑞典 Siwertell 公司设计的卸船垂直螺旋输送机

输送倾角为 20°~90°的螺旋输送机，一般采用短螺距螺旋及圆筒状槽体，螺旋体的转速也需增加，其结构和工作条件如同垂直螺旋输送机。倾斜螺旋输送机如图 4 - 5 所示。

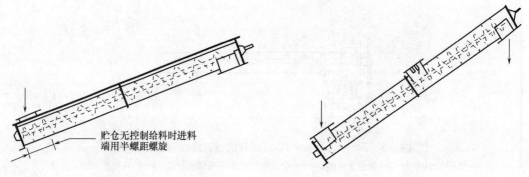

（1）标准 U 型槽体，标准螺距倾角小于 20°的螺旋输送机　　（2）管状槽体，半螺距，倾角大于 20°的螺旋输送机

图 4 - 5　倾斜螺旋输送机

三、螺旋输送机的应用特点

螺旋输送机的主要优点是：结构简单，制造成本较低，易于维修；机槽密闭性较好；可以多点进料和多点卸料；一台输送机可同时向两个方向输送物料；在输送过程中还可以进行物料的混合、搅拌、松散、加热和冷却等工艺过程。

螺旋输送机的主要缺点是：在输送过程中，由于物料与机槽及螺旋体的摩擦以及螺旋体对物料的搅拌翻动，致使机槽和螺旋叶片易于磨损，同时对物料具有一定的破碎作用；螺旋输送机对超载敏感，需要均匀进料，否则容易产生堵塞现象；当螺旋输送机倾斜或垂直布置时，其输送效率将大大下降；输送功率消耗较大；输送长度受到限制。

螺旋输送机适宜输送粉状、颗粒状和小块状物料，不适宜输送长纤维状、坚硬大块状、易黏结成块及易破碎的物料（特殊型式的螺旋输送机也可以输送成件物品，如袋、包、箱等）。螺旋输送机主要用于距离不太长的水平输送，或小倾角输送，少数情况亦用于大倾角和垂直输送。水平输送长度一般小于40m，最长不超过70m。倾斜输送高度一般不超过15m。垂直输送高度一般不大于8m。它的某些变形机型常被用作喂料、计量、搅拌、烘干、仁壳分离、卸料以及连续加压等设备。

第二节　螺旋输送机工作构件

螺旋输送机的主要工作构件有螺旋体、机槽、轴承及驱动装置等。

一、螺旋体

螺旋体是由螺旋轴和焊接在轴上的螺旋叶片组成。

1. 螺旋叶片

根据输送工艺的要求，螺旋叶片有多种型式，常用的有满面式、带式、桨叶式和齿式四种。螺旋叶片的型式如图4-6所示。

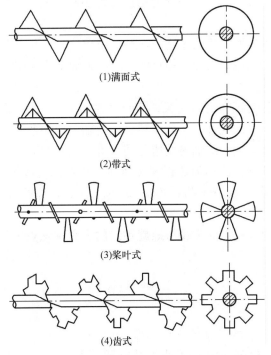

(1)满面式

(2)带式

(3)桨叶式

(4)齿式

图4-6　螺旋叶片的型式结构图

图4-6（1）所示为满面式（又称全叶式）螺旋叶片，螺旋叶片的一边紧贴在轴上，形成完整的螺旋面。这种叶片的构造简单，输送能力强，适宜输送散落性较好的、干燥的颗粒状或粉状物料，是使用最广泛的叶片型式。

根据使用要求，可采用不同形式的满面式螺旋叶片。如标准螺距（螺旋的螺距等于螺旋的直径）单头螺旋对物料有广泛的适应性，经常被采用。短螺距（螺距减少到 2/3 直径）单头螺旋常被推荐用于倾角超过 20°的倾斜输送机，甚至可垂直使用，也可用于螺旋给料机，其较短的螺距可防止流态化的物料产生自流。长螺距（螺距等于 1.5 螺旋直径）单头螺旋一般用来搅动流态化的物料或者快速输送流动性极好的物料。变距单头螺旋，如螺距逐渐增大的螺旋用于螺旋给料机，可沿入口的全长均匀排出粉状易流动的物料。标准螺距单头锥形螺旋（螺旋叶片的直径由 2/3 逐渐增大到全直径称为锥形螺旋）用于螺旋给料机从料仓中均匀地卸下块状物料。标准螺距和短螺距双头螺旋可使具有流态化性质的物料平稳并有规律的流动。也即：等螺距等直径的满面式叶片多用于输送机和定量给料机；自料堆中取料的输送机尾段则使用变径和变螺距的满面式叶片；变螺距的满面式叶片常用于增压机和强制喂料机。

图 4-6（2）所示为带式螺旋叶片，螺旋叶片的一边通过杆件与轴相连，形成带式的螺旋面。这种叶片适宜输送小块状的或黏滞性的物料。由于黏性物料易于黏附在满面式螺旋叶片及轴上，而带状叶片和轴之间留有空间，因此可避免物料粘附和堆积。这种叶片对物料有较强的搅拌作用，但生产率较低。

图 4-6（3）所示为桨叶式螺旋叶片的一种。桨叶式螺旋叶片不是连续的螺旋面，而是按螺旋线固定在轴上的桨叶。这种叶片在完成输送作业的同时，有较强的混合和搅拌作用。如油脂厂仁壳分离的圆打筛就使用这种螺旋叶片形式。常用的桨叶式叶片有扇形、月牙形及桨叶形等。

图 4-6（4）所示为齿式螺旋叶片的一种。由于这种叶片的外缘有齿形凹槽，能在输送过程中对物料起到切割、松散、搅拌的作用，因而适用于输送黏性或容易被压实的物料。

最常用的螺旋叶片为正螺旋面（又称直母线螺旋面）。正螺旋面的母线是一条垂直于螺旋轴的直线。当该直线绕轴线作匀速转动且沿轴向作匀速直线运动时，所形成的曲面为等距正螺旋面；若该直线沿轴向变速移动，所形成的曲面为变距螺旋面。当母线与轴线不垂直时所形成的螺旋面称为非正螺旋面（又称弯曲母线螺旋面）。采用母线为曲线的螺旋叶片可以提高螺旋输送机的输送效率，但是此种叶片难以制作，因而很少采用。

满面式螺旋叶片上任一点的法线与螺旋轴线的夹角称该点的螺旋升角。螺旋升角 α 由式（4-1）确定：

$$\alpha = \tan^{-1}\left(\frac{s}{\pi D_1}\right) \tag{4-1}$$

式中　s——螺距，m；

　　　D_1——该点所在螺旋线的直径，m。

所以，螺旋叶片的外侧升角 $\alpha_{外}$ 和内侧升角 $\alpha_{内}$ 分别为式（4-2）和式（4-3）：

$$\alpha_{外} = \tan^{-1}\left(\frac{s}{\pi D}\right) \tag{4-2}$$

$$\alpha_{内} = \tan^{-1}\left(\frac{s}{\pi d}\right) \tag{4-3}$$

式中　D——螺旋体的外径，m；

　　　d——螺旋轴的外径，m。

因为 $D > d$，故 $\alpha_{内} > \alpha_{外}$，即螺旋叶片的外侧升角 $\alpha_{外}$ 最小，内侧升角 $\alpha_{内}$ 最大。满面式螺旋叶片的近似展开图如图 4-7 所示。

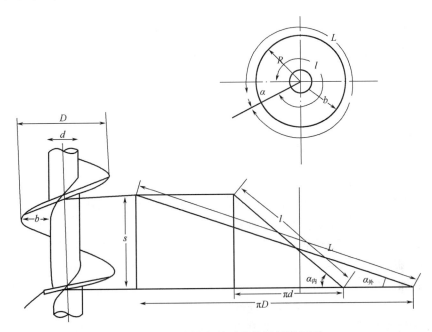

图 4-7　满面式螺旋叶片的近似展开图

根据螺旋叶片在转动轴上盘绕方向的不同，可将螺旋叶片分为左旋和右旋两种。一种简单判断螺旋旋向的方法，螺旋的旋向及输送机输送方向如图 4-8 所示。面对螺旋叶片，如果螺旋叶片的边缘顺右臂倾斜则为右螺旋，顺左臂倾斜则为左螺旋。物料的输送方向是由螺旋叶片的旋向及转动轴的旋转方向来决定的。物料的输送方向可采用左、右手定则来判别。右螺旋用左手判别，左螺旋用右手判别。弯曲的四指表示轴的旋转方向，而拇指所指方向即为物料的输送方向。在同一轴上盘绕两种旋向的螺旋叶片，可同时进行两个方向的物料输送。此外，在机槽的卸料口处装设一节与主螺旋呈相反转向的螺旋，可以防止物料在卸料口处的堆积和堵塞。

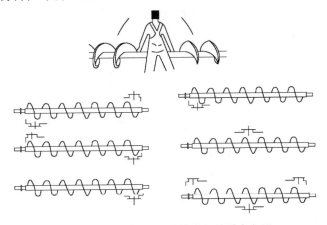

图 4-8　螺旋的旋向及输送机输送方向图

　　油脂工厂用螺旋输送机的螺旋叶片通常采用厚度为 2~8mm 的 35 号及 45 号钢制成。在使用过程中，螺旋叶片尤其是叶片的外缘磨损较快，为了增加叶片的耐磨性，可对其进行热处理，使叶片表面硬化。

　　螺旋体的形成通常是先用钢板制成分段螺旋，再将分段的螺旋叶片彼此对焊在一起，并将其焊接固定在螺旋轴上，即组成螺旋体。螺旋叶片的制作方法主要有缠绕成形法、冷轧成形法及拉制成形法等。

　　（1）缠绕成形法　将带钢缠绕在螺旋形模具的空隙内强制成形。缠绕时叶片外缘容易产生裂纹，叶片横截面容易发生弯曲，而且每种规格的叶片都要有专用的模具。

　　（2）冷轧成形法　将带钢通过冷轧机上一对锥形轧辊的辗压，形成连续多圈的环状件，再令其通过螺旋分导装置，则成为具有左（右）旋向并有一定螺距的螺旋叶片。这种方法制作的叶片其根部较厚，外边缘较薄。

　　新的螺旋叶片制造工艺可以按设计的直径、螺距和厚度通过用带钢连续冷轧而制成整体螺旋叶片，安装在给定尺寸的管轴上组成螺旋体。

　　（3）拉制成形法　先将钢板冲裁成带缺口的平面圆环，再经过冲压或锤锻加工成一定螺距的螺旋叶片，然后将若干个这样的螺旋叶片焊接或铆接成一串连续的螺旋面。用此法生产的螺旋叶片整体厚度相同，但制造效率低而劳动强度较大。缺口圆环的下料及尺寸计算（图 4-7），按式（4-4）进行。

　　设 D 为螺旋叶片直径，d 为转动轴直径，s 为螺距，根据勾股定理，叶片外侧螺旋线的长度为：

$$L = \sqrt{(\pi D)^2 + s^2} \tag{4-4}$$

叶片内侧螺旋线的长度按式（4-5）计算：

$$l = \sqrt{(\pi d)^2 + s^2} \tag{4-5}$$

　　因为螺旋线 L 和 l 在平面上是圆心角相同的两条同心圆弧，若设这两圆弧的半径分别为 R 和 r，则

$$\frac{R}{r} = \frac{L}{l}，或 r = \frac{l}{L}R$$

又因为叶片的宽度 b 为：

$$b = \frac{D-d}{2} 及 R = r + b$$

由此求得式（4-6）。

$$r = \frac{bl}{(L-l)} \tag{4-6}$$

及

$$R = \frac{bL}{(L-l)} \tag{4-7}$$

　　根据 R 和 r 之值，可以在薄钢板上进行下料，作出钢板圆环，然后求出缺口的圆心角 α，再切开即成。α 角的大小按式（4-8）计算：

$$\alpha = \frac{2\pi R - L}{2\pi R} \times 360° \tag{4-8}$$

　　用缺口圆环制作螺旋叶片的方法存在着两个问题：一是每个圆环都切去了圆心角为 α 的一段，浪费了材料；二是各段螺旋叶片的长度正好为一个螺距，因而它们彼此间的连接焊缝均在螺旋轴同一边的一个平面内，造成了整个螺旋体的质量分布不均匀，运转

不平衡。如果采用不缺角圆环来制作螺旋叶片则可避免上述问题。

不缺角圆环的下料方法与缺角圆环的下料基本相同，其区别在于钢板圆环作出后不切去圆心角为 α 的一段，而是沿半径方向切开一个口。用不缺角圆环制成的螺旋叶片的长度大于一个螺距，因而它们彼此间的连接焊缝将沿螺旋线分布。

螺旋叶片的螺距 s 可根据输送机的布置形式、输送物料的特性以及螺旋直径来选取，通常采用推荐的标准值。当采用标准螺旋直径时，$s = (0.8 \sim 1.2) D$，式中 D 为螺旋直径。因此，螺距 s 可写成通式 $s = kD$。对于水平螺旋输送机，k 取大值；对于垂直螺旋输送机，k 取小值。对于 D 很大的螺旋输送机，应取更小的螺距值。对于要求沿输送机长度上的各点具有不同流量时，则应根据需要将不同段的螺旋取不同的螺距值。

2. 螺旋轴

螺旋输送机的转动轴一般采用空心轴（钢管）制成。这是因为轴体承受相同扭矩的情况下，空心轴所需的材料和重量都要比实心轴节省，且相互之间的连接也较方便。为了便于制造和装配，螺旋体一般制成 2 ~ 4m 长的节段，使用时将各节段连接起来。在轴与轴的连接处和安装轴承处需使用一小段实心轴，螺旋输送机轴的连接如图 4 - 9 所示。即在联接处将实心轴伸入空心轴内，再在空心轴外面套一段长约 150mm 的套筒，然后再用螺栓按相互垂直方向对穿套筒与两轴紧固。另一种联接方法是将实心轴伸入空心轴内，再用几只相适应的螺钉固定。此种方法主要用于快速螺旋输送机螺旋轴的连接。新型的螺旋输送机的螺旋连接方式采用圆弧键连接代替螺栓连接，强度大、安装方便、横截面积小、对物料阻力小。

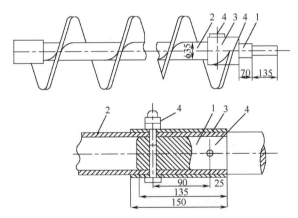

图 4 - 9　螺旋输送机轴的连接装配图
1—实心轴　2—空心轴　3—套筒　4—螺栓

螺旋轴的直径 d 与所传递的扭矩有关。粮油工业对于采用满面式螺旋叶片的输送机，其螺旋轴直径常根据式（4 - 9）确定。

$$d = (0.2 \sim 0.35)D \tag{4 - 9}$$

式中　D——螺旋直径。

当螺旋直径 D 较大时应取该范围的下限，反之取该范围的上限，但选用后仍应对轴的强度进行校核。在正常情况下冷轧钢的轴是可以满足的，当输送有腐蚀性或污染的物料时也可采用不锈钢轴。

二、 轴承

螺旋输送机的轴承根据其安装位置和作用不同，可分为头部轴承、尾部轴承和中间悬挂轴承三种。

头部轴承又称首端轴承，位于输送机的驱动端（卸料端）。头部轴承除了承受径向载荷外，还要承受轴向载荷，因此该端采用止推轴承。这样的布置可使螺旋轴承受拉力，其工作条件比承受压力好，因为轴向压力会使螺旋轴受压而发生挠曲。头部轴承的结构，首端止推轴承如图 4 - 10 所示。螺旋加料机和某些短的螺旋输送机也可采用加料端驱动，此时螺旋轴处于受压状态。

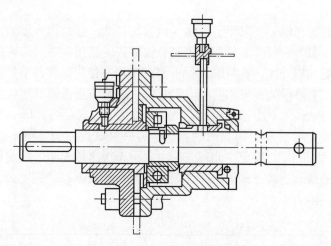

图 4 - 10   首端止推轴承结构图

尾部轴承又称末端轴承，通常采用双列向心球面轴承，主要承受径向载荷和少量的轴向载荷。头部和尾部轴承常用凸缘安装式，轴承装于壳体两端的端盖外侧，以便检修和更换。

对于长度在 3m 以上的螺旋输送机，为了避免螺旋轴受力弯曲，每隔 2m 左右应设置一中间悬挂轴承。由于螺旋叶片在悬挂轴承处必须断开，为了防止物料在此处堵塞，悬挂轴承的断面尺寸和长度尺寸都应尽量小。悬挂轴承一般采用滑动轴承，由青铜、减磨铸铁、青铜及巴氏合金、硬质合金及硬铁、油浸木材或其他耐磨材料制成。在某些情况下，也可采用滚动轴承，如单列向心球轴承。此时，为了防止被运物料的微小粒子进入轴承中，要对轴承进行可靠的密封。在各种情形中，轴承都要装设润滑油杯以进行润滑。输送粮食、油料及食物的螺旋输送机要采用植物油进行润滑，或采用有良好密封措施的粉末冶金含油轴承，以防止对物料的污染。常用悬挂轴承的结构，中间悬挂轴承如图 4 - 11 所示。

悬挂轴承安装在机槽两侧壁上缘的角钢上，通过螺栓及两个螺母并紧。悬挂轴承座在支承角钢上应保持浮动状态，不得使悬挂轴承座紧固在支承角钢上。当输送磨琢性较大的物料时，接近中间悬挂轴承处的螺旋面承受的推力较大，所以，应将该部分的螺旋面加厚。

垂直螺旋输送机不使用中间轴承。其两端轴承可采用与水平螺旋输送机相似的轴承

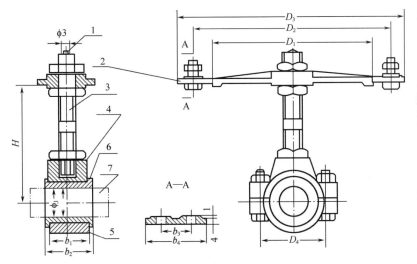

(1)采用滑动轴承的中间轴承

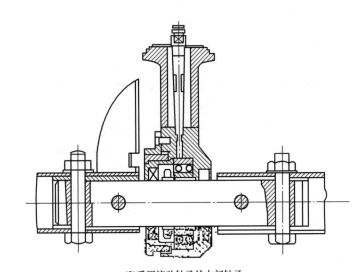

(2)采用滚动轴承的中间轴承

图 4 – 11　中间悬挂轴承

1—油杯　2—底座　3—注油管　4—上轴瓦　5—下轴瓦　6—铜轴衬　7—连接轴

结构，也可采用浮动轴结构。浮动轴结构就是在轴的一端安装双列向心球面轴承和止推轴承，另一端（轴的下端）是自由的，即无轴承支承。

三、机槽

螺旋输送机的机槽主要有 U 字形和圆筒形两种。螺旋输送机的机槽形式如图 4 – 12 所示，是水平螺旋输送机机槽的形式。带有角钢法兰的截面为 U 字形的钢制螺旋槽体是最常用的。U 字形机槽一般用 2 ~ 6 mm 的薄钢板制成，其两侧壁垂直，底部呈半圆形，两侧壁的上端边沿焊有纵向角钢，用以固定盖板及增强机槽的刚性，同时也用以固定悬挂轴承。机槽半圆的内径应大于螺旋叶片的半径，使其形成 4 ~ 8mm 的间隙。为了便于制造和安装，每节机槽长 2 ~ 4m，节边用角钢加固并做成法兰边，以便用螺栓连接。机槽总长度超过3.5m时，为了避免其弯曲下垂，应每隔2~3m设置一支架承托。

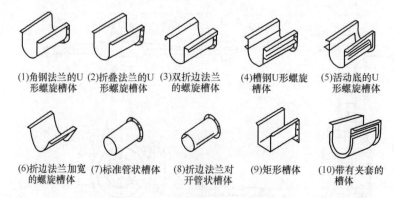

(1)角钢法兰的U形螺旋槽体　(2)折叠法兰的U形螺旋槽体　(3)双折边法兰的螺旋槽体　(4)槽钢U形螺旋槽体　(5)活动底的U形螺旋槽体

(6)折边法兰加宽的螺旋槽体　(7)标准管状槽体　(8)折边法兰对开管状槽体　(9)矩形槽体　(10)带有夹套的槽体

图4-12　螺旋输送机的机槽形式

折边法兰的U形槽体，顶部法兰是由同一块钢板折边加工而成的槽体，这样制成的槽体重量轻而坚固。活动底的U形槽体适用于快速、方便地清理输送机内部的场合，该槽体由上部刚性的槽钢与下部半圆形截面槽体所构成，半圆形截面槽体的一边为铰接，另一边则采用弹簧卡子夹紧或其他形式的快开连结装置。带有夹套的槽体在其夹套上焊有换热介质的进出口管，这种槽体广泛用于加热、冷却或干燥被输送的物料。矩形槽体适合于磨琢性强的物料。允许物料滞留在槽底，这样可以防止物料和槽底的直接摩擦。

为了对机槽进行封闭，机槽上部装有用薄钢板制成的盖板。盖板用螺栓固定在槽体上端的角钢法兰上，或用弹簧卡子紧夹在槽体上。盖板可以开启，以便对机槽进行必要的检查。对要求防尘的顶盖还要在盖板下加垫密封。在盖板上开有进料口，在机槽底部开有卸料口，进料口和卸料口常做成方形或圆形，以便安装料管和平板闸门。闸门控制常用手推式、齿条式及电动推杆式几种。进料和出料口如图4-13所示。

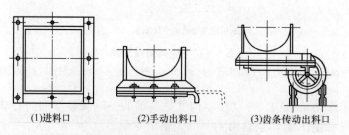

(1)进料口　(2)手动出料口　(3)齿条传动出料口

图4-13　进料和出料口形状图

LS160~630七种型号的螺旋输送机可选配方形出料口、手推式出料口及齿条式出料口三种结构型式。LS800~1250三种型号的螺旋输送机可选配方形出料口、齿条式出料口及电动推杆式出料口三种结构形式。

进、出料口一般在全机安装固定后，根据工艺需要现场开口焊接。注意不要把进、出料口位置安排在两端的轴承处和中间悬挂轴承处，也不要安装在机槽的支脚处和接头法兰处。

　　圆筒形机槽又称机筒，一般采用薄壁无缝钢管制成，也可用 2～4mm 厚的钢板卷制并在接缝处连续焊接而成，或使用硬质塑料管。折边法兰对开管状槽体是由两个半圆形的带有折边法兰的槽体用螺栓连在一起而构成的管状槽体。圆筒形机槽的内径要比螺旋直径大些，它们之间的缝隙为 5～10mm。圆筒形机槽的密封性好、刚度大，用于垂直螺旋输送机和要求严格密封的场所（如油脂工厂浸出车间的封闭螺旋输送机）。快速螺旋输送机的进料口开在机筒的下端或将螺旋体的末段直接插入料堆取料，卸料口在机筒顶端的侧面。

　　螺旋输送机的机槽在进行安装时，一定要注意对中和找直，否则，工作时由于剧烈而周期的挠曲应力，会发生轴的断裂，轴承的使用寿命也将大大缩短。

　　螺旋输送机的进料设置如图 4-14 所示。

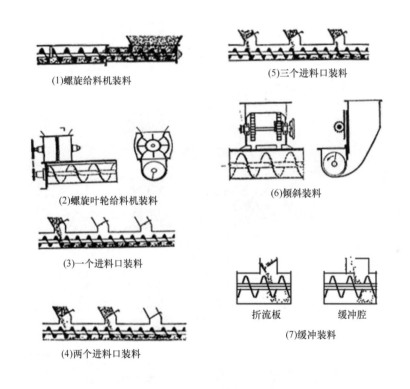

(1)螺旋给料机装料

(5)三个进料口装料

(2)螺旋叶轮给料机装料

(6)倾斜装料

(3)一个进料口装料

折流板　　缓冲腔

(7)缓冲装料

(4)两个进料口装料

图 4-14　螺旋输送机的进料设置

　　固定进料时，可采用装料设施可靠地调节螺旋输送机的进料量。装料设施可采用管状槽体的螺旋给料机，使物料在预定速度下从料仓中将物料输出，或采用旋转叶轮给料机，以一定的转速排出物料，其给料量由转速来确定。具有多点进料的螺旋输送机，必须有灵活可靠的进料调节装置。在给定时间里仅需打开一个进料口时，应限制闸门或开关装置在最大开度时不至于使输送机超载。当需要开启多个进料口同时进料时，必须小心地调节限制每一个进料口的流量，以使其总量不要超过输送机的设计能力。直接由固定贮仓装料的螺旋输送机，若没有流量调节装置，则大大地增加了超载的危险。由料仓、料斗向螺旋输送机自流进料时，要采用侧向进料闸阀，螺旋的旋转方向朝着开口处，

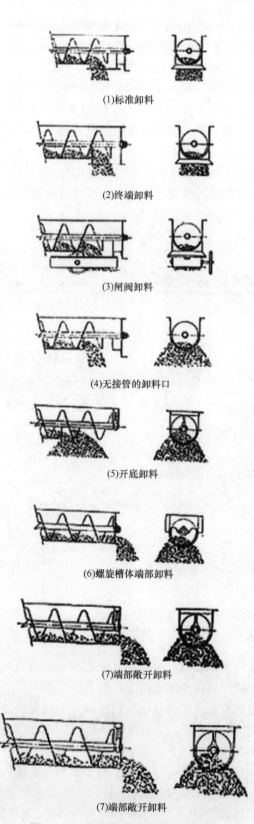

(1)标准卸料

(2)终端卸料

(3)闸阀卸料

(4)无接管的卸料口

(5)开底卸料

(6)螺旋槽体端部卸料

(7)端部敞开卸料

(7)端部敞开卸料

图4-15 螺旋输送机的卸料设置图

这样有助于确保物料流量的恒定。侧向进口闸阀非常适用于从长料仓的底部卸料。进料时由于物料块度或颗粒的惯性作用会产生冲击，有碰坏或磨损设备的可能，为此可在进口溜槽中安装折流挡板或缓冲腔来加以克服。

螺旋输送机的卸料设置如图 4 – 15 所示。

标准卸料是最广泛采用的卸料布置，采用标准卸料口来约束物料的卸出并直接将物料送入后续的设备或贮存装置。终端卸料的卸料口位于螺旋输送机槽体的最末端。闸板卸料采用手轮或链轮操纵的齿条及小齿轮平闸板，进行有选择地定量卸料，闸板的操作方向可与输送机的轴呈平行或垂直。无接管的卸料口是在输送机槽体底部直接开口。开底卸料是在输送机槽体的底部按任意要求的长度开口卸出物料，用于向料斗、料仓或料库堆垛中卸料及布料。槽体端部卸料是指物料直接通过输送机槽体端部的开口卸出，螺旋由局部端板支承，轴承安装在端部的法兰上，当输送机填充系数超过 0.45 时将不能采用这种卸料方法。端部敞开卸料时，输送机尾节螺旋采用标准的悬挂轴承支承。

采用标准卸料布置时，为防止物料满溢，可在延长槽体的 300mm 处或在最后卸料口前面开一个通过溜管将满溢出的物料收集至容器内，并在最后卸料口和槽体端部间装设一节与主螺旋呈相反方向的螺旋，以防止物料在最后卸料口前的堆积。新型的螺旋输送机在出料端处设清扫装置和余料自动清理装置，减少物料在槽体内的残留。

采用螺旋输送机输送食品时，必须保持清洁，避免污染。所有与食品接触的输送机零部件必须采用不锈钢材质制造，有些部件还要求磨光或抛光。一般螺旋输送机每操作一个周期后或当更换新的输送品种时，都需要进行清洗。因此，有些输送机槽体采用活底结构，其底板制作成铰接的形式，以便于更方便容易地卸下进行彻底清洗。

四、驱动装置

螺旋输送机的驱动装置由电动机、减速器及联轴器组成。水平螺旋输送机传动布置形式如图 4 – 16 所示。

垂直螺旋输送机驱动装置布置如图 4 – 17 所示。LS 型螺旋输送机的驱动装置一般有五种形式：第一种为 TY 型驱动装置，由 TY 型同轴式减速器和弹性柱销联轴器构成，功率范围为 0.55 ~ 45kW；第二种为 YY 型驱动装置，由 ZSY 型减速器、Y 系列电动机、弹性柱销联轴器和底座构成，最适用于 LS630 ~ 1250 螺旋输送机，功率范围为 7.5 ~ 75kW；第三种为 YJ 型驱动装置，由 Y 型电机与 ZQ 型减速器组成；第四种为 YTC 型驱动装置，由 YTC 型同轴式齿轮减速器与 Y 电机组成；第五种为 XWD 型驱动装置，由 XWD 型行星摆线针轮减速机组成。在选用时应同有关制造厂联系，因为五种驱动装置并非每一个制造厂都能配备。

对于功率较大的螺旋输送机，可通过液力偶合器传动，这样既可均匀地吸收物料量波动的影响，又可以保护电动机及设备瞬时超载及停机的影响。注意，对于所有暴露运转的部件要加装可拆卸的安全防护罩。

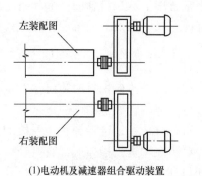

(1)电动机及减速器组合驱动装置

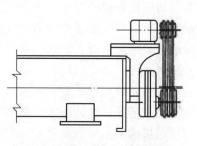

(2)电动机及轴装减速器组合驱动装置

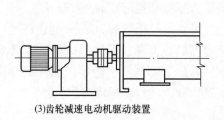

(3)齿轮减速电动机驱动装置

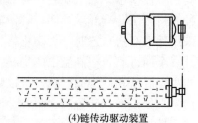

(4)链传动驱动装置

图4-16　水平螺旋输送机传动布置形式

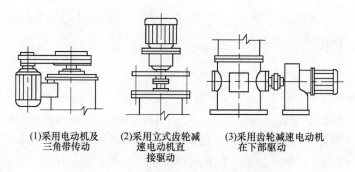

(1)采用电动机及　　　(2)采用立式齿轮减　　　(3)采用齿轮减速电动机
三角带传动　　　　　速电动机直　　　　　在下部驱动
　　　　　　　　　　接驱动

图4-17　垂直螺旋输送机驱动装置布置

第三节　水平螺旋输送机的工作过程及设计计算

一、 水平螺旋输送机工作原理

当螺旋体转动时，进入机槽的物料受到旋转叶片的法向推力，该推力的径向分量和叶片对物料的摩擦力将使物料绕轴转动；而物料的重力和机槽对物料的摩擦力又阻止物料绕轴转动。当螺旋叶片对物料法向推力的轴向分量克服了机槽对物料的摩擦力及法向推力的径向分量，物料不和螺旋一起旋转，只沿料槽向前运移。其情况犹如被持住不能转动的螺母在旋转的螺杆上作直线运动一样。但是物料颗粒在输送过程中，物料的运动由于受旋转螺旋的影响并非作单纯的直线运动，而是一个空间运动。

当螺旋面升角为 α 并在展开状态时，螺旋线用一条斜直线表示。则旋转螺旋面作用

于半径为 r（距螺旋轴线之距离）处的物料颗粒 A 上的力为 $P_合$。由于摩擦的原因，$P_合$ 之方向与螺旋线的法线方向偏离了 φ 角。此力可分解为切向分力 $P_切$ 和法向分力 $P_法$，螺旋面作用于物料颗粒上的力如图 4 – 18 所示。图中 φ 角是由物料对螺旋面的摩擦角 ρ 及螺旋表面粗糙程度决定的。对于一般冲压而成或经过很好加工的螺旋面，可以不考虑螺旋表面粗糙程度对 φ 角的影响，此时则认为 $\varphi \approx \rho$。

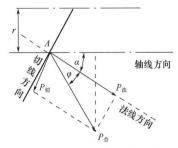

图 4 – 18　螺旋面作用于物料颗粒上的力分析图

物料颗粒 A 在 $P_合$ 作用下，在料槽中进行着一个复合运动，即具有圆周速度 $v_圆$ 和轴向速度 $v_轴$，其合成速度为 $v_合$，物料运动速度的分解如图 4 – 19 所示。

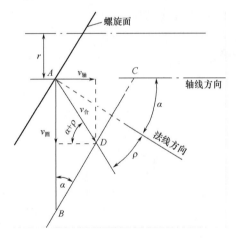

图 4 – 19　物料运动速度的分解图

若螺旋的转数为 n，处于螺旋面上的被研究物料颗粒 A 的运动速度，由图 4 – 19 中三角形 ABC 可得：

$$v_合 \cos\rho = AB\sin\alpha$$

因为
$$AB = \frac{2\pi rn}{60}$$

所以
$$v_合 = \frac{2\pi rn}{60} \cdot \frac{\sin\alpha}{\cos\rho} \tag{4-10}$$

圆周速度为

$$v_圆 = v_合 \sin(\alpha + \rho) = \frac{2\pi rn}{60} \cdot \frac{\sin(\alpha + \rho) \cdot \sin\alpha}{\cos\rho}$$

以摩擦因数 $\mu = \mathrm{tg}\rho$ 代入式（4 – 10）得：

圆周速度为

$$v_{圆} = \frac{2\pi rn}{60} \cdot \sin\alpha(\sin\alpha + \mu\cos\alpha) \qquad (4-11)$$

由于 $\mathrm{tg}\alpha = \dfrac{s}{2\pi r}$ 以及

$$\sin\alpha = \frac{\dfrac{s}{2\pi r}}{\sqrt{1 + (\dfrac{s}{2\pi r})^2}} \qquad (4-12)$$

$$\cos\alpha = \frac{1}{\sqrt{1 + (\dfrac{s}{2\pi r})^2}} \qquad (4-13)$$

因此，将式（4-12）或式（4-13）代入式（4-11）并经过换算后，便可求得物料颗粒的圆周速度计算公式（4-14）：

$$v_{圆} = \frac{sn}{60} \cdot \frac{\dfrac{s}{2\pi r} + \mu_{面}}{(\dfrac{s}{2\pi r})^2 + 1} \qquad (4-14)$$

式中　s——螺旋的螺距，m；

n——螺旋的转数，r/min；

r——所研究的物料颗粒离轴线的半径，m；

$\mu_{面}$——物料与螺旋面的摩擦因数 $\mu_{面} = \tan\rho$。

同样，可得物料颗粒的轴向输送速度的计算公式（4-15）：

$$v_{轴} = \frac{sn}{60} \cdot \frac{1 - \mu_{面}\dfrac{s}{2\pi r}}{(\dfrac{s}{2\pi r})^2 + 1} \qquad (4-15)$$

速度 $v_{圆}$ 和 $v_{轴}$ 随半径而变化的曲线如图 4-20 所示，显示出几种不同螺距的速度 $v_{圆}$ 和 $v_{轴}$ 随半径而变化的曲线图。由图中可知，对于处于直线 $OB_1B_2B_3m$ 以右的 r 值的直母线螺旋面上的被输送物料，其圆周速度 $v_{圆}$ 在半径长度范围内并不是常数。靠近螺旋轴的物料之圆周速度要比外层大，但该处的轴向输送速度却显著降低，所以使内层的物料较快地绕轴进行转动，这就产生了一个附加料流。但在靠近螺旋外侧的物料，其轴向输送速度要大于圆周速度。图中还显示，

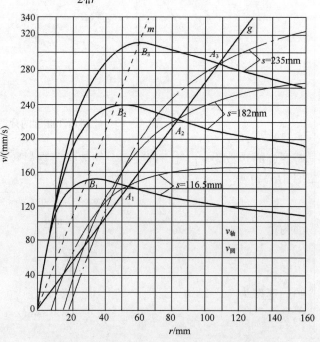

图 4-20　速度 $v_{圆}$ 和 $v_{轴}$ 随半径而变化的曲线图

（$n = 100\mathrm{r/min}$，$\mu = 0.477$）

螺距的大小将影响速度各分量的分布。当螺距增加时，虽然轴向输送速度增大，但是会出现圆周速度不恰当的分布情况；相反，当螺距较小时，速度各分量的分布情况较好，但是轴向输送速度却较小。因此，螺距的选择应建立在使物料颗粒具有最合理的速度各分量间的关系的基础上，亦即应使物料颗粒具有尽可能大的轴向输送速度，同时又使螺旋面上各点的轴向输送速度大于圆周速度。

　　为了避免直母线螺旋面的上述问题，而又能获得物料的最大轴向速度，弯曲母线螺旋面的形状及其速度曲线如图 4 – 21 所示，这种螺旋面在靠近螺旋轴处的升角为正 α，而在靠近槽壁处的升角为负 α。这样在靠近螺旋轴的区域处将具有指向槽壁的径向速度，增加了内层物料对外层物料的压力和摩擦力，致使螺旋轴附近的附加料流适当地减小。但在靠近槽壁处，由于具有升角负 α 的螺旋面，亦具有指向螺旋轴线的圆周速度，则使该处物料对料槽槽壁的压力降低，乃至消除，从而减弱或避免了由此而引起的能量消耗和物料轴向输送速度的降低。

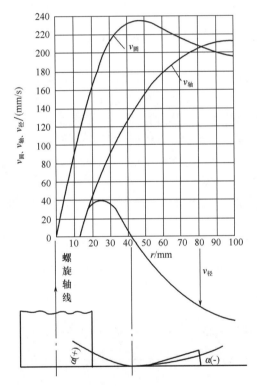

图 4 – 21　弯曲母线螺旋面的形状及其速度曲线图

　　水平螺旋输送机工作时，物料在机槽底部并偏向转动方向的一侧，该物料面与水平面形成的夹角 φ_d 为物料的倒塌角，物料在料槽中的倒塌角如图 4 – 22 所示。在此面上物料处于力的平衡，当物料面转角 $\varphi > \varphi_d$ 时，物料沿倒塌面下滑，倒塌下来的物料一部分不断翻起再落下，一部分越过轴并落到轴的另一侧，即下一个螺距中，形成附加料流。因此，当输送机工作时，应使物料面的转角不大于物料的倒塌角，即式（4 – 16）。

$$\varphi < \varphi_d = 0.7\varphi_0 \tag{4 – 16}$$

式中　φ_0——物料在静止状态时的内摩擦角，°；

φ_d——螺旋输送机稳定工作时物料面形成的倒塌角,°;

φ——物料面的转角,°。

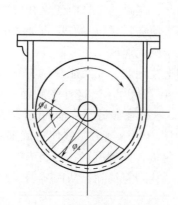

图 4 - 22　物料在料槽中的倒塌角图

在螺旋输送机工作过程中，物料面的转角与装满系数即进料量、螺距大小及螺旋面的型式等因素有关。

螺旋输送机工作时，机槽中物料的填充系数 ψ（即进料量）影响输送过程和能量消耗。不同填充系数时物料层堆积情况及其滑移面如图 4 - 23 所示，是输送卵石时，对于不同填充系数的物料层堆积的情况及其滑移面。当装满系数较小时（即 $\psi = 5\%$），物料堆集的高度低矮且大部分靠近槽壁而具有较低的圆周速度，物料运动的滑移面几乎平行于输送方向，如图 4 - 23（1）所示。物料颗粒在轴向的运动要比圆周方向显著得多。所以，这时垂直于输送方向的附加料流很少，单位能量消耗也较低。但是，当填充系数提高（$\psi = 13\%$ 或 $\psi = 40\%$）时，则物料运动的滑移面将变陡，如图 4 - 23（2）、（3）所示。此时，物料在圆周方向的运动加强，在输送方向的运动减弱，附加料流增大，导致输送速度的降低和附加能量的消耗。因而，对于水平螺旋输送机来说，物料的填充系数并不能无限增加，一般取填充系数 $\psi < 45\%$。各种散粒物料的填充系数可参考表 4 - 2。

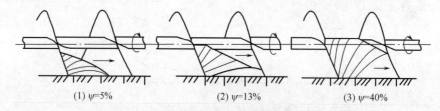

(1) $\psi = 5\%$　　(2) $\psi = 13\%$　　(3) $\psi = 40\%$

图 4 - 23　不同填充系数时物料层堆积情况及其滑移面

水平螺旋输送机的填充系数 ψ（即进料量）主要与被输送物料的性质有关，一般取 $\psi < 45\%$。输送细粉、易流动且没有磨琢性或有轻微磨琢性的散状固体物料时（如面粉、谷物等），填充系数可达 0.45；输送易于黏结的物料或具有中等程度磨琢性的细粒或小块，填充系数限制在 0.3 左右；对于磨琢性极大的物料（如矿石等），填充系数只能取 0.15 左右。

螺距的大小也直接影响物料的输送过程，如果填充系数不变，当螺距不同时，物料的滑移面也随之改变。如果改变了填充系数，则必导致物料运动速度分布的变化。所以，应从考虑螺旋面与物料的摩擦关系以及速度各分量间的适当分布关系等两个条件，来确定最合理的螺距尺寸。

从图 4-18 可得出物料颗粒 A 所受螺旋面在轴向方向上的作用力为式（4-17）。

$$P_{轴} = P_{合}\cos(\alpha + \rho) \tag{4-17}$$

为了使 $P_{轴} > 0$，则必须满足式（4-18）。

$$\alpha < \frac{\pi}{2} - \rho \tag{4-18}$$

根据前面的讨论得知，最小的半径 $r = d/2$（其中 d 为螺旋轴的直径）处所求得的螺旋升角 α 是最大的，则轴向输送方向的作用力 $P_{轴}$ 最小。根据这个条件，最大的许用螺距值应由式（4-19）求得：

$$s_{\max} \leqslant \pi d \tan\left(\frac{\pi}{2} - \rho\right)$$

$$s_{\max} \leqslant \frac{\pi d}{\mu_{面}} \tag{4-19}$$

若以 $k_1 = d/D$（D 为螺旋的外径）代入上式，则得式（4-20）。

$$s_{\max} \leqslant \frac{\pi k_1 D}{\mu_{面}} \tag{4-20}$$

确定最大的许用螺距时，必须满足的第二个条件是建立在使物料颗粒具有最合理的速度各分量间的关系的基础上。亦即应使物料颗粒具有尽可能大的轴向输送速度，同时又使螺旋面上各点的轴向输送速度大于圆周速度，如图 4-20 所示。螺距的大小将影响速度各分量的分布。当螺距增加时，虽然轴向输送速度增大，但是会出现圆周速度不恰当的分布情况；相反，当螺距较小时，速度各分量的分布情况较好，但是轴向输送速度却较小。于是，根据在螺旋圆周处的 $v_{圆} \leqslant v_{轴}$ 的条件，并利用公式（4-14）及式（4-15）可得式（4-21）。

$$\frac{sn}{60} \cdot \frac{\frac{s}{2\pi r} + \mu_{面}}{\left(\frac{s}{2\pi r}\right)^2 + 1} \leqslant \frac{sn}{60} \cdot \frac{1 - \mu_{面}\frac{s}{2\pi r}}{\left(\frac{s}{2\pi r}\right)^2 + 1}$$

$$s \leqslant 2\pi r \frac{1 - \mu_{面}}{1 + \mu_{面}} = \tan\left(\frac{\pi}{4} - \rho\right) \cdot 2\pi r$$

又因为此时 $2r = D$（螺旋圆周处），故得求螺距的第二个条件为式（4-21）。

$$s \leqslant \tan\left(\frac{\pi}{4} - \rho\right) \pi D \tag{4-21}$$

分析了装满系数及螺距对物料输送过程的影响后，可以指出：对于较大的装满系数，应取较小的螺距值；反之，对于较小的装满系数，螺距可偏于取大值。

如前述知，在螺旋面同一母线上各点的升角 α 不同——叶片外缘点处升角 $\alpha_{外}$ 最小，向内升角逐渐增大，至叶片内缘点处即靠近螺旋轴处的升角 $\alpha_{内}$ 最大。由此得知，螺旋叶片同一母线上各点处物料的转角 φ 并不相同，叶片外缘处的转角最小，向内转角逐渐增大，至靠近轴处其值达到最大。而物料的倒塌角 φ_d 则是个定值，因此造成了叶片外缘处物料转角低于其倒塌角，内缘处物料转角高于其倒塌角，这样，当该螺旋输送机工作时，靠近轴处的物料不断地翻起再落下，有一部分物料越过轴并落入轴的另一侧，形成附加料流，从而降低了输送效率，增加了动力消耗。螺旋叶片的螺距越大，螺旋面同一母线上各点升角 α 的差别越大，各点处物料转角 φ 的差别越大，在较大的半径范围内物料转角大于其倒塌角，形成更多的附加料流。从螺距对物料输送速度各分量分布的影响也可知，螺距增大，在靠近螺旋轴处物料的 $v_圆$ 显著增加，且在较大的半径范围内 $v_圆 > v_轴$，使较多物料的转角大于其倒塌角，形成更多的附加料流。

螺旋输送机的容积生产率的关系如图 4 - 24（1）所示，给出了水平螺旋输送机的容积生产率 V 与螺旋轴直径 d、物料与螺旋叶片摩擦因数 $\tan\varphi_1$ 间的关系。该图是在螺旋直径 D 保持不变时，$s/D = 1$ 的情况下绘制的。由图可知，水平螺旋输送机的容积生产率是随螺旋轴直径 d 及物料与叶片间的摩擦因数 $f_1 = \tan\varphi_1$ 的增大而下降的。而图 4 - 24（2）则给出了水平螺旋输送机的容积生产率与 s/D 的比值及物料与螺旋叶片间的摩擦因数的关系。由图可知，s/D 比值的适宜范围是 $0.8 \sim 1.25$，在此范围之外，生产率则明显下降；此外，物料与螺旋叶片间摩擦因数的大小对产量也有较大的影响，特别是当 s/D 的比值较大时，随着 $f_1 = \tan\varphi_1$ 的增大，产量下降的很厉害。例如，当 $s/D = 2.4$ 时，若 $f_1 = 0.3$，则 $V = 950\text{cm}^3$；若 $f_1 = 0.9$，则 $V = 0$，即此时物料只随螺旋叶片转动而其轴向运动停止。因此，除适宜选择 s/D 比值外，还应恰当地选择螺旋叶片的材料及其光滑程度，以尽量减小物料与螺旋叶片间的摩擦因数。

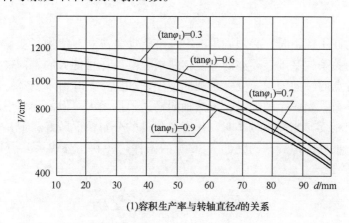

(1)容积生产率与转轴直径 d 的关系

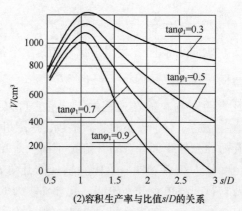

(2)容积生产率与比值 s/D 的关系

图 4 - 24　螺旋输送机的容积生产率的关系图表

通过试验得知，螺旋在一定的转数内，对物料颗粒运动的影响并不显著。但是当超过一定的转数时，物料受到过大的切向力而被抛起，开始产生垂直于输送方向的径向跳跃，从而对输送过程产生不利影响。因此，螺旋的最大许用转数应根据被输送物料的最低跳跃高度来确定。但是，由于至今尚缺乏有关各种物料的许用最低跳跃高度的资料，因此，在实用计算中，用下列经验公式确定螺旋的最大许用转数：

$$n_{max} = \frac{A}{\sqrt{D}} \qquad (4-22)$$

式中　D——螺旋直径，m；

　　　A——物料特性系数，由表 4-1 查出。

表 4-1　　　　　　　　　　　　各种散拉物料的特性系数

物料名称	推荐填充系数 ψ	A 值
面粉	0.30 ~ 0.40	40
小麦	0.30 ~ 0.40	65
稻谷	0.30 ~ 0.40	60
麸皮、米糠、胚片	0.20 ~ 0.35	40 ~ 50
棉籽	0.30 ~ 0.35	55
葵花籽	0.25 ~ 0.30	50
菜籽、芝麻	0.25 ~ 0.35	45
碎油饼	0.25 ~ 0.30	40
大豆、花生仁、蓖麻	0.20 ~ 0.30	45

从式（4-22）可知，螺旋的最大许用转数是螺旋输送机直径的函数，同时也和输送物料性质及填充系数有关。在满足输送量要求的情况下，应选用较低的转速，以减小物料对螺旋叶片及机壳磨损，延长使用寿命。

二、水平螺旋输送机设计计算

1. 生产率计算

水平螺旋输送机的生产率可按式（4-23）计算：

$$Q = 3600Fv\gamma \qquad (4-23)$$

式中　F——机槽内物料的横断面积，m^2；

　　　v——被输送物料的轴向输送速度，m/s；

　　　γ——物料的容重，t/m^3。

机槽内物料的横断面积按式（4-24）进行计算：

$$F = \frac{\pi D^2}{4}\psi\beta_0 K_1 \qquad (4-24)$$

式中　D——螺旋直径，m；

　　　ψ——机槽的填充系数，各种散拉物料的特性系数如表 4-1 所示；

　　　β_0——倾斜布置的输送机对 F 的修正系数，倾斜修正系数如表 4-2 所示；

　　　K_1——螺旋叶片的形式对输送量的影响系数，倾斜修正系数如表 4-2 所示。

油脂工厂物料输送

表 4 – 2 倾斜修正系数

输送机的倾斜角度/°	β_0	叶片型式	K_1
5	0.9	满面式	1.0
10	0.8	齿式	0.8
15	0.7	带式	0.7
20	0.65	桨式	0.5

被输送物料的轴向输送速度 v，一般用式（4 – 25）表示：

$$v = \frac{sn}{60} \tag{4 – 25}$$

式中 s——螺距，m；

       n——螺旋转速，r/min。$n \leqslant n_{max}$。

将 F、v 的各关系式代入式（4 – 23）中，则得式（4 – 26）：

$$Q = 47D^2 sn\psi\gamma\beta_0 K_1 \tag{4 – 26}$$

2. 螺旋直径 D 和转速 n 的计算

对于已知使用条件时，设计或选择螺旋输送机需确定的两个重要因素是螺旋的规格及其转速。

螺旋直径的计算，一般是在已知输送量 Q 的条件下，根据生产率计算公式预算出所需螺旋的直径 D，然后在确定其它数值后再进行验算。

需注意的是，当输送较大粒度的硬块物料时，必须选用比输送能力所要求大一些的螺旋直径。根据 JB/T 7679—2008《螺旋输送机》的规定，螺旋输送机最小螺旋直径取决于输送物料的生产率及散料粒度的大小，对块状物料，螺旋直径 D 至少应为颗粒最大边长 a_{max} 的 10 倍，如果大颗粒的含量少时，也允许选用较小的螺旋直径，但至少 $D \geqslant a_{max}$。但如果物料的块度是软的、易碎的，螺旋直径将不受限制。如果根据输送物料的粒度需要选择较大的螺旋直径，则在维持输送量不变的情况下，可以选择较低的螺旋轴转速，以便延长其寿命。

螺旋输送机的转速应根据输送量、螺旋直径和物料的特性确定。螺旋转速在满足输送量的情况下不宜选得过高，更不能超过最大许用转速，螺旋转速应为：

$$n \leqslant n_{max} = \frac{A}{\sqrt{D}} \tag{4 – 27}$$

将式（4 – 26）代入式（4 – 27），并令 $b = s/D$，得式（4 – 28）：

$$Q \leqslant 47D^{2.5} bA\psi\gamma\beta_0 K_1$$

$$D \geqslant \frac{Q}{47bA\psi\gamma\beta_0 K_1} \tag{4 – 28}$$

按式（4 – 28）计算的 D 值应圆整为系列标准值，如表 4 – 1 所示。

螺旋的转速按式（4 – 29）计算：

$$n = \frac{Q}{47D^2 s\psi\gamma\beta_0 K_1} \tag{4 – 29}$$

求出的值代入式（4 – 21）验算，最后圆整为系列推荐值，如表 4 – 1 所示。

螺旋直径 D 和转速 n 圆整后，最后验算其填充系数按式（4 – 30）进行计算。

$$\psi = \frac{Q}{47D^2 nS\gamma\beta_0 K_1} \tag{4-30}$$

如按式（4-30）计算的 ψ 值在表4-3的推荐值范围内，则 D、n 值圆整得合适。装满系数 ψ 值允许低于推荐值下限，但不得高于推荐值上限。如 ψ 高于推荐值上限，则应加大螺旋体直径，若 ψ 值低于推荐值下限，则可降低螺旋转速以延长螺旋输送机的使用寿命。

按照 JB/T 7679—2008《螺旋输送机》，水平螺旋输送机基的结构如图4-25所示，水平螺旋输送机基本参数与尺寸如表4-3所示。

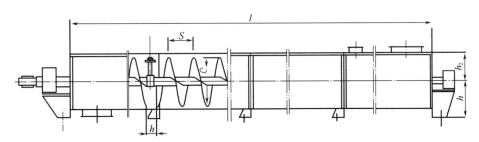

图 4-25　水平螺旋输送机基本结构图

表 4-3　　　　　　　　　　　　水平螺旋输送机基本参数与尺寸

型号	螺旋公称直径 D/mm	螺距 s/mm	尺寸				名义主轴转速/ (r/min)			
			h/mm	h_1/mm	b/mm	L/mm				
LS100	100	100	140	63	45		140	112	90	71
LS125	125	125	160	75	45	3500~4000	125	100	80	63
LS160	160	160	180	90	55		112	90	71	56
LS200	200	200	200	112	60		100	80	63	50
LS250	250	250	250	140	70		90	71	56	45
LS315	315	315	280	180	90	4000~80000	80	63	50	40
LS400	400	355	355	224	100		71	56	45	36
LS500	500	400	400	280	110		63	50	40	32
LS630	630	450	500	355	130	5500~80000	50	40	32	25
LS800	800	500	630	450	150		40	32	25	20
LS1000	1000	560	710	560	160	6000~60000	32	25	20	16
LS1250	1250	630	800	710	170		25	20	16	13

注：螺旋输送机长度 L 是从最小长度按500mm一档增加。

3. 驱动功率的计算

螺旋输送机所需功率主要取决于被输送物料的性质、输送机的长度及速度。螺旋输送机的总功率是在规定的速度下移动物料所需功率和克服输送机运动部件摩擦阻力所需功率的总和。

水平螺旋输送机的驱动功率决定于物料在输送过程中为克服各种阻力所消耗的能量及附加料流所消耗的能量。这些阻力包括：物料与机槽、螺旋叶片之间的摩擦阻力；物料颗粒间的摩擦力和被搅拌、挤碎所产生的阻力；轴承和传动装置中的阻力以及物料在倾斜向上输送时其能量增加的直接阻力等。上述诸项能耗中，有的计算繁杂，有的则无法用数学方法进行计算，因而在生产中常按经验公式（4 – 31）和式（4 – 32）进行计算：

$$N_{轴} = \frac{Q}{367}(L_{平}\omega_0 \pm H) \qquad (4 – 31)$$

$$N_{电} = K\frac{N_{轴}}{\eta_{总}} \qquad (4 – 32)$$

式中　$N_{轴}$——慢速螺旋输送机所需轴功率，kW；

　　　$N_{电}$——慢速螺旋输送机所需电机功率，kW；

　　　Q——生产率，t/h；

　　　$L_{平}$——输送机水平投影长度，m；

　　　H——倾斜输送时物料的提升高度，m，向上输送取"＋"号，向下输送取"－"号；

　　　ω_0——物料的总阻力系数，对于谷物、油料及其加工产品，$\omega_0 = 1.2 \sim 1.3$；

　　　K——功率储备系数，一般为 $1.2 \sim 1.4$；

　　　$\eta_{总}$——传动装置的总效率，一般取 $0.9 \sim 0.94$。

第四节　垂直螺旋输送机的工作过程及设计计算

一、垂直螺旋输送机工作原理及工作过程

（一）垂直螺旋输送机中物料运动分析

首先对进入垂直螺旋输送机中位于螺旋叶片表面上的单一料粒的运动情况进行分析。

（1）位于不转动螺旋面上的料粒所受作用力。重力 $G = mg$；螺旋面的支反力 N；螺旋面对料粒的摩擦力 $F_{叶} = Nf_{叶}$。当 $F_{叶} < G \cdot \sin\alpha$ 时，料粒将沿叶片下滑。为阻止料粒下滑，可以采取增大 $f_{叶}$ 或降低叶片升角 α 和改变进料方式三种方式。当螺旋面的材料一定时，若降低螺旋叶片的升角 α，势必造成生产量 Q 的降低，不能满足生产要求，因此生产中采取改变进料方式的措施，即将垂直螺旋输送机的尾端直接插入料堆喂料或使用水平螺旋输送机强制进料。

（2）当螺旋体以角速度 ω 旋转时，螺旋面上的料粒所受作用力。重力 G；螺旋面支反力 N；螺旋面对料粒的摩擦力 $F_{叶}$；惯性离心力 $C = m\omega^2 R$。当螺旋转速 ω 不同时，将出现下列三种情况：

当螺旋体转速不高（即 ω 不大）时，作用于料粒上的惯性离心力 C 小于叶片表面与物料之间的摩擦力，这时物料将随螺旋叶片一道旋转，既不会靠拢机筒壁，也不可能向上推送；

当螺旋体转速增加时，作用于料粒上的惯性离心力 C 增大。当作用于料粒上的惯性离心力大于螺旋叶片表面与物料之间的摩擦力时，物料将向螺旋叶片边缘滑动，最后压向机筒内壁。这时物料与机筒内壁的摩擦力 $F_壳 = m\omega^2 R f_壳$，但如果物料与机筒内壁之间的摩擦力不足以克服物料与螺旋叶片表面的摩擦力以及由料粒重力引起的沿螺旋面下滑的分力时，料粒也将与螺旋一道旋转，因而也不能向上推送。

当螺旋体转速足够高时，作用于料粒上的惯性离心力大大增加，致使物料与机筒内壁之间的摩擦力在 α 斜面上的分力足以克服料粒与螺旋面的摩擦力以及料粒重力在 α 斜面上的分力，此时料粒以低于螺旋轴转速且沿着与螺旋体旋向相反的螺旋形轨迹上升。

再对垂直螺旋输送机中散粒体物料（即颗粒群）的运动情况分析。

当物料均匀地加入垂直螺旋输送机时，由于螺旋体的高速旋转，使物料受到较大的离心力的作用，向机筒内壁移动，物料的不断加入，又使物料在机壳内围绕着螺旋轴形成若干个同心圆层，物料层间较大的内摩擦力使物料群成为一个整体，当物料群压向机筒内壁时，作用于机筒内壁的压力增加，与机筒内壁产生较大的摩擦力，由于该摩擦力作用的结果，使靠近机筒内壁处的物料减速，并与螺旋体产生相对运动，沿着自己的螺旋线轨迹向上运移。同时，由于物料层间内摩擦力的作用又带动物料层一起向上移动。

由上可知，快速螺旋输送机与慢速螺旋输送机的输送原理是不相同的。在慢速螺旋输送机中阻止物料随叶片旋转的力是物料的重力和机槽对物料的摩擦阻力。在快速垂直螺旋输送机中阻止物料随叶片旋转的力是物料与机筒内壁间的摩擦力，该力由物料所受的离心力产生。所以，物料能在垂直螺旋输送机中被输送的根本原因是螺旋体应具有足够高的转速。

（二）螺旋体临界转速的确定

所谓临界转速就是当物料开始垂直向上运移时的螺旋体转速。

当螺旋体具有临界转速时，作用于螺旋面与机筒壁接触处的单一料粒上的力有，在极限情况下作用于物料颗粒上的力如图 4 - 26 所示。

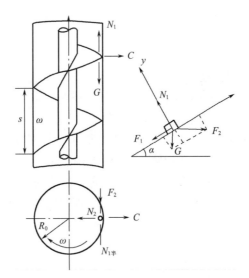

图 4 - 26 在极限情况下作用于物料颗粒上的受力图

（1）物料颗粒的重力 $G = mg$，其方向垂直向下；

（2）物料颗粒的离心力 C，其方向沿机筒内壁向外；

（3）物料颗粒与叶片表面的摩擦力 $F_1 = f_{叶}N_1$，其方向与物料相对速度方向相反，因为物料运动的趋势是沿叶片表面向上，故 F_1 沿螺旋面向下；

（4）叶片对料粒的支反力 N_1，其方向与螺旋面垂直；

（5）机筒内壁对料粒的摩擦力 $F_2 = f_{壳}N_2$，其方向与物料的绝对速度方向相反。在物料上升的临界状态时，物料升角 $r = 0$；

（6）机筒对料粒的支反力 $N_2 = C$。

在极限情况下，这些力应处于平衡状态，即：

$$F_2\cos\alpha = G\sin\alpha + F_1$$
$$N_1 = G\cos\alpha + F_2\sin\alpha$$

代入已知值，解得：

$$\omega_L^2 = \frac{g}{f_{壳}R}\tan(\alpha + \varphi_{叶})$$

故临界转速 n_L 为式（4-33）

$$n_L = \frac{30}{\pi}\sqrt{\frac{g}{f_{壳}R}\tan(\alpha + \varphi_{叶})} \tag{4-33}$$

或近似为

$$n_L = 30\sqrt{\frac{\tan(\alpha + \varphi_{叶})}{f_{壳}R}} \tag{4-34}$$

式中　$f_{壳}$——物料与机筒内壁间的摩擦因数；

　　　$\varphi_{叶}$——物料与螺旋叶片间的摩擦角，°；

　　　R——螺旋体外径，m；

　　　α——螺旋叶片的外侧升角，°。

由此可知：当 $\alpha + \varphi_{叶} = 90°$ 时，$n_L = \infty$。但此时转速是不可能达到的，因此应使 $\alpha + \varphi_{叶} < 90°$（即 $\alpha < 90° - \varphi_{叶}$）。亦即 $\tan\alpha < \tan(90° - \varphi_{叶}) = 1/\tan\varphi_{叶} = 1/f_{叶}$。又因为 $\tan\alpha = s/\pi D$，因此螺距 s 与直径 D 的比值必须满足 $s/D < \pi/f_{叶}$。$f_{叶}$ 趋近于 0 时，n 将趋于无穷大，所以采用过于光滑的机筒内壁是不恰当的。

（三）物料的垂直上升速度 $v_{上}$（即输送速度）

如果螺旋转速 n 超过临界转速 n_L，则螺旋的圆周速度将超过物料颗粒所能具有的在极限情况下的圆周速度，于是，在螺旋叶片与物料之间产生相对速度，其方向与螺旋转动方向相反，此时，物料颗粒开始以升角 γ 向上输送，物料颗粒的合成速度如图 4-27 所示。图中物料的牵引速度 $v_{牵}$ 为螺旋体外径处的圆周速度，其方向沿水平方向；相对速度 $v_{相}$ 为物料沿叶片滑动的速度，方向沿螺旋面向上。此时物料颗粒的绝对速度为 $v_{绝}$，它与水平面之间的夹角 γ 称为物料升角。根据正弦定理推得式（4-35）：

$$v_{绝} = v_{牵}\frac{\sin\alpha}{\sin(\alpha + \gamma)} \tag{4-35}$$

物料的垂直上升速度为式（4-36）：

$$v_{上} = v_{绝}\sin\gamma = v_{牵}\frac{\sin\alpha \cdot \sin\gamma}{\sin(\alpha + \gamma)} \tag{4-36}$$

物料的圆周速度 v_k 为式（4-37）：

$$v_k = v_{牵} - v_{相}\cos\alpha \tag{4-37}$$

绝对速度 $v_{绝}$ 的方向角为式（4-38）：

$$\gamma = \sin^{-1}\frac{v_{相}\sin\alpha}{v_{绝}} \tag{4-38}$$

由式（4-38）可知，此时物料颗粒的圆周速度 v_k 小于螺旋的圆周速度。物料颗粒不是围绕螺旋轴线作平面圆周运动，而是沿着升角 γ 作半径为 R 的螺旋线运动，该螺旋线的曲率半径 R_0 为式（4-39）：

$$R_0 = \frac{R}{\cos^2\gamma} \tag{4-39}$$

处在与机筒内壁接触处的物料颗粒，作稳定的等速输送运动时，作用在其上的离心力为式（4-40）：

$$C = \frac{mv_{绝}^2}{R_0} = \frac{mv_{绝}^2\cos^2\gamma}{R} \tag{4-40}$$

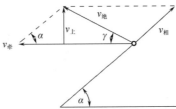

图4-27 物料颗粒的合成速度图

由上述分析可知，当螺旋转数提高时，离心力 C 及由离心力在机筒内壁上所产生的摩擦力 $Cf_{壳}$ 也增大。然而，对一定的物料颗粒来说，螺旋面对它的作用力 N_1 的方向总是不变的。亦即是由物料颗粒重量 mg 及摩擦力 $Cf_{壳}$ 合成力的方向总是一定的。因此，角 γ 亦将随转数的提高而增大。但是，最终的力 $Cf_{壳}$ 亦只能在力 N_1 的方向之内。所以，最大的角 γ 值只能为式（4-41）：

$$\gamma_{max} = 90° - (\alpha + \varphi_{叶}) \tag{4-41}$$

螺旋体的实际转速 n 为：

$$
\begin{aligned}
n &= \frac{30\,\sin(\alpha+\gamma)}{\pi R\sin\alpha\cdot\sin\gamma}\sqrt{\frac{Rg\sin(\alpha+\varphi_{叶})}{f_{壳}\cos(\alpha+\varphi_{叶}+\gamma)}}\\
&= \frac{30}{\pi}(1+\tan\gamma\cot\alpha)\sqrt{\frac{g\sin(\alpha+\varphi_{叶})}{R\cdot f_{壳}\cos(\alpha+\varphi_{叶}+\gamma)}} \tag{4-42}
\end{aligned}
$$

式（4-42）表明物料升角为 γ 时，所需螺旋轴的转速 n 的计算式。

物料与螺旋叶片摩擦角 $\varphi_{叶}$ 及物料升角 γ 都与螺旋输送机效率 η 有关。对于某一定的物料，即 $\varphi_{叶}$ 为一定值，η 与 γ、$\varphi_{叶}$ 的关系如图4-28所示，可以从中找出效率 η 最高的 γ 角，并由此按式（4-39）计算出螺旋体的工作转速。

螺旋输送机效率 η 在选取 γ 时可从图4-28中查得，或按式（4-43）求得：

$$\eta = \frac{\tan\gamma\sin\alpha\cos(\alpha+\varphi_{叶}+\gamma)}{\sin(\alpha+\gamma)\sin(\alpha+\varphi_{叶})} \tag{4-43}$$

由式（4-43）可知，垂直螺旋输送机效率 η 与 α、$\varphi_{叶}$、γ 有关。实验证明，当物料与螺旋叶片的摩擦角 $\varphi_{叶} = 20°$，物料升角 $\gamma = 20° \sim 30°$，螺旋叶片升角 $\alpha = 10° \sim 20°$

时，垂直螺旋输送机的效率最高，可达17%，其余83%的能量则全部消耗于克服各种摩擦阻力，这就是垂直螺旋输送机动力消耗大的原因（图4-28）。

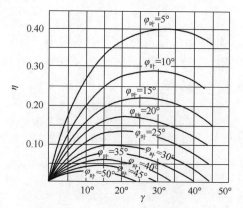

图4-28　η 与 γ、$\varphi_{叶}$ 的关系图

垂直螺旋输送机的动力消耗较大，而输送物料与螺旋叶片的摩擦角 $\varphi_{叶}$ 又是一定值，因此，合理地选择螺旋升角 α 与物料升角 γ，则是一个十分重要的问题。实验证明，当机筒中最外层和最内层物料处的螺旋升角的算术平均值 $\alpha_{平}$ 为15°左右时，对不同的物料外摩擦角 $\varphi_{叶}$ 都可取得较高的机械效率。因此，在设计垂直螺旋输送机时，螺距与螺旋直径的比值 s/D 取 $0.6 \sim 0.7$、装满系数 ψ 取 $0.3 \sim 0.5$ 是比较适宜的。

近年来，由于供料方式的改进，垂直螺旋输送机的装满系数 ψ 值有了很大提高，而且出现了对转机头，即机筒与螺旋反向旋转，机筒下端装有喂料翼板，使输送机的装满系数 ψ 高达 $70\% \sim 90\%$，甚至可达90%以上。当螺旋转速和机筒以一定的转速匹配时，甚至可以观察到物料并无旋转运动而只有垂直上升运动。这种快速垂直螺旋输送机的工作原理不能再用单一颗粒受到离心惯性力的作用来加以说明，而应对整个物料柱的运动进行分析。

二、 垂直螺旋输送机设计计算

1. 生产率计算

垂直螺旋输送机的生产率可按式（4-44）计算：

$$Q = 3600 \frac{\pi(D^2 - d^2)}{4} v_{上} \psi \gamma = 2827(1 - \varepsilon^2) D^2 v_{上} \psi \gamma \qquad (4-44)$$

式中　D——螺旋叶片外径，m；

　　　d——螺旋轴直径，m；

　　　ε——为 $d/D = 0.2 \sim 0.35$；

　　　ψ——填充系数，垂直使用时取 $\psi = 0.3 \sim 0.5$；倾斜使用时取 $\psi = 0.5 \sim 0.7$；转速较高时取较大值；

　　　γ——物料容重，t/m^3；

　　　$v_{上}$——物料上升速度，m/s。

将有关参数代入式并经整理得式（4-45）：

$$Q = 6261(1 - \varepsilon^2) D^{2.5} \psi \gamma \tan\gamma \sqrt{\frac{\sin(\alpha + \varphi_{叶})}{f_{壳}\cos(\alpha + \varphi_{叶} + \gamma)}} \qquad (4-45)$$

2. 垂直螺旋输送机的简化计算

垂直螺旋输送机物料输送量的计算比较复杂，为了简化计算，可采用以下两种近似计算公式。

（1）采用水平螺旋输送机的计算公式（适当改变某些参数）

$$Q = 47D^2 sn\psi\gamma C \tag{4-46}$$

式中　D——螺旋叶片的直径，m；

　　　s——螺旋叶片的螺距，m，取 $S = (0.6 \sim 0.7)D$；

　　　n——螺旋轴转速，r/min；

　　　γ——物料容重，t/m³；

　　　ψ——填充系数，垂直使用时取 $\psi = 0.3 \sim 0.5$；倾斜使用时取 $\psi = 0.5 \sim 0.7$；转速较高时取较大值；

　　　C——倾斜及垂直布置时的修正系数。垂直螺旋输送机倾斜及垂直布置时的修正系数如表 4-4 所示。

表 4-4　　　　　　　　　垂直螺旋输送机倾斜及垂直布置时的修正系数

使用角度/°	15	20	30	40	45	50	60	70	80	90
修正系数 C	0.90	0.87	0.80	0.73	0.70	0.67	0.60	0.53	0.47	0.40

垂直螺旋输送机在选定螺旋直径和螺距后，还应该验算螺旋叶片靠近轴处的升角是否符合 $\alpha_{内} = \tan^{-1}(s/\pi d)$，其转速是否大于临界转速。螺旋轴转速 n 必须大于临界转速 n_L。其工作转速实际上要比计算的临界转速大一倍或一倍以上。一般情况下要根据输送某种物料使之稳定运行来确定。在稳定运行并满足输送量要求的情况下，选用较低转速可减少物料对螺旋叶片及机壳的磨损，以延长输送机的寿命。垂直螺旋输送的转速一般都在 200 r/min 以上，实践证明最佳转速为 $450 \sim 600$r/min，如果达到 700r/min 以上，垂直螺旋输送机的单位电耗将大大增加。根据选定的螺旋直径计算的输送量若不能满足要求时，则需选用较大的螺旋直径或适当提高螺旋体转速。

（2）采用更为简化的近似公式计算

① 生产率的计算

$$Q = 18.84 D^3 n\psi\gamma \tag{4-47}$$

式中　D——螺旋叶片的直径，m；

　　　n——螺旋轴转速，r/min；

　　　γ——物料容重，t/m³；

　　　ψ——填充系数，垂直使用时取 $\psi = 0.3 \sim 0.5$；倾斜使用时取 $\psi = 0.5 \sim 0.7$；转速较高时取较大值。

②功率计算

$$N_{轴} = \frac{QH}{367}\omega_0 \tag{4-48}$$

$$N_{电} = K\frac{N_{轴}}{\eta}$$

式中　$N_{轴}$——立式螺旋输送机所需轴功率，kW；

　　　$N_{电}$——立式螺旋输送机所需电机功率，kW；

　　Q——生产率，t/h；

　　H——物料提升高度，m；

　　ω_0——物料的阻力系数，输送谷物时取 $\omega_0 = 5.5 \sim 7.5$，输送量低时取大值；

　　K——功率储备系数，一般为 $1.1 \sim 1.3$；

　　η——螺旋输送机效率，一般取 $0.65 \sim 0.75$。

　　LC 型垂直螺旋输送机技术特性参数如表 4 – 5 所示。

表 4 – 5　　　　　　　　　垂直螺旋输送机技术参数表

参数型号	LC160D	LC160E	LC200D	LC200E	LC250D	LC250E	LC300D	LC300E	LC350D	LC350E
螺旋公称直径 D/mm	160	160	200	200	250	250	300	300	350	350
螺旋转速 n/(r/min)	420	300	400	250	380	205	350	180	320	160
额定输送量 /(m³/h)	25	20	35	25	50	35	80	50	110	80
输送高度 /m	3~15	3~15	3~15	3~15	3~15	3~15	3~12	3~15	3~10	3~10
工作位置角度/°	60~90	0~60	60~90	0~60	60~90	0~60	60~90	0~60	60~90	0~60
电机功率 /kW	3.5	5.5	7.5	7.5	11	11	15	15	18.5	18.5
	7.5	7.5	11	11	15	15	22	22	22	22

第五节　其他型式的（特种）螺旋输送机

　　生产中除使用上述的螺旋输送机外，还有一些特殊机型的螺旋输送设备。

一、螺旋给料机

　　在贮仓、包装斗、贮斗、料垛及类似设备的底部常设有螺旋给料机，用以控制从料仓中排出物料的量，并将物料转运至输送设备或生产设备。螺旋给料机的槽体一般较短，能调节物料体积流量。其进料口必须充满物料（100% 负载能力），并通过螺旋叶片的结构（直径、螺距）变化以及给料机螺旋转速的变化，使卸出物料量控制在所要求的范围内。给料机可采用变径或变距螺旋，或者两种同时应用，也可根据需要在同一设备中采用一个、两个或多个螺旋组成的给料机。

　　螺旋给料机的类型因使用的特殊需要有许多不同的设计，螺旋给料机的类型如图 4 – 29 所示。标准螺距的螺旋给料机是由直径相同的标准螺距的螺旋叶片构成，从进料口的尾部推进物料直到全部物料从尾部卸出。变距或变径的螺旋给料机能沿整个进料口推进物料。带有延长输送的锥形螺旋给料机是一种给料机和输送机的组合型式，小直径的进料端在整个截面负载下运行，当物料到达大断面时，截面的负载回减到正常的水平。双螺旋给料机由一对平行的螺旋构成。通常一个为右螺旋，另一个为左螺旋，在同一个槽体中反向转动。两个螺旋的边棱可根据使用要求相互交错或不交错布置。大多数双螺旋给料机都向外侧旋转，这时物料在中心线方向呈金字塔状，因此可减少在侧面的物料阻塞。此外，保证螺旋给料机稳定的给料量还需要有可靠的料斗或料仓。

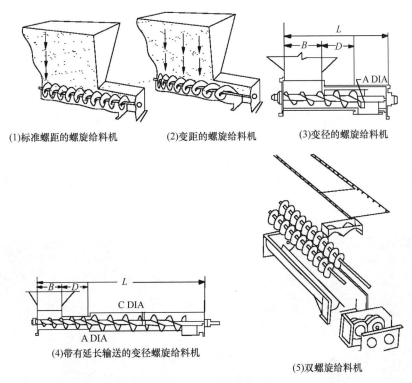

(1)标准螺距的螺旋给料机　　(2)变距的螺旋给料机　　(3)变径的螺旋给料机

(4)带有延长输送的变径螺旋给料机

(5)双螺旋给料机

图 4 - 29　螺旋给料机的类型

二、 料斗及贮仓螺旋卸料机

螺旋卸料机常常安装在料斗或贮仓的出口，可独立设置或者与出料口连在一起。其作用是：能在有限的高度下加大料斗或贮仓的储存量；能为料斗或贮仓提供较大的出料口，以避免物料黏结、架桥或阻塞；能控制料斗容积的卸料速度；为从料斗出口的物料转运到输送接收点。

一种特殊的贮仓螺旋卸料机是多螺旋活底结构，它是由若干个平排的螺旋组成贮仓或料斗的底，物料沿其整个宽度均匀地卸出并被喂入到汇集输送机中。活底卸料机的相邻螺旋分别采用左旋及右旋叶片，按相反方向转动，沿进料口的整个宽度卸出物料，采用齿轮传动可使设备简化，多螺旋卸料机如图 4 - 30 所示。螺旋槽体可以是平底的并有普通的底开口，也可以是浅的 U 形螺旋槽，每个螺旋间都有隔板。这类贮仓卸料可委托螺旋输送机制造厂家设计。

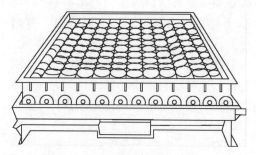

图4-30 多螺旋卸料机示意图

三、 立筒仓出仓螺旋输送机

近年来，旋转式螺旋输送机的应用使大型油料加工厂实现了豆粕的平底立筒仓储存。在立筒仓的底部，设置有旋转式的螺旋输送机。螺旋输送机工作时，螺旋体一方面绕自身轴线转动（俗称自转），另一方面又绕仓底中心立轴轴线转动（俗称公转），即可将仓底物料从仓的四周向中央推送，由仓底中央出口卸出。出仓螺旋输送机如图4-31所示。

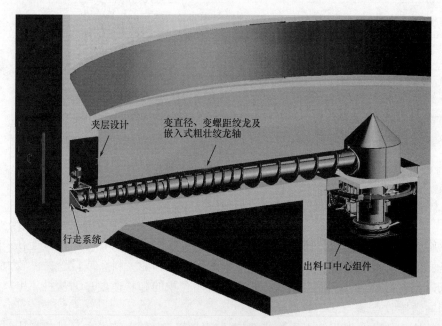

图4-31 出仓螺旋输送机立体图

美国莱蒂克公司立筒仓散料螺旋输送机出仓系统的优点：不怕物料结拱和搭桥；自转和公转动力大，可以在任何状况下运行自如（包括满仓及物料板结状态下）；自动化程度高，无需人工协助；全部加重型设计，使用寿命长；专门处理流动性欠佳的物料，如大豆粕、菜籽粕、棉籽及饲料等；重型螺旋叶片上镶嵌的刀片可以将结块的物料破碎清除，在仓内行走的螺旋可以将搭桥结拱物料的根部切除，从而避免了搭桥结拱；能保证物料的安全储存，物料储存于钢混立筒仓中密封性好、保温好、更加安全、不容易劣变；储存量大，储存期长，单仓容量可达 2 万 t；在环境好及管理完善的情况下可储存数月甚至一年；产量大，出仓产量最高可达 500t/h。

四、 移动式螺旋输送机

移动式螺旋输送机是粮食仓库中常见的一种输送设备，它主要用于粮食出仓、上围、装车、灌仓等作业。移动式螺旋输送机如图 4 - 32 所示。

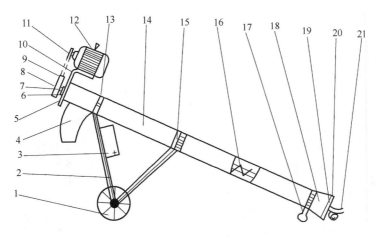

图 4 - 32　移动式螺旋输送机
1—走轮　2—支架　3—开关箱　4—出料口　5—法兰　6—轴承座　7—螺旋轴　8—槽轮　9—小槽
10—电机支座　11—电机槽轮　12—电机　13—法兰　14—输料管　15—法兰　16—叶片
17—导向轮　18—锥形进料管　19—滑动轴承　20—轴承室外圈　21—螺旋叶片

移动式螺旋输送机的螺旋体架置在钢制圆柱体内，其尾端的螺旋体裸露在外，用来插入粮堆掏取物料，物料经过机体全长后从顶端卸料口卸出。整个输送机架设在车架上，车架可以通过调整支架距离等方法调整其提升高度。

移动式螺旋输送机的结构及计算与垂直螺旋输送机基本相同。其主要不同之处有以下几点。

（1）进料段的长度　在输送机工作时，进料段必须完全插入物料堆内以掏取物料和加速物料。多数情况下，进料段的适宜长度为 300mm。有些设计，在机筒下部做成可调节进料段长度的套筒，随时可以调节其长度。裸体段最大长度一般为三个螺距。

（2）进料段的螺距　由于进料段没有机筒，因而将其螺距做得比有机筒的螺旋体的螺距小一些，以便降低其螺旋升角，减小螺旋面对物料的侧向分力，增大它的轴向分力，从而提高输送机的生产率。

（3）进料段螺旋直径　适当增加进料段螺旋叶片的直径，是提高移动式螺旋输送机生产率的有效措施。有些移动式螺旋输送机将进料段的螺旋叶片做成双头，并增大其直径，以达到强制进料并增大充满系数的目的。

五、 内螺旋滚筒输送机

内螺旋输送机又称内螺旋滚筒。它是一只横卧在支承滚轮上的可转动圆筒，在圆筒的内壁连续焊有螺旋叶片，形成内螺旋线。物料从一端进入滚筒，由于转动滚筒和内螺旋叶片的作用而被向前输送至滚筒的另一端卸出。

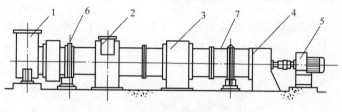

图4-33　内螺旋输送机组成图

1—端部进料口　2—中部进料口　3—中部出料口
4—端部出料口　5—驱动装置
6—导轨及支承装置　7—滚筒外壳

内螺旋输送机组成如图4-33所示。一般螺距$s \leqslant 0.5D_内$，叶片高度$h \leqslant D_内/3$；滚筒外壳每隔一定的间距，装有导轨并由支承滚子支承，外壳上还装有齿圈并由齿轮传动；适合水平或稍为倾斜的布置。它多数情况下是与工艺过程结合起来使用，如在输送过程中进行干燥、冷却及混合等。内螺旋输送机的输送量较小，一般为50t/h，输送速度为0.07~0.15m/s。

滚筒的转速越高，则物料作用在筒壁上的压力越大，物料在筒壁上贴的越紧，并将随滚筒一起转动，此时，不产生输送作用。因此，滚筒的工作转数不能随意增加，而要有一个确定的极限数值，此值可由物料的惯性离心力小于或等于物料重力这一条件来确定，即：

由实践得知，当转数$n = （20~30） \times \dfrac{1}{\sqrt{D}}$

时，螺旋管的输送量最大。

当螺旋管直径较小时，最大转数应不超过50r/min。

还有一种螺旋提升机，OLDS螺旋提升机如图4-34所示，它虽然也构成了与传统螺旋输送机一样的相当运动，但其特点是将螺旋叶片及其轴固定不动，而使外壳旋转来实现的。基于这样的运转方式，OLDS螺旋提升机的所有支承都用于对旋转的外壳进行支承，与所输送的物料不接触，寿命长，易于维护；物料被提升的通道没有中间支承，有效截面积大，提升效率高。

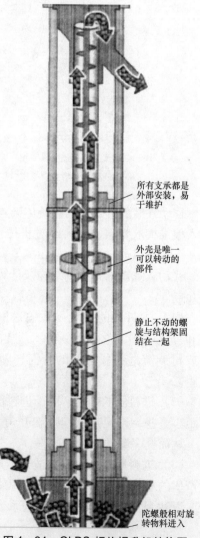

所有支承都是外部安装，易于维护

外壳是唯一可以转动的部件

静止不动的螺旋与结构架固结在一起

陀螺般相对旋转物料进入

图4-34　OLDS螺旋提升机结构图

六、 带工艺过程的螺旋输送机

螺旋输送机的许多优点可应用于某些工艺过
程，将螺旋输送机的某些零部件或结构适当改动，就可以将其制成具有生产设备作用的输
送机，例如，通过螺旋轴中心管或螺旋槽体或两者同时传递热量，就可以在输送过程中对
物料进行冷却、加热或干燥；还可以将其用作脱水器、挤压器、蒸煮器及混合器等。

螺旋掺混机如图 4 - 35 所示。螺旋掺混机工作时，掺混螺旋围绕其轴转动，同时围
绕斗壁移动，对物料产生提升和混合作用。被螺旋提升起的物料由于其自身重力作用以
不等的速度下落而使掺混强化。在掺混糊状及浆状物料时，掺混螺旋可以逆转，以便给
物料以较高的剪切力。掺混机的操作转速可以是不同的，以适合各种实际的应用。

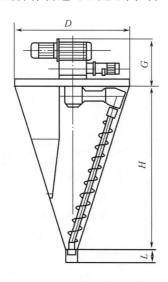

图 4 - 35　螺旋掺混机结构图

用于换热介质循环的空心管及空心夹层螺旋叶片如图 4 - 36 所示，是一种夹层螺旋
换热器。这种形式的换热器是由单个或多个焊在套管上的连续空心夹层螺旋叶片所构
成，换热介质首先进入空心轴，然后流至空心夹层螺旋叶片里，流体在流动过程中与被
输送的物料进行热交换。夹层螺旋换热器对所输送的物料同时产生换热、搅动、混合的
作用。螺旋槽体可以带或不带保温或加热夹套。

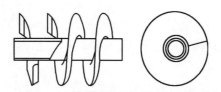

图 4 - 36　空心管夹层螺旋叶片结构图

七、 可弯曲的螺旋输送机

可弯曲的螺旋输送机，能进行空间可弯曲输送物料。被应用于粉末状、颗粒状及污

泥等物料的输送。

可弯曲螺旋输送机的螺旋体是用一根高强度挠性材料制成心轴，心轴外面配合由一定硬度和耐磨性及耐腐蚀性的特种合成橡胶经硫化而成的螺旋叶片，从而使螺旋体具有可挠曲性，并可按使用现场的要求，任意弯曲布置。可弯曲螺旋输送机如图 4 - 37 所示，是可弯曲螺旋输送机的一种型式。

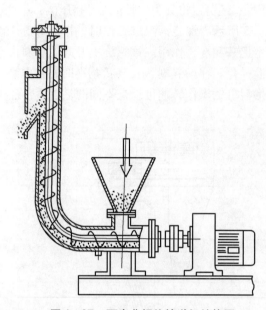

图 4 - 37　可弯曲螺旋输送机结构图

可弯曲螺旋输送机的主要特点：用一条螺旋输送机便可以完成空间输送；由于没有中间轴承，不仅避免了物料的堵塞现象，而且使构造简单，安装及维修方便；当槽体采用不锈蚀性材料（如不锈钢）制造时，可以保证整个输送机具有不锈蚀性；由于螺旋采用特殊的合成橡胶制造，所以在输送物料时几乎没有噪声；当机壳内进入过多物料或有硬块物料时，螺旋体可自动浮起，不会产生卡楔或堵塞现象；当输送机布置成 L 形时，在水平段加料，螺旋具有把物料强迫装进料槽并提升的能力，其效果比一般的螺旋输送机垂直使用要好；螺旋体的长度一般不超过 15m，弯曲布置的曲率半径最小为 800mm。

八、 无轴螺旋输送机

无轴螺旋输送机螺旋体为较厚的无轴带状螺旋，无轴螺旋体头部的连接盘由电机带动摆线针轮减速器而使其旋转。U 形截面的料槽与 LS 系列螺旋输送机基本相同。无轴螺旋输送机如图 4 - 38 所示。

无轴螺旋输送机靠无中心轴的螺旋体的旋转进行物料输送；由于无中心轴干扰，可输送传统有轴螺旋输送机不易输送的物料，如带状易缠绕的物料、黏糊状物料、半流体和黏性物料；由于无轴，螺旋表面易清洗，适宜输送有特殊卫生要求的物料。输送量较相同直径传统有轴螺旋输送机大，且维护费用低，节电。

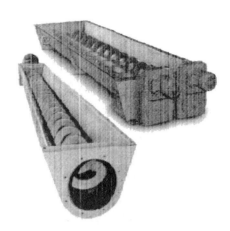

图 4 - 38　无轴螺旋输送机

九、 成件物品螺旋输送机

成件物品螺旋输送机是由两根相互平行的、具有左右螺旋的钢管组成的。成件物品螺旋输送机示意图如图 4 - 39 所示。其间距为 200 ~ 300mm，钢管的直径为 80 ~ 100mm。在钢管上沿螺旋线方向焊有直径为 6 ~ 10mm 的钢条，其中一根为右螺旋，另一根为左螺旋。螺旋线的升角为 30° ~ 40°，螺距取为钢管直径的 0.6 ~ 1.2 倍，即为 50 ~ 120mm。该种螺旋输送机一般由长 2.5 ~ 3m 的节段组成，各节段之间用铰链和驱动装置的轴联结，每一节段可以相对于相邻的节段在任何方向偏转，在水平方向可偏转 15°，在垂直方向可偏转 10°。在各节段的联结处装设轴承及其支座。成件物品螺旋输送机可以在倾斜方向（向上或向下）输送物品，也可以在水平面内按折线布置。成件物品螺旋输送机的转数一般为 200r/min，输送速度为 0.4 ~ 0.5m/s，生产率约为 1800 袋/h。

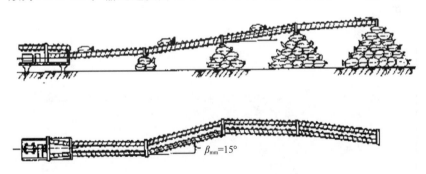

图 4 - 39　成件物品螺旋输送机示意图

成件物品螺旋输送机的主要优点是布置灵活紧凑，对工作场地的适应性强。因此是输送麻袋、布袋及各种箱、桶等成件物品的一种有效工具。但是当输送某些物品时，由于磨损快，生产率低和阻力大等缺点，因而在一定程度上限制了这种输送机的使用。

成件物品螺旋输送机的工作原理是：放在两转数相同，方向相反的左右螺旋体上的物品，在其接触处产生了摩擦力 $P_{左合}$ 及 $P_{右合}$，它们的轴向分力 $P_{左轴}$ 及 $P_{右轴}$ 便使物品沿着螺旋轴向方向向前运移，而切向分力 $P_{左切}$ 与 $P_{右切}$ 相互抵消。

思考题

1. 螺旋输送机的应用特点。
2. 螺旋叶片的形式及应用特点。
3. 螺旋叶片旋向及螺旋输送机输送方向的判断。
4. 螺距的选择及对输送效果的影响。
5. 机槽的形式及应用特点。
6. 螺旋输送机附加料流形成及增大的原因。
7. 水平螺旋输送机与垂直螺旋输送机结构及工作条件的区别。
8. 垂直螺旋输送机提升物料的必要条件。
9. 内螺旋输送机的结构和工作过程。
10. 出仓螺旋输送机的结构和工作过程。

第五章

气力输送

本章知识点

1. 气力输送的基本概念和理论。
2. 气力输送的分类形式和特点。
3. 气力输送的主要工作构件。
4. 气力输送的设计计算。

第一节　气力输送概述

一、　气力输送的发展及应用

气力输送是利用具有一定速度和压力的气流通过管道输送散状物料的技术，是物料的搬运方式之一。空气流动形成风，气力输送又俗称风力输送，简称风运或风送。

人们很早就知道利用气流来完成某项任务，如风车、帆船等。高速气流具有极大的能量，这可从龙卷风、热带风暴的破坏事件中得到证明。

气力输送技术发展至今已有一百多年的历史。早在1810年就提出了利用气力输送邮件的方案。1824年最先建立了气力输送实验装置。1853年在欧洲出现了世界上第一个在邮局内部传递信件的气力输送装置。粉粒状物料气力输送装置发端于1866年斯特蒂文特对除尘器的研制成功。1882年在俄国彼得堡港出现了世界上第一台用来卸船上粮食的气力输送装置，当初称为谷物卸船机，即现在的吸粮机。1886年阿林顿进行了长距离气力输送纤维物料的研究。1890年英国的多克哈姆发明了双筒形吸嘴并对吸送谷物的气力卸船机进行了深入研究，为现代吸粮机的应用和研究奠定了理论基础。1893年，英国出现了固定式吸粮机。到20世纪30年代，在欧洲某些大港如荷兰的鹿特丹港和德国的汉堡港专业化散装粮食码头上，吸粮机已成为主要的卸船设备，海运粮食的90%以上是由吸粮机卸船的。1945年在瑞士建成了世界上第一家气力输送面粉厂。随着生产过程机械化和自动化的发展，气力输送作为工艺改革和一种防尘措施逐步用于工业生产。现在，全世界几乎所有的面粉加工厂都采用了气力输送方式输送加工过程中的在制品。在油脂工厂中，气力输送主要用于豆皮回收、白土运输及除杂、除尘等。

气力输送技术在我国的应用，起始于 20 世纪 50 年代港口散粮卸船的需要。1959—1962 年在天津港和大连港开始使用移动式谷物气力输送装置卸船，到 20 世纪 90 年代，在我国的部分港口出现了大型气力输送卸船机，最大产量达 600t/h。

气力输送技术应用于油脂加工预处理车间之后，使油脂工厂的加工工艺及环境有了极大的改善。首先，一系列笨重、复杂的机械输送设备被管道、卸料器及风机等取代，节省了厂房空间、建筑面积和设备投资。其次，气力输送系统中流动的空气，在对油料及其在制品输送的同时还起到了对物料除湿降温、风选分级以及粉尘控制等作用，尤其能够显著抑制粉尘爆炸的发生，这是其他机械输送设备做不到的。再次，管道输送物料，管道内部无死角，因而输送系统内物料无残留，大大降低了输送装置对后续输送物料的品质影响。

气力输送技术发展至今，已广泛应用于食品、化工、建材、制药、烟草、矿山、冶金等工业领域。输送物料的种类层出不穷，诸如小麦、面粉、豆皮、棉籽、饲料、乳粉、水泥、煤炭及烟叶等。气力输送的形式也由最初的气力吸运发展到现在的气力压运、吸压混合输送、空气输送槽等多种形式。气力输送距离可由几米到数千米，输送产量可达每小时千余吨。

物料的管道化、密闭化和自动化输送是现代散状物料输送技术的发展方向，而气力输送技术无疑是实现这种物流技术的最佳方式之一。在我国，随着物料"四散"技术（散装、散卸、散运和散存）的日益推广，气力输送将得到更广泛的应用。

二、 气力输送装置的形式及分类

（一） 装置的基本结构

气力输送装置的形式很多，其结构也不尽相同，但就其基本构成和功能来说，通常由下面几部分所组成。

（1） 动力装置　是气流增压输送设备的总称。常用的有空气压缩机、鼓风机、真空泵及其驱动电机，其作用是提供具有一定速度和压力的空气流来完成物料的输送。

（2） 供料器　是用来将散粒物料供入输料器，并与气流形成一定混合比的装置。其结构及工作原理取决于被输送物料的物理性质和气力输送装置的形式，一般采用能使物料在气流中悬浮的供料装置，且装在输送系统的首端。

（3） 输料器　包括输送气体及其与物料混合物的管路和附属管件，是物料输送的通道。

（4） 分离器　气力输送装置输送的是物料与空气的混合物，分离器就是在物料被输送到终点时，把物料从气固双相流中分离出来的装置。

（5） 除尘器　物料经过分离器，大部分物料被分离出来，但一些细小的颗粒或粉末则难以分离出来，因而从分离器排出的气流中，会含有一些微细的物料和大量的灰尘。设置于分离器后的除尘器，一方面可以回收这一部分物料，另一方面的作用是降低对环境的污染，对于广泛使用的吸送式气力输送机，还可以减少鼓风机的磨损。

（6）卸料器及卸灰器　　其作用是将经分离后的物料从分离器中卸出和把灰尘从除尘器中排出，并防止外界空气倒流进入输送系统。因此，卸料器装于分离器下部，卸灰器装在除尘器下面。

（二）装置的类型

气力输送可以从不同的角度加以分类。

1. 按气流压强分类

气力输送装置根据输料管内的压强是否高于大气压分为气力吸运和气力压运两种基本类型。气力吸运即将空气和物料一起吸入管道内，靠低于大气压强的气流输送物料，风机安装在管路系统的末端，因而气力吸运也称负压输送；气力压运即利用管道内高于大气压强的正压气流携带或推动物料进行输送，风机则安装在管路系统的始端，因此气力压运也称正压输送。

（1）吸运式气力输送　　吸运式气力输送装置采用罗茨风机或真空泵作为起源设备，取料装置部件多为吸嘴、诱导式卸料器等，最常见的工艺布置系统，吸运式气力输送装置如图 5-1 所示。气源设备装在系统的末端，当风机运转后，整个系统形成负压，由管道内外存在的压力差空气被吸入输料管。与此同时物料和一部分空气便同时被吸嘴吸入，并被输送到分离器。在分离器中，物料与空气分离。被分离出来的物料由分离器底部的叶轮式卸料器卸出，而未被分离出来的微细粉粒随气流进入除尘器中净化，净化后的空气经系统中配置的消声器排入大气。

吸运式气力输送装置往往在物料吸入口处设有带吸嘴的挠性管，以便将分散于各处的或在低处、深处的散装物料收集至储仓。

吸运式气力输送方式根据输送管内工作压力的高低可以分为低真空度（工作压力不超过 9.8×10^3 Pa）气力输送和高真空气力输送（工作压力在 $9.8 \times 10^3 \sim 4.9 \times 10^4$ Pa）两种类型。低真空度气力输送主要用于近距离、小输送量的细粉尘的除尘清扫；高真空气力输送主要用在粒度不大、密度介于 $1000 \sim 1500 kg/m^3$ 的颗粒的输送。吸运式气力输送的输送量一般都不大，输送距离也不超过 100m。

吸运式气力输送装置如图 5-1 所示。物料的输送过程在风机的吸气段完成，这种输送方式具有以下特点。

①供料简单方便。只要将管道的进料口放到物料堆上或将物料导流到管道的进料口处，物料自然随气流流动被吸入管道中。

②输送系统内部空气压强低于大气压，因而在供料处产生的粉尘不易向外逸出，有助于工作环境的空气洁净。

③能够方便地实现从多处同时吸送物料，而集中一处卸料。

④特别适合于堆积面积广或位于深处、狭窄处及角落处物料的输送、清理。

⑤要求输送管道、卸料器和除尘器等构件气密性高。

⑥输送产量大。最大吸送产量每小时可超过 1000t。

气力吸运输送方式可以有一根或多根输料管。多根输料管气力吸运输送方式广泛应用于粮食加工厂等物料品种多且需要多次提升的场合；单根输料管气力吸运输送方式多用于一种散料或者物料只需输送一次的场合，如吸粮机，只用一根输料管将散粮吸送出船舱即可。港口轨道移动式吸粮机配置如图 5-2 所示。

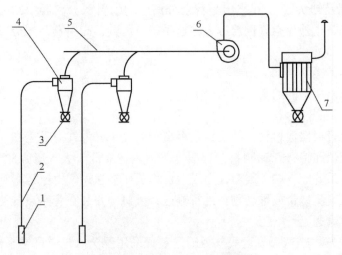

图5－1　吸运式气力输送装置

1—吸嘴　2—输料管　3—闭风器　4—卸料器　5—汇集风管　6—风机　7—除尘器

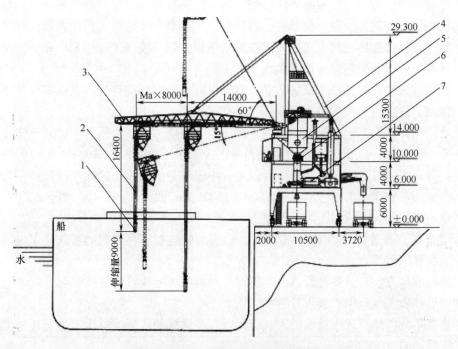

图5－2　港口轨道移动式吸粮机配置图

1—吸嘴　2—管道　3—臂架　4—钢架平台　5—分离除尘器　6—闭风器　7—罗茨鼓风机

（2）压运式气力输送　气力压运系统根据工作压力的高低分为低压压送（压力不超过 $4.9 \times 10^4 Pa$）气力输送和高压压送（工作压力大于 $9.8 \times 10^4 Pa$）气力输送两种类型。低压压送气力输送方式在一般化工厂中用的多，适用于小量粉粒状物料的近距离输送。供料设备有空气输送斜槽、气力提升泵及低压喷射泵等。高压压送气力输送方式用于大量粉粒状物料的输送，输送距离可长达 $600 \sim 700m$。供料设备有仓式泵、螺旋泵和喷射泵等。

不论是上述何种类型的装置，其气源设备均设在系统的进料端。由于气源设在系统的前端，物料便不能自由流畅地进入输料管，而必须采用密封的供料装置。为此，这种装置系统的供料部件较吸送式复杂。当被输送的物料被压送到达输送目的地后，物料在分离器或贮仓中分离并通过卸料装置卸出，压送的空气则经除尘器净化后排入大气。

压运式气力输送装置如图5-3所示。物料的输送过程在风机的压气段完成，这种输送方式具有以下特点。

①适合从一处向多处进行分散供料，即一处供料，多处卸料。

②卸料容易供料难。气力压运输送装置的输料管连接于风机的排气口上，因而输料管内空气压强高于大气压，而要将大气压状态下的物料供入输料管中就比较困难。要求供料器供料的同时保持高度的气密性，即管道内的正压气流不能通过供料器逸出，否则，向外逸出的正压气流将阻止物料进入供料器从而影响向输料管供料，造成供料器产量大大降低甚至供料中断。

气力压运输送装置输料管内空气压强高于大气压，供料器在供料的同时，还要保持气密性，因而供料器性能要求高，而卸料容易。只需将输料管末端连通到仓内或某地点后，从输料管末端喷出的物料即可在自身重力作用下自然沉降。当然，在输料管末端连接一个物料与气流的分离装置即分离器，卸料效果会更好。

③输送系统要求气密性高。输送系统不允许漏气，否则，管道中的正压气流由缝隙逸出时，造成管道内气流速度降低使输送受到影响；其次，管道内的粒径微细物料也会一同逸出，污染环境。

④适合长距离输送。气力压运输送方式因设备少、管道布置灵活、输送距离长、容易做到多点卸料等特点，在面粉厂制粉车间的配粉工序、食品车间的原料入仓等场合得到广泛应用。

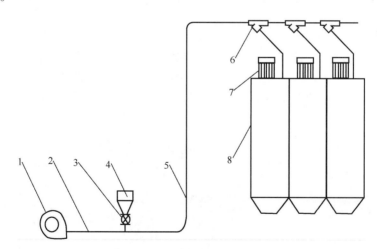

图5-3　压运式气力输送装置

1—风机　2—风管　3—供料器　4—料斗　5—输料管　6—双路阀　7—仓顶除尘器　8—料仓

相比较而言，气力吸运输送方式供料器简单，分离器（或称卸料器）是主要设备，有利于将各处物料收集到一处或几处；气力压运则分离器简单，或利用料仓作为分离器，而供料器复杂，供料器是输送系统的关键设备，适合于将物料从一处输送到多处。

气力压运输送方式因设备少、管道布置灵活、容易做到多点卸料等特点，在面粉厂制粉车间配粉工序、食品车间的原料入仓等场合得到广泛应用。

（3）吸－压混合式气力输送　一台风机，在风机的吸气段完成气力吸运或物料提升后，又将物料供入风机的压气段继续输送，此即吸－压混合式气力输送类型。吸－压混合式气力输送如图5－4所示，物料从吸嘴进入输料管吸送到分离器，经下部的卸料器卸出（它又起着压送部分的供料器作用）并送入压送输料管，分离器出来的空气经风管进入风机，经压缩后进入输料管将物料压送到卸料地点。物料经卸料器排出，而空气则经除尘净化后经风管消声器排入大气中。

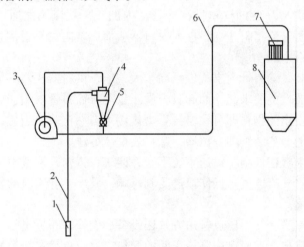

图5－4　吸－压混合式气力输送

1—吸嘴　2，6—输料管　3—风机　4—卸料器　5—闭风器　7—仓顶除尘器　8—料仓

混合式气力输送装置兼有吸送式和压送式装置的特点。可以从数处吸料压送到较远之处，特别适合于散料的卸船入仓、出仓装包或散料的清扫装车等。但它的动力消耗较高，结构较复杂，气源设备的工作条件较差，易造成风机叶片和壳体的磨损。

吸－压混合式吸粮机配置图如图5－5所示。

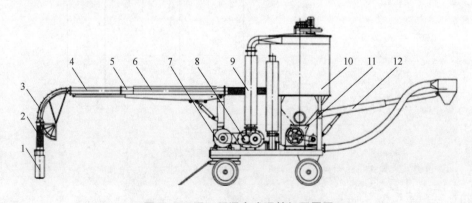

图5－5　吸－压混合式吸粮机配置图

1—吸嘴　2—软管　3—弯头　4—伸缩内管　5—外管
6—臂架　7—电动机　8—罗茨鼓风机　9—进口消音器
10—分离除尘器　11—闭风器　12—压送臂架

（4）循环式气力输送　循环式气力输送如图 5-6 所示，气体在完成压力输送后再次进入风机，风机出口设旁通支管，使大部分排空空气返回系统再循环，部分空气经净化后排入大气。该系统因为实现了大部分空气的循环利用，因此使排入大气的空气量减少，减少了排空气体中夹带的物料损失以及大气污染和尾气净化设备的负荷。特别适合于输送细小贵重或危害性大的粉状物料。

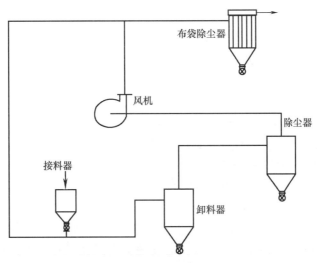

图 5-6　循环式气力输送配置图

（5）空气输送槽　空气输送槽也是一种气力输送的类型，示意图如图 5-7 所示。空气输送槽由薄钢板制成的上下两个槽型壳体组成，两壳体间夹有多孔板，整个斜槽按一定角度布置。物料由加料设备加入上壳体，低压气流（一般相对压强不超过 5000Pa）由鼓风机鼓入下壳体透过多孔板使物料流态化。充气后的物料沿斜度向前流动达到输送的目的。

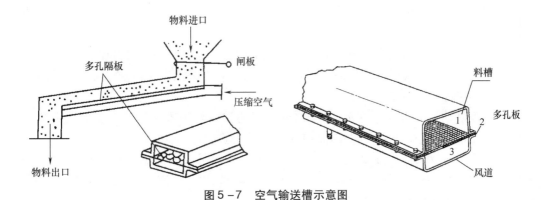

图 5-7　空气输送槽示意图

空气槽像其他气力输送装置一样，输送线路可以拐弯。它利用具有大曲率半径的弯曲段来改变方向，但各段槽体的倾斜度必须始终保持。空气槽的装料处设有调整进料量的闸门和切断进料流的截止阀。当直接从贮料仓或大料斗的出口处向空气槽供料时，必须限量地进行供料，否则，可能因进料过猛过多而使空气槽输送困难。

空气槽的卸料可在末端进行，也可在输送线的任意点上装设侧面闸门来进行卸料。此外，空气槽还可通过 Y 形分叉料槽将物料分流到两路或更多的分支。由于输送料层的高度和流动速度大致相等，按料槽的一定宽度比例分流能使各分支的输送量满足一般的准确度要求。

进料闸门、截止阀和各个卸料闸门可为手动或自动控制的，在料槽的顶部、进料口和卸料口附近均设有必要的观察孔，以便于观察输送状况。进料口下方还可设收集铁杂异物的容器，容器要定期加以清理。

空气槽的关键部分是多孔板。要求多孔板材料孔隙均匀，透气率高，阻力小，强度高，并具有抗湿性，微孔堵塞后易于清洗、过滤。最常用的由棉织物、聚酯纤维织物或由氧化铝和陶瓷等制成，其他还有透气塑料、橡胶、玻璃纤维、烧结的不锈钢、粉末冶金等多孔板。陶瓷、水泥多孔板是较早使用的多孔板，其优点是表面平整，耐热性好。缺点是较脆，耐冲击性差，机械强度低，易破损。另外，难以保证整体透气性一致。目前用的较多的是帆布等软性多孔板，其优点是维护安装方便，耐用不碎，价格低廉，使用效果好。主要缺点是耐热性较差。

空气输送槽可输送 3 ~ 6mm 以下的粉粒状物料，输送量可达 2000m³/h。由于高差关系，输送距离一般不超过 100m。

空气输送槽由于输送物料所需的风量小、压力低，因而动力消耗非常小，仅为螺旋输送机所需功率的 1/100。此外，空气输送槽设备结构简单，无运动部件，磨损小，无噪声，操作安全可靠，易维修，易于改变输送方向，适用于多点给料和多点卸料。其缺点是对输送的物料有一定要求，只适用于输送干燥而且易于流态化的粉料，如面粉、水泥、煤粉、煤灰、矾土、石膏粉等，对于水分含量高、流态化性能差的物料不宜采用。空气输送槽的布置有一定的斜度要求，因而输送距离较长时落差较大，导致土建困难。

2. 按气流中固相浓度分类

在气力输送中，常用混合比（或称输送浓度，固气比）R 表示气流中固相浓度。按照物料和气流在管道中的比例和两相流动的特征，气力输送装置还可分为稀相输送、密相输送和栓状输送（间断流输送）三种。

（1）稀相输送　混合比通常为 $R = 1 \sim 5$，最大值可达 15 左右的气力输送称为稀相输送。在稀相输送中，气流速度较高，通常为 12 ~ 40m/s，固体颗粒呈悬浮状态。目前在我国，稀相输送的应用较多。

（2）密相输送　混合比在 15 ~ 50 之间的气力输送称为密相输送。在密相输送中，气流速度通常在 8 ~ 15m/s，此时固体颗粒呈集团状态。

密相输送的特点是低风量和高混合比，物料在管内呈流态化或柱塞状运动。此类装置的输送能力大，输送距离可长达 100 ~ 1000m，尾部所需的气固分离设备简单。由于物料或多或少呈集团状低速运动，物料的破碎及管道磨损较轻。

（3）栓状输送　把物料分成较短的料栓。输送时料栓与气栓相间分隔，从而可以提高料栓速度，降低输送压力，减少动力消耗，增加输送距离。

不同形状物料宜采取的输送方式如表 5 - 1 所示。

表 5 - 1	不同形状物料宜采取的输送方式		
物料形状	稀相输送	密相输送	栓状输送
圆柱形颗粒	2	3	2
块状	2	4	2
球形颗粒	2	3	2
方形结晶颗粒	3	4	2
微细粒子	3	2	1
粉末	3	1	1
纤维状物料	1	4	4
叶片状物料	1	4	4
形状不一的粉状混合物	3	3	1

注：性能比较等级：1—好；2—可；3—差；4—不适。

稀相输送是靠具有一定速度或动能的气流输送物料的，即管道中的气流速度足够高，颗粒在气流中呈悬浮状态被输送，因此稀相输送也常称为动压输送或悬浮输送；密相输送和栓状输送是利用较高压力的气流进行输送的，称为静压输送或压力输送。

由表 5 - 1 可见，稀相输送（即悬浮输送）是适应性最广的气力输送方式。目前，气压输送装置的型式也以稀相输送方式最多，技术最成熟。因此，本章主要介绍悬浮式气力输送技术。

三、 气力输送的应用特点

从气力输送的输送机理和应用实践均表明它具有一系列的优点：输送效率较高，设备构造简单，布置灵活，维护管理方便，易于实现自动化以及有利于环境保护等。特别是用于工厂车间内部输送时，可以将输送过程和生产工艺过程相结合，这样有助于简化工艺过程和设备。为此，可大大地提高劳动生产率和降低成本。

概括起来，气力输送有如下的优点。

（1）输送管路占用空间小且管路布置灵活。具有传动构件的输送机械，如螺旋输送机等，主要在一个方向上输送物料，如果物料搬运路线的方向有较大或较多的改变时，往往需要两台甚至多台独立的输送机。气力输送设备与其他输送设备相比，结构简单、紧凑，构件简便、易于加工，易装、易卸、易维修，其输送路线的选择也较自由。只需要设计出合适的弯头，输送管路就可以从建筑物、设备或其他障碍物的附近绕过。输送管可以安装在墙壁或天花板上，基本不占用厂房车间面积。由于可以使用软管、多路阀和快速接头，很容易改变和控制物料的进、出口位置，从而实现灵活地输送、装卸车船，使工厂设备工艺配置合理。利用软管还可以将吸嘴伸到狭窄的角落地方将物料吸出。

（2）气力输送装置与其他机械输送装置相比更安全。统计表明，物料搬运事故中，机械式输送设备比气力输送发生的事故多得多，而且在发生粉尘爆炸的事件中，因斗式提升机引起的粉尘爆炸次数占粉尘爆炸总次数的50%以上。所以，气力输送的应用不仅能大大减少工伤事故，而且还能减少火灾和爆炸引起的安全事故。

（3）管道输送，系统密闭，有利于保证物料的质量，减少物料损失。密封的管道可以避免物料受潮、污损或混入异物，且输送装置内部不存料，因而更卫生。以气力吸运输送装置为例，任何的管道破损引起的空气泄漏都是向管道内的，输送的粉体或物料不会向外飞扬，因此不仅可以减少粉料外泄造成的损失，而且也避免了粉料对环境的污染。而且现在，不论是气力吸运或是气力压运输送装置都能容易地将管道及设备设计成或做成全封闭式，这样可以将产品及环境的相互污染降至最低程度。

（4）改善劳动条件，降低劳动强度，提高劳动生产率，有利于实现自动化。物料在管道中输送，防止了灰尘、粉尘的外扬，使车间含尘浓度大大降低。同时，运动部件少，易损件不多，维护保养方便，可以减少工人的操作、维护设备工作量和成本。采用气力输送技术，物料管道化输送，设备的控制、操作条件都得到了较高的改善，只需在气力输送装置上加装一些控制装置，就能实现自动操作。

（5）一风多用，提高某些工艺设备效率。采用气力输送物料时，输料管内物料与气流接触充分，气流对物料有混合、粉碎、分级、干燥、冷却、除尘等多种工艺操作，即"一风多用"，可以作为生产工艺的一个环节使用。如大豆皮仁分离时，热风的通入不仅实现了大豆皮的气力输送，而且实现了大豆皮仁分离和豆仁温度、湿度调节。

（6）可以进行由数点集中送往一处或由一处分散送往数点的远距离操作。

然而，与其他输送形式相比，其缺点如下。

（1）动力消耗大。不考虑其他特点，仅就输送而言，同样的输送产量和输送距离，气力输送的能耗高于机械输送数倍。

（2）由于输送风速高，易导致管道磨损和被输送物料的破碎。尤其是输送磨琢性较大的物料时，管道的磨损更为显著。

（3）对被输送的物料有所限制。水分大、黏附性强、吸湿性强、磨琢性大、容易破碎的物料不易采用气力输送，且物料粒径限制在大约 50mm 以下。

气力输送与其他输送方式比较如表 5 - 2 所示。

表 5 - 2　　　　　　　　　　气力输送与其他输送方式比较

项目	气力输送	空气槽	水力输送	带式输送机	链式输送机	螺旋输送机	斗式提升机	振动输送机
被输送物料粒径/mm	<30	—	<30	无特别限制	<50	<30	<100	<30
被输送物料的最高温度/℃	600	80	80	普通胶带 80 耐热胶带 180	300	300	80	80
输送管线倾斜角/°	任意	向下 4～10	任意	0～40	0～90	0～90	90	0～90
最大输送能力/（t/h）	1000	300	200	3000	300	300	600	10
最大输送距离/m	1000	200	10000 以上	8000	200	10	50	10
所需功率消耗	大	小	大	小	大	中	小	大
最大输送速度	6～35 m/s	30～120 m/s	120～360 m/min	15～180 m/min	10～30 m/min	20～100 r/min	20～40 m/s	—
输送物料飞扬	无	无	无	有可能	无	无	无	有可能
异物混入及污损	无	无	无	有可能	无	无	无	无

续表

项目	气力输送	空气槽	水力输送	带式输送机	链式输送机	螺旋输送机	斗式提升机	振动输送机
输送物料残留	极少量	极少量	无	无	有	少量	有	有
管线配置灵活度	自由	直线	自由	直线	直线	直线	直线	直线
分流的可能	容易	可能	容易	可能	困难	不能	不能	困难
断面占据空间	小	中	小	大	大	中	大	大
主要检修部位	弯管，阀	—	弯管，阀	托滚、轴承	链、轴承	全面	链、轴承	全面

第二节　气力输送基本理论

一、　流体的性质

流体是液体和气体的统称，气力输送涉及的流体主要是空气。气力输送属于流体输送，它是以空气作为工作介质，通过空气的流动将粉粒状物料输送到指定的地点。由于气力输送的过程是借助空气的运动来实现的，因此，掌握必要的工程流体力学基本知识，是我们研究气力输送原理和设计、计算气力输送系统的基础。

（一）　空气的密度和重度

1. 密度

单位体积空气所具有的质量称为密度。用符号"ρ"表示。空气的密度 $\rho_a = 1.2 \text{ kg/m}^3$。

2. 重度

单位体积空气所具有的重量称为重度。用符号"γ"表示。空气的重度 $\gamma_a = 11.77 \text{ N/m}^3$。

重度与密度之间的关系为：

$$\gamma = \rho g \tag{5-1}$$

（二）　空气的黏滞性

空气流动时，在空气内部质点间因存在相对运动会产生一种内摩擦力来反抗这种运动，这种性质称为黏滞性。

空气的黏滞性是由于空气分子间的吸引力以及空气分子因不规则热运动碰撞之后的动量交换所引起的。所以空气的黏滞性与温度关系密切，即温度升高，空气的黏滞性增大。

空气的黏滞性是空气流动产生阻力的根本原因。

（三）　空气的压缩性和膨胀性

空气受到压强作用体积缩小、密度增大的特性称为空气的压缩性；空气因温度增加而体积增大、密度减小的特性称为空气的膨胀性。

空气在压缩或膨胀的过程中，遵循理想气体状态方程，即

$$pv = RT \tag{5-2}$$

式中　p——绝对压强，N/m^2；

　　　v——比体积，m^3/kg，$v = 1/\rho$；

　　　R——气体常数，对于空气 $R = 287J/（kg \cdot K）$；

　　　T——绝对温度，K，$T = 273 + t℃$。

由式（5-2）和 $v = 1/\rho$，得

$$\rho = \frac{p}{RT} \qquad\qquad (5-3)$$

或

$$\gamma = \frac{p}{RT}g \qquad\qquad (5-4)$$

式（5-3）、式（5-4）为空气的密度、重度计算表达式。

根据空气的重度是否随压强和温度变化而变化，空气分为可压缩空气和不可压缩空气。可压缩空气，空气重度 $\gamma_a \neq$ 常数；不可压缩空气，空气重度 $\gamma_a =$ 常数。

在通风工程中，取温度20℃，绝对压力 $1.01 \times 10^5 Pa$，相对湿度50%的空气定义为通风工程的标准空气。通风工程标准空气的重度 $\gamma_a = 11.77 \, N/m^3$，密度 $\rho_a = 1.2 \, kg/m^3$。

在气力输送工程中，如果气流的温度和压强在整个管道流动过程中变化不大，或当气流的速度比这种气体在当时温度下的音速小得多时，引起的重度变化可忽略不计，这时可将管道气流看作不可压缩气体。

二、物料在管道中的运动

物料颗粒在气力输送管道中的运动是一个很复杂的现象，它涉及气固两相流动的理论。

（一）输送气流速度与物料运动状态

理论上讲，在垂直管道中，物料颗粒的重力与气流向上的推力处在同一直线上，但方向相反。当气流的速度大于颗粒的悬浮速度时，单颗粒物料就能被气流带走，形成气力输送。而在实际装置中，由于受颗粒本身形状不规则以及紊流气流的影响，颗粒会受到垂直于运动方向的力，所以物料颗粒在输料管中的实际运动状态将变得十分复杂，物料颗粒往往呈不规则曲线上升。这种运动的不规则程度，显然与物料的性质、物料在输料管中的浓度以及气流速度的大小密切相关。同时，由于物料颗粒之间、颗粒与管道之间存在着摩擦、碰撞和黏着，以及管道断面上气流速度分布不均匀和边界层的存在，故输料管中实际所需的气流速度也远大于颗粒的悬浮速度。

在气力输送过程中，物料颗粒的运动状态主要受输送气流速度影响和控制。在输送量一定时，输送气流速度越大，颗粒在管道内越接近均匀分布，处于完全悬浮输送状态；气流速度逐渐减小时，对于垂直管道会出现颗粒速度下降、物料分布出现密疏不均现象，而对于水平输料管则会出现越靠近管底分布越密的现象；当气流速度低于某一值时，对于垂直管道会出现局部管段掉料，悬浮但又能够被提升现象，对于水平管则出现一部分颗料在管底停滞，处于一边滑动，一边被气流推着运动的状态；当气流速度进一步减小时，水平输料管管底停滞的物料层做不稳定的移动，最后停顿，产生管道堵塞现象，而垂直输料管则出现管道中物料瞬间沉降，发生管道堵塞。

颗粒群物料在垂直输料管中不同输送风速时物料运动状态，垂直输料管中物料运动

状态如图5-8所示。

当管道中气流速度远大于物料的悬浮速度时，物料在管道中呈均匀的悬浮状态进行输送，如图5-8（1）所示。

随着输送风速的降低，压力损失将减少，如果加料流率不变、处在气流中的物料速度减慢而浓度增加、遂使压力损失再增加，这时曲线出现表示压力损失最小值的拐点，这时的输送风速称之为经济输送风速。当输送风速小于这一点后，物料虽仍维持悬浮在气流中呈向上输送，但物料颗粒在气流中已不再是均匀分布。所以又称为均匀分布输送临界速度。如图5-8（2）所示。

随着输送风速的进一步降低、物料的浓度迅速增加，物料在管道中的流动状态不再呈均匀分布的悬浮输送。颗粒的运动出现了聚集状态，空隙不断减小，成为不稳定的悬浮输送。如图5-8（3）所示。

当风速再降低，物科浓度继续增加到一定程度，物料充满了管道，此时管道即为物料所堵塞，这时的风速称之为噎塞风速。从物料噎塞管道时开始，流动状态很可能会转变为不易控制的栓状流动，如图5-8（4）所示。

随着风速的降低，物料已不能成栓流运动，遂聚合成料柱，只能由空气的静压推动物料向前输送，如图5-8（5）所示。

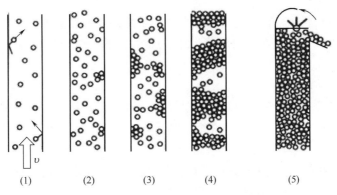

（1）　　（2）　　（3）　　（4）　　（5）

图5-8　垂直输料管中物料运动状态图

颗粒群物料在水平输料管中不同输送风速时物料运动状态如图5-9所示。

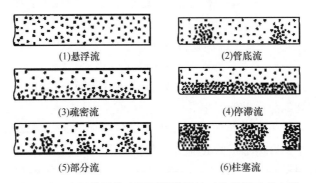

（1）悬浮流　　（2）管底流

（3）疏密流　　（4）停滞流

（5）部分流　　（6）柱塞流

图5-9　水平输料管中不同输送风速时物料运动状态图

（1）悬浮流　输送气流速度大，颗粒在管道中接近均匀分布状态，以完全悬浮状态输送，因而也称为均匀流。悬浮流是物料进行气力输送的一种最理想状态。

（2）管底流　当气流速度减小时，物料颗粒愈接近管底区域分布愈密，但没有出现停滞。物料颗粒一面作不规则的旋转、碰撞，一面被输送。

（3）疏密流　当气流速度小于某一数值时，就会出现一部分颗粒在管底滑动，但没有停顿，颗粒在管道中出现疏密不均现象。疏密流是颗粒悬浮输送的临界状态，这是一种不稳定的输送状态。

（4）停滞流　随着气流速度进一步减小，大部分颗粒失去悬浮能力而停滞在管底，停滞在管底的颗粒在局部管段聚集在一起，使管道断面局部变狭窄，气流速度在该区域增大，较高的气流速度又将停滞的颗粒吹走。这样就形成停滞、积聚和吹走相互交替的不稳定输送状态。

（5）部分流　当输送气流速度很小时，物料颗粒就会堆积于管底。堆积层上部的物料颗粒在气流作用下，将作不规则移动。而且堆积层也会随着时间的变化作沙丘似的移动。

（6）柱塞流　当输送气流速度过小时，沉积到管底的物料层就会在局部管段完全充满输料管，形成物料柱堵塞管道。物料柱则在较高空气压力的推动下移动，形成柱塞流。

柱塞流时，物料颗粒在管道中已完全失去了悬浮能力而形成物料柱，在这种情况下的输送称为静压输送。其余五种输送状态是靠气流的动能输送的称为动能输送或悬浮输送。

（二）　输送状态与空气动力

在垂直输料管中，空气动力对物料悬浮以及输送起着直接作用。空气动力与物料颗粒的重力在同一垂直线上，但方向相反。由于物料处于紊流气流中，颗粒有受到径向分力的作用，同时，由于颗粒本身的不规则以及颗粒之间、颗粒与管道内壁之间的碰撞、摩擦等引起的颗粒旋转产生的马格努斯效应，使用权颗粒会受到垂直于气流方向的力的作用。因此垂直输料管中物料作不规则的曲线上升运动。

在水平输料管中，物料颗粒的重力方向与水平气流方向相垂直，因此空气动力对颗粒的悬浮不起直接作用。但实际装置中物料颗粒在水平管道中仍能被正常悬浮输送，一般认为是由于物料颗粒受到水平方向的空气动力之外还受到了如下所述的几种升力作用。

（1）紊流时的径向分力　气力输送管道内气流流型为紊流，因而管道内水平气流速度在径向上的分速度会产生使物料悬浮的升力。

（2）颗粒上下表面之间的静压差力　输料管有效断面上空气流动存在速度梯度而引起的颗粒上下表面之间静压差所产生的升力。

在气流速度相同时，小管径的速度梯度大于大管径，所以小管径内气流的升力大。在大管径的输料管中，容易形成管底流就是这个原因。

（3）马格努斯效应引起的升力　由于空气的黏滞性，旋转颗粒周围的空气被带动，形成与颗粒旋转方向一致的环流。颗粒周围的环流与管内气流速度叠加使颗粒上部的气流速度增加、压强下降，而颗粒下部的气流速度降低、压强升高，因而颗粒上下的压力差使颗粒产生了升力的作用，这一现象通常称为马格努斯效应。

在气力输送中，以球形颗粒物料产生的马格努斯效应最为显著。如对水平管道输送大豆进行高速摄影，可以看出大豆每秒钟旋转数千转，根据研究结果，发现由马格努斯效应引起的升力可达大豆颗粒自身重力的几倍。

（4）由于颗粒形状不规则产生的推力在垂直方向的分力。

（5）由于颗粒之间或与管壁碰撞而产生跳跃，或受到反作用力的作用在垂直方向的分力。

这些力共同作用的结果，使颗粒在水平气流中不断处于悬浮状态并呈悬浮状态输送。并且水平管道中的气流速度越大，颗粒悬浮的升力就越大，越有利于物料输送，但同时能量消耗也增大，因此物料颗粒在水平管道中的安全输送是需要消耗较高能量的，设计气力输送装置时尽可能选取最短的水平管段就是这个原因。同时可以知道，水平输料管道内物料的运动轨迹不是一条直线，而是颗粒悬浮和沉降交替出现的不规则曲线运动。

（三）输料管断面气流速度分布

纯空气管流时，在管道轴心线上速度具有最大值，而且对称于管道的轴心线。在空气中混有物料流时，即气力输送管道中，气流速度分布有很大的变化。

在水平管道中，由于颗粒的重力作用，越接近管底物料分布越密使用权得最大速度的位置移到了管道轴心线之上。管底较低的气流速度会导致颗粒的速度减小，最后影响到物料的输送，严重时会出现物料在管底停滞使管道堵塞现象。

不论在垂直输料管或是水平输料管中，气流速度均成紊流流型，而且管道中气流速度的分布总是管道中心区域速度大，管壁区域速度低，而气流中的物料总是存在由高速区向低速区运动的趋势。所以，选用输料管中气流速度时，应保证在气流速度分布较低区域，不致造成颗粒停滞为基准，尤其在选用水平输料管输送风速时更是如此。

（四）气力输送的压损特性

物料颗粒在管道中呈悬浮状态输送时，总存在着颗粒或管壁之间的碰撞或摩擦，这样会使颗粒损失一部分从气流那里得到的能量，也即气流具有的能量的一部分要消耗在颗粒与管壁的碰撞或摩擦上。而这部分能量损失是以气流压力损失的形式表现出来的。一般，气流速度越大，压力损失越显著；而气流速度减小时，颗粒又会产生停滞现象，加剧颗粒与管壁的摩擦，压力损失反而增大。

气力输送输料管内为空气和固体物料的混合物，在流体力学中称为气-固两相流。气-固两相流的压损特性与纯空气（单相流）流动的压损特性显著不同，气力输送两相流的压损特性曲线如图5-10所示。

由图5-10可知，两相流的压损特性曲线可分为三个阶段。

（1）物料与气流的启动加速段　图5-10中的ab段。在这一阶段，由于刚喂入输料管的物料颗粒初速度较低或者基本接近于零，而正常的管道物料输送速度需要达到16～20m/s以上，因而物料喂入管道之后，物料与空气都有一个启动、加速的过程。而物料的启动、加速过程需要较高的能量，同时由于在该段空气与物料颗粒之间的相互作用引起的能量损失也较大，因而，在该段两相流的压损与随气流速度的增加而急剧增加。

（2）物料的间断悬浮段　图5-10中的bc段。这一阶段表明，物料粒子由加速运动

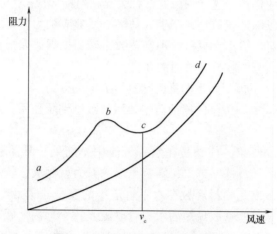

图 5-10　两相流的压损特性曲线

向悬浮运动过度。颗粒本身的速度增大，从而使颗粒与颗粒之间、颗粒与管道内壁之间的碰撞、摩擦等引起的能量损失减少，这一能量损失的减小值超过了因使颗粒增速所引起的空气流动能量损失增大的程度，使得该段两相流的总压损随流速的增加而减小。

当流速增加到数值 v_c 时，物料颗粒达到完全悬浮状态，压损最小。

（3）物料的完全悬浮段　图 5-10 中的 cd 段。压损曲线的 cd 段表示物料颗粒完全处于悬浮状态，并被正常输送。在本阶段，物料颗粒均匀地悬浮在整个管道断面上，压损随流速的增大而增大。此时的压损特性曲线增大趋势与纯空气单相流的压损特性曲线基本一致。

两相流的压力损失除与输送气流速度有关外，也与物料的性质有关；容重大、具有尖角的不规则颗粒，压损也大。

对于容重和表面粗糙度大致相同的物料，其粒度分布越广，压力损失也就越大。颗粒大小不一时，其速度、碰撞次数、加速度等运动情况不一样。小粒径颗粒比大粒径颗粒更容易加速，所以，从后面追上来的小颗粒就更多，并且小粒径颗粒易追过大粒径颗粒并和大粒径颗粒碰撞。所以，颗粒碰撞会损失一部分颗粒的动能，另外，大粒径颗粒后产生的旋涡也有可能将小粒径颗粒卷入，因此造成颗粒动更为不规则，使压力损失增大。

第三节　气力输送装置

气力输送系统的主要构件和设备由供料器、输料管及管件、卸料器（分离器）和除尘器及气源设备等部分构成。

一、供料器

（一）供料器及其要求

供料器的作用是把物料供入输料管中，并在这里物料与空气得到充分混合，继而被加速、输送。供料器是气力输送的"咽喉"部件，供料器结构及性能对气力输送装置的输送量、工作的稳定性、能耗的高低有很大影响。对于压送式气力输送装置，供料器应同时具备定量供料、混合（在气流中分散）、悬浮和密封等作用，供料器的性能是否良好，将影响整个气力压运系统能否正常运行。

在设计和选择供料器时，应满足以下要求。

（1）物料通过供料器喂入输料管时，应能和空气充分混合。即要使空气从物料的下方引入，并使物料均匀地散落在气流中，这样才能有效地发挥气流对物料的加速、悬浮和输送作用，不致掉料。

（2）供料器的结构使空气畅顺进入、不产生扰动和涡流，以减少空气和物料流动的阻力。

（3）尽量使进入气流的物料运动方向与气流的方向一致，以减少气流对物料的加速能量损失。

（4）不漏气、不漏料、不积料、不增碎。

（5）连续、定量、均匀供料，操作方便，运转可靠。

（6）占地面积小，高度低。

（二）供料器的种类

按供料器工作时所处的压力状况，可将供料器分为两大类。

（1）压送式气力输送装置中的供料器。该供料器是向正压输料管中供料，为了保证输送量和不从供料器漏出大量压缩空气，所以要求其构造严格密闭且合理，如重力式、叶轮式、螺旋式、喷射式和充气罐式等。

（2）吸送式气力输送装置中的供料器。该供料器是向负压输料管中供料，其构造一般较简单，如各种原粮吸嘴、三通式、诱导式、补气式、扬升式等。

常用的供料器主要有吸嘴型、三通型、叶轮型、弯头型等类型。

（三）吸嘴

吸嘴是吸送式气力输送装置的供料器，或称接料器。它比较适合输送流动性较好的粒状物料，如：原粮小麦、大豆、玉米、高温水泥等。广泛应用于车船、仓库等散装物料的装卸、输送或清扫等气力输送装置中。对吸嘴的要求如下。

（1）在进风量一定的情况下，产量大，阻力小，不掉料。

（2）具有风量调节机构和补风装置，以达到最合适的输送浓度和吸送不同物料的、吸嘴操作的可调节性。

（3）轻便，容易操作，便于插入料堆和拔出、移动，能吸净容器底部和各个角落物料。

（4）能防止吸入绳头、铁丝等长尺寸杂质。对于容易产生粉尘爆炸的物料，还应防止吸入金属性杂质。

吸嘴作为吸送式气力输送装置供料器，可以分为固定式和移动式。

固定式吸嘴安装在料斗下方，物料在重力作用下落入吸嘴，多为下落式。移动式吸嘴有单筒型和双筒型，一般是将物料上吸，通过吸嘴再送入输料管，故多是上吸式。小型吸粮机上一般采用质量较轻的单筒型吸嘴，而大、中型吸粮机上多采用双筒型吸嘴。

1. 固定式吸嘴

固定式吸嘴又称喂入式吸嘴。固定式吸嘴如图5-11所示,吸嘴安装于料仓和料斗下方,物料受重力作用,在下落的同时与空气一起被吸入输料管。在管端装有空气阀(图5-12)用来调节物料和空气的混合比。当吸嘴因管内真空度增大使气流速度增加时,在外界大气压力作用下,空气阀弹簧压缩,使阀门开启,外界空气流入管内,从而调节内部真空度。为使物料能良好分散,使其易于在气流中悬浮,有时可安装一块承料板,以保证物料按规定的混合比在输料管中很好地流动。在吸嘴上部还装有插板活门,用来调节供入物料的数量。活门和空气阀可独立完成混合比的调节工作。这种吸嘴可用于粮食、砂糖和塑料等流动性能较好的物料输送。

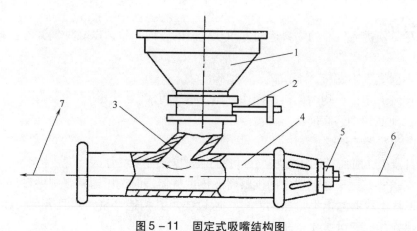

图5-11 固定式吸嘴结构图

1—料斗 2—活门 3—承料板 4—输料管 5—空气阀 6—空气 7—混合流

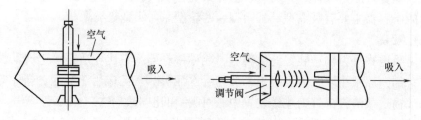

图5-12 空气阀的结构图

2. 单筒型吸嘴

单筒型吸嘴的结构简单,通常有直口型、喇叭口型、扁口型和斜口型等多种形式,单筒型吸嘴如图5-13所示。

(1)直口型吸嘴 即直接利用输料管的端部,或为通过挠性软管连接到输料管上的一段直管。直口型吸嘴,结构简单,易于制作,但进口压力损失大,进风量和补风量无法保证,无调节功能。当直口型吸嘴插大料堆过深时,容易被物料埋住堵死,因为无空气流入或者空气量少而使输送中断;有时也会因吸送产量过大造成管道内物料运行停顿、进而发生输料管堵塞。

直口型吸嘴供料量的稳定性差,供料量过大时容易发生吸嘴堵塞的危险,所以为了防止吸嘴被物料堵死,一般在单筒型吸嘴的端部开设有补气口即二次空气进风口。二次

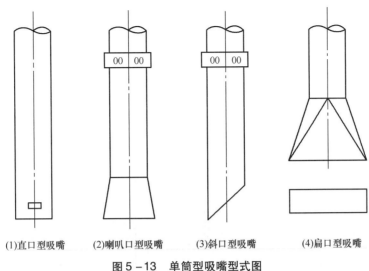

(1)直口型吸嘴　　(2)喇叭口型吸嘴　　(3)斜口型吸嘴　　(4)扁口型吸嘴

图 5 - 13　单筒型吸嘴型式图

进风的作用是弥补一次进风口空气量的不足，使进入吸嘴的物料获得较好的加速度，或者吸嘴端部被坍塌的物料埋住以及操作不慎插入料堆过深吸嘴被物料堵死时起到清堵作用。

直口型吸嘴端部的二次进风口多为固定不可调节。为了根据输送情况调节输送量，必须靠频繁上下移动吸嘴来改变端部埋大料堆的深度，因此，这种吸嘴很难获得连续高效的输送。

这种吸嘴适用于磨削性大的物料或含有块状的物料、需要边粉碎边吸引的物料，以及炽热状的高温物料等特殊物料的输送。这种吸嘴的压力损失最大。

（2）喇叭口型吸嘴　吸嘴端部为喇叭口形状，是为了减少一次空气和物料进和吸嘴的阻力。在喇叭口以上直管段安装有一可转动的调节环，用来调节二次空气进风量。二次进风的作用是使进入吸嘴的物料获得加速度，而不能像吸嘴口物料间隙进入的空气那样起携带物料进入吸嘴的作用，调节二次进风量可获得最佳的输送产量。

喇叭口型吸嘴构造比较简单，与直口型吸嘴相比，它具有可调性，压力损失也较小。适用于谷类等的吸引卸料、装料的输送。

（3）斜口型吸嘴　斜口吸嘴，主要用于船舱、仓库等残余物料或容器角落物料的清扫，也可用于成堆散料的输送。一般无风量调节及二次补风装置。

（4）扁口型吸嘴　扁口型吸嘴的结构简单，四个支点使吸嘴与物料保持一定间隙，以便进行补充空气，适用于吸取粉状物料。扁口型吸嘴主要便于大面积平整场地残余物料的清扫，如仓库的地面等。

3. 双筒型吸嘴

双筒型吸嘴如图 5 - 14 所示。它由入口处作成喇叭形的内筒和可以上下活动的外筒以及支撑块、调节螺栓等部分组成。内筒上端与输料管连接，物料及部分空气由吸嘴部进入内筒，补充空气即二次空气经内筒之间的环形空间进入内筒。通过调节外筒上下移动以改变内外筒下端端面的间隙 s，来调节最佳输送浓度和最大输送产量。

吸嘴端部做成喇叭形，是为了减少一次空气及物料流入时的阻力，二次空气从吸嘴上端进入随物料一起被吸引，使物料得到有效的加速，以提高输送能力。根据不同情况，还可以调节三次空气量，以保持最好的输送状态。这就是双筒型吸嘴的优点。

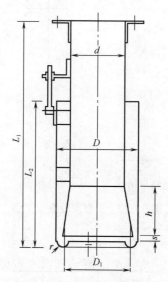

图 5 - 14　双筒型吸嘴结构图

双筒型吸嘴的外筒直径根据内外筒之间的环形截面面积与内筒有效断面面积相等的原则确定，即：

$$D = \sqrt{d^2 + (d + 2\delta)^2} \tag{5-5}$$

式中　D——外筒直径，mm；

　　　d——内筒直径，mm；

　　　δ——筒壁的厚度，mm。

喇叭管扩大口的内径 D_1

$$D_1 = \sqrt{D^2 - 0.5d^2 - 2\delta} \tag{5-6}$$

喇叭管高度 h

$$h \approx 4.07(D_1 - d) \tag{5-7}$$

圆弧体高度 l

$$l \approx (0.2 \sim 0.3)d \tag{5-8}$$

圆弧半径 r

$$r = \frac{D - d - 2\delta}{4} \tag{5-9}$$

一般内筒长度 $L_1 \geqslant 1000$ mm，外筒长度 $L_2 \geqslant 700$ mm，内外筒壁厚 δ 取 $1.5 \sim 3$ mm。吸嘴内外筒端面间隙 s 和吸嘴插入物料中的深度，对吸送不同种类的物料和气力输送装置采用不同的气源设备风机而数值不同，可在实际运行时调整确定。

吸嘴的压力损失 ΔP，可按式（5 - 10）计算。

$$\Delta P = \zeta \frac{v_a^2}{2g} \gamma_a (1 + \mu k) \tag{5-10}$$

式中　ζ——吸嘴阻力系数，一般 $\zeta = 1.7$；

μ——输送浓度，kg/kg；

γ——吸嘴入口处的空气重度，N/m^3；

v_a——吸嘴入口处的空气速度，m/s；

k——系数，对不同的物料不同输送浓度数值不同。对稻谷：$v_a = 18 \sim 22 m/s$，$\mu = 18 \sim 40$ kg/kg，$k = 2.9223 - 0.0518\mu - 0.0887v_a$。

吸嘴的压损也可由实验测得。吸嘴的压损一般在 $(300 \sim 1000) \times 9.81 Pa$ 范围内，为系统总压损的 1/3 左右。

当吸送散落性差，粒度不均匀的物料时，可采用带松动装置的转动吸嘴，使物料不断塌落松动，从而保证吸嘴连续吸送物料。

4. 转动吸嘴

在吸送自流性差、粒度不均匀、湿度较高并有结块的物料时，可采用带有松动物料装置的转动吸嘴。转动吸嘴如图 5 - 15 所示，是用于吸煤机上的一种转动吸嘴。

转动吸嘴由电机经减速传动装置带动，从而在装有滚动轴承的转台中转动。吸嘴筒壁上焊有若干补充风量管，以便把补充空气通到吸嘴口。吸嘴的下端部装有松料刀（六把塌料刀和三把喂料刀），工作时吸嘴转动，松料刀不断扒料使物料塌落松动，源源吸入输料管，改变了用各种单筒、双筒吸嘴时所产生的物料成井现象，克服了只能在物料中吸出一个洞，要不断拔起吸嘴，用人力把吸嘴推到旁边吸料，既不能连续吸料，又费力和不安全的缺点。如采用带松料刀的转动吸嘴，则只需一个人按动电钮控制吸嘴移动即可，大大减轻了工人的劳动强度，而且旋转松料刀能使物料倒塌、能把物料扒松，使之较好地与空气混合和获得进入吸嘴的起动初速度，保证吸嘴连续充分地吸料，因而大大提高了混合比和输送量，并减少起动压力损失。

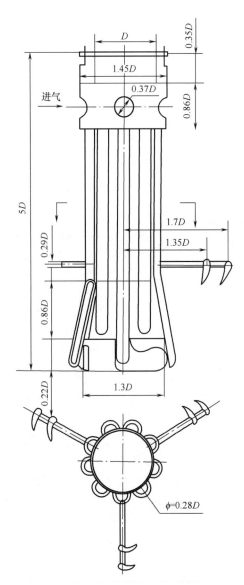

图 5 - 15 转动吸嘴结构图

（四）三通供料器

在某些加工厂的一些吸送式气力输送装置中，输送管道中的物料来源于其他加工设备，即加工设备的排出物料由溜管供入气力输送输料管中，这种情况下的供料器常称为接料器，而且多采用三通型，如立式三通供料器、诱导式供料器和卧式三通供料器等。

1. 立式三通供料器

这种接料器用在垂直提升或倾斜提升的气力输送管道上，立式三通供料器结构如图 5-16 所示。

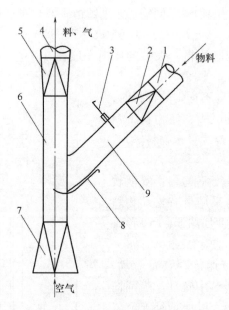

图 5-16　立式三通供料器结构图

1—圆形溜管　2—变形管　3—插板　4—输料管　5—圆变方变形管
6—矩形风管　7—喇叭形进风口　8—弧形溯板　9—矩形溜管

工作时，物料沿溜管落入到由喇叭口进气的垂直输料管中，自下而上的气流使物料悬浮、加速和提升。为使物料能顺着气流方向进入，溜管和与溜管相连的垂直输料管均匀矩形截面，而且在溜管末端装有可调节的弧形溯板。弧形溯板的尾部弯曲方向与气流方向相同。当物料由矩形溜管滑过溯板时，由于溯板的导向作用，使物料具有向上的初速度，从而易于被气流加速和节省能量。

2. 诱导式供料器

诱导式供料器的结构如图 5-17 所示。它是立式三通供料器的一种变形，是粮食加工厂最常用的一种供料器。

诱导式供料器具有良好的空气动力学特性。物料沿圆形溜管下落，经圆变方变形管进入矩形截面的供料器，通过弧形溯板对物料的诱导的作用进入气流中。在气流的带动下，先经过风速较高的较小截面管道进行加速、提升，然后经方变圆变形管进入输料管正常输送。在弧形溯板处，安装有风量调节阀门（插板阀或旋转多孔板），以控制和调节从工艺设备进入的空气量。

根据物料的下落情况来调节弧形溯板的位置，可以使物料离开弧形溯板时的运动速度与气流方向基本一致，以达到最佳输送状态。

诱导式供料器不仅适用于粒状物料，也适用于粉粒状物料，并且具有料、气混合性能好，阻力小（阻力系数为 0.7 左右）等优点，但是它的制造和操作比较复杂。

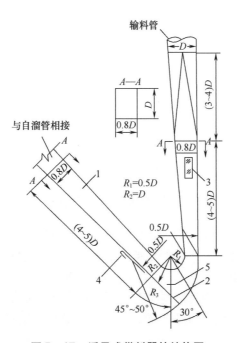

图 5-17 诱导式供料器的结构图

1—方形溜管 2—进风口 3—观察窗 4—插板活门 5—弧形淌板

3. 卧式三通供料器

卧式三通供料器的结构如图 5-18 所示。主要由进料弯管、进气管、隔板和输料管等部分构成。工作时，物料由进料弯管进入输料管中，物料进入方向与气流方向基本一致，并在此与进入的气流混合并被加速、输送。为防止喂料量的波动引起的进料口处管道堵塞，在进料口处的水平输料管中常安装一隔板，隔板使得水平输料管空气的流动式中处于畅通状态。

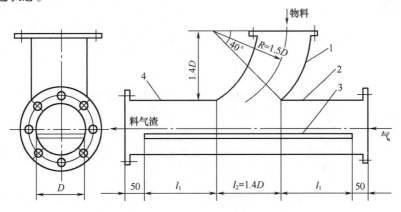

图 5-18 卧式三通供料器的结构图

1—进料弯管 2—进气管 3—隔板 4—输料管

卧式三通供料器主要用于水平输送管道的喂料，它体积小，高度低，常安装于某些加工设备底部。

卧式三通供料器的阻力系数为 $\zeta = 1.0$。

4. 喷射卧式供料器

喷射卧式供料器的结构如图5-19所示。

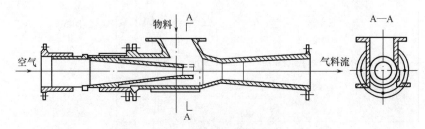

图5-19 喷射卧式供料器的结构图

对于低压短距离压送式气力输送装置可以使用喷射卧式供料器。喷射卧式供料器的工作原理是利用供料口处管道喷嘴收缩使气流速度增大，动压升高，静压下降，造成供料口处的静压等于或低于大气压，这样，管道内的正压空气不仅不会从供料口处喷出，而且由于引射作用，还会使少量空气和物料从供料口处被吸入到输料管中，从而完成向正压空气管道的供料。在供料口的后面有一段渐扩管，在渐扩管中气流速度逐渐减小，静压逐渐升高，使气流转换到正常输送的气流速度和静压力。

喷射卧式供料器的优点是结构简单，尺寸小，无转动部件。缺点是输送浓度低，压力损失大。

其他形式的供料器，还有弯头式、磨膛提料等，如图5-20所示。

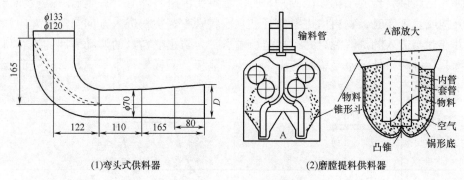

(1)弯头式供料器 (2)磨膛提料供料器

图5-20 弯头式、磨膛提料供料器结构图

（五）叶轮式供料器

叶轮式供料的结构如图5-21所示，也称旋转式供料器、旋转式闭风器和关风器等。

叶轮式供料器由叶轮和圆柱形的机壳构成，壳体两端用端盖密封，壳体的上部为进料口，下部为出料口。叶轮一般有6~12个叶片，使机壳内空间分为6~12空腔。当叶轮通过传动装置在壳体旋转时，物料从进料口进入叶轮的空腔（格室）内，随着叶轮旋转从下部流出。

1. 叶轮式供料器的型式

叶轮式供料器的两种基本形式如图5-22所示，叶轮有侧面挡板和无侧面挡板。有侧面挡板可避免物料与端盖的直接接触，减少端盖的磨损，但粉体也可通过侧面挡板与

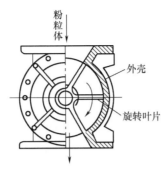

图 5-21　叶轮式供料器的结构图

机壳间隙进入到挡板和端盖的空腔，这部分粉体如果没有排料口，有时会阻碍叶轮旋转。无侧面挡板结构简单，但输送琢磨性高的物料时端盖易受磨损，增大轴向漏气量。

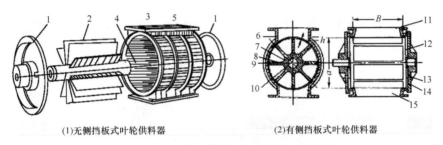

(1)无侧挡板式叶轮供料器　　　　　　(2)有侧挡板式叶轮供料器

图 5-22　叶轮式供料器的两种基本形式图

1，14—端盖　2，7—叶轮　3，6—壳体　4，10—转轴　5—均压管　8—格室　9—叶片
11—进料口　12—侧面挡板　13—通气口　15—排料口

叶轮式供料器叶片的几种安装方式如图 5-23 所示：平行式、螺旋式和 W 形式。平行式叶轮属于间断性供料，而螺旋式和 W 形式叶轮可实现连续供料。也可改变进料口的形式实现连续供料，叶轮式供料器连续供料的进料口形式如图 5-24 所示。

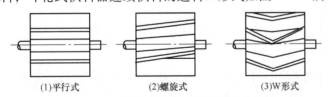

(1)平行式　　　　　　(2)螺旋式　　　　　　(3)W形式

图 5-23　叶轮式供料器叶片的安装方式图

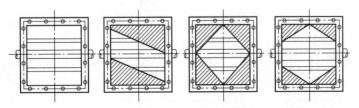

图 5-24　叶轮式供料器连续供料的进料口形式图

叶轮式供料器与输料管连接的两种形式如图 5-25 所示：吹通式和直落式。吹通式叶轮式供料器，输料管直接安装在两侧端盖上，叶轮空腔与输料管相通，输送气流可将叶轮空腔内物料吹到输料管中。这种叶轮式供料器只能用于气力压运而且输料管管径不

宜过大。直落式叶轮式供料器属于通用型，既可用作气力压运的喂料器，也可用于除尘顺的排灰。

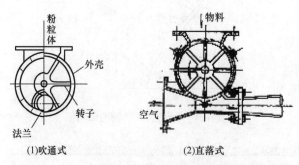

图 5-25　叶轮式供料器与输料管连接的两种形式图

叶轮式供料器的两种进料口形式如图 5-26 所示：直口式和偏口式。偏口式叶轮式供料器可避免叶轮被物料卡住，也可降低物料与机壳的磨损。

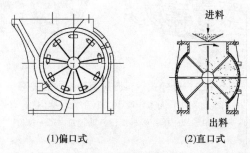

图 5-26　叶轮式供料器的两种进料口形式图

2. 叶轮供料器防过载装置

在物料中经常会混入一些螺栓、螺母、焊渣、木片等杂物。如果这些杂物卡入外壳与叶轮之间，就会发生事故，轻者使部件或传动装置受到损坏，重者还会烧毁电机。因此，在叶轮式供料器前应安设清除杂物用的过滤网或电磁分离器，并设手孔。

在没有安设清除杂物的装置或它的可靠性不够时，有必要采取在杂物卡入后，当转轴的阻力超过一定值时，能自动停车的装置。具体有以下几种：

（1）安全销式　传动轮是用销子固定在转轴侧的轮壳上、销子的强度在规定的设计值以内。当转子卡入异物时，就能自动将销切断，使传动轮空转，以防烧坏电机。其装置简单有效，但销子切断后需更换新销。

（2）离合器式　在传动部分安装有摩擦离合器、爪形离合器或液力联轴节，当叶轮与外壳间卡入异物时，离合器接头就自动离开。它的构造较复杂，但清除异物之后，马上能继续运转，所以使用比较方便。

（3）电气式　当叶轮与机壳间卡入异物使电机的电流过大时，通过测定该电流的电气设备，能自动切断电源，使电机停止转动，这种装置需电气控制设备，但运行安全可靠。

3. 叶轮供料器防卡入异物的装置

对于供给硬质粒状物料的叶轮式供料器，需要设计防止异物卡入转子与机壳之间的结构。具有防卡舌板的供料器如图5-27所示，在物料的给入口装设一个凸块。具有斜开口的供料器如图5-28所示，将物料的给入口与转子的中心线错开，使供入的物料不能充满叶室整个空间等，具有可调节式弹性密封条的供料器如图5-29所示，具有防卡尼龙刷的供料器如图5-30所示，具有弹性叶片的供料器如图5-31所示，具有刮棱和反向刮刀的供料器如图5-32所示。具有自动排出异物装置的供料器如图5-33所示，是日本日立制作近年所制作的大型吸粮机上用的防卡卸料器，当叶轮被异物卡住时，壳体移动部分能自动向外移动让出通道，使异物得以排除。

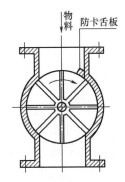 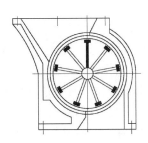

图5-27　具有防卡舌板的供料器图　　图5-28　具有斜开口的供料器图

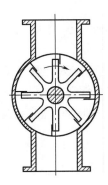 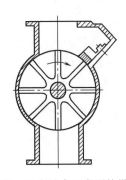

图5-29　具有可调节式弹性密封条的供料器图　　图5-30　具有防卡尼龙刷的供料器图

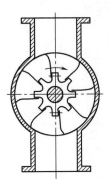 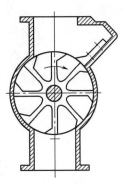

图5-31　具有弹性叶片的供料器图　　图5-32　具有刮棱和反向刮刀的供料器图

4. 解决空气上冒的措施

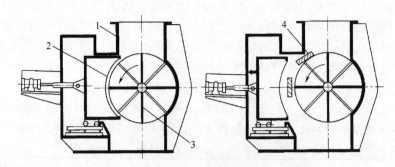

图 5 – 33　具有自动排出异物装置的供料器图
1—壳体　2— 可移动壳体　3—叶轮　4—异物

在压送系统中，空气上冒会导致下料不良而影响输料量，况且转子与机壳之间都留有 0.2 ~ 0.6mm 的间隙，要完全保持气密是不可能的。当下部压力高时，空气就会通过间隙往上冒，可依情况不同，采取如下办法。

（1）锥形衬套式　使叶片外周在轴向具有一定的锥度、相应地在外壳内镶入锥形的衬套，靠调整螺栓来改变衬套的位置，使转子与外壳之间的间隙可以任意调节。除衬套外，也可将外壳内表面做成锥形、转子靠安装在转轴两端的固定螺母来定位。其加工虽然比较麻烦，但间隙可通过调整而容易保证。如果磨损严重，靠锥度不能调节时，可用更换衬套或堆焊叶片端部的办法进行修理。

（2）防漏板式　它是在叶片端部安装了聚四氟氯乙烯或橡胶板，前者摩擦因数小，后者有挠性，它在机壳内是以擦动状态旋转，使漏气量非常小。但前者价格昂贵，所以通常采用耐磨橡胶。此外，装有橡胶的叶片还可以避免由于卡入异物而发生事故。

（3）密封外壳式　密封外壳式叶轮供料器如图 5 – 34 所示，它的转子是支承在上下活动的轴承上的，转子对密封外壳一面擦动，一面旋转。即使叶片磨损也不会增加漏气量。但是，因为轴承的结构复杂，所以只限于特殊用途。

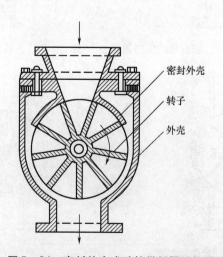

密封外壳

转子

外壳

图 5 – 34　密封外壳式叶轮供料器结构图

（4）喷射式　在叶轮式供料器下部装喷射器，靠高速喷出的压缩空气，使下部的静压降低，造成必要的负压，以减少上冒空气量。装有喷射器的叶轮式供料器如图5－35所示。采用喷射器是一种有效的方法，但喷出的空气产生相当大的压力降，使排气压力及所需功率的消耗较大，且喉部的气流速度约达100m/s，磨损很快又严重，所以必须采用耐磨材料。它只限于输料管上仅有一个供料器的场合。

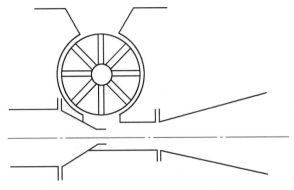

图5－35　装有喷射器的叶轮式供料器配置图

（5）空气放散式　叶轮式供料器的匀压管如图5－36所示，在料斗下部或在旋转式供料器的外壳上装有匀压管（空气分叉管），将来自输料管通过供料器上冒的高压空气放散。即使有一部分空气上冒，也不会妨碍下料。

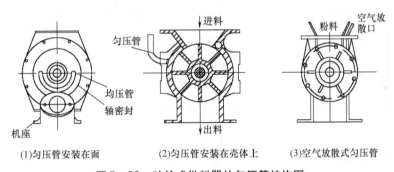

(1)匀压管安装在面　　(2)匀压管安装在壳体上　　(3)空气放散式匀压管

图5－36　叶轮式供料器的匀压管结构图

5. 防止黏附的措施

在供给微细的粉状物料时，各部分均需注意采用不致使粉料黏附在转子上的结构。当粉料或空气冷到露点以下而结露时，应进行保温或加热。

因为转子直径过小，粉料容易堵塞在叶片之间，所以应采用大直径的转子，再在叶片之间加上衬底，加衬底的转子如图5－37所示，以保持额定的供给量。也可以采用从转子内部往外喷射空气进行吹扫的方法。此外，还有采用在转子里面加

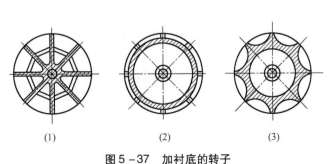

(1)　　　　　(2)　　　　　(3)

图5－37　加衬底的转子

入钢球或滚子,使转子底面受到振动的方法。

6. 叶轮式供料器的性能

(1) 叶轮式供料器的气密性　叶轮式供料器的进料口和出料口存在着压差时,会出现进料口和出料口之间漏气现象,即不能保证喂料同时的气密性。

叶轮式供料器气密性差将严重影响其供料性能。为减少漏风量,叶轮旋转时从进料口到排料口一侧至少应保持有两个以上的叶片与壳体内壁接触。叶轮与壳体的间隙要尽量小,但间隙过小时,会由于转子的加工精度、热膨胀因素以及输送物料中粉体的阻塞,造成叶轮旋转阻力过大,甚至旋转困难,所以叶片与机壳间的间隙一般控制在0.08 ~ 0.15mm。此外,叶轮的轴向间隙也必须严格控制。

叶轮式供料器的漏风量为叶轮旋转时每一格室容积引起的漏风量和叶轮与壳体间隙的漏风量之和。

$$Q = Q_1 + Q_2 \qquad (5-11)$$

式中　Q——叶轮式供料器的漏风量,m^3/min;

Q_1——叶轮旋转时包含在两个叶片和机壳间的空气泄漏量,m^3/min;

Q_2——叶轮与机壳间隙之间的空气泄漏量,m^3/min。

设叶轮与机壳间的空气总容积为 i (m^3),叶轮转速为 n (r/min),供料器进出料口空气重度分别为 γ_1 和 γ_2,则供料器的最大理论漏风量为:

$$Q_1 = ni(\gamma_2 - \gamma_1)/\gamma_2 \qquad (5-12)$$

若用供料器落料口处的体积表示,设漏气时空气等温膨胀,则式 (5-13) 为

$$Q_1 = ni(1 - \frac{p_1}{p_2}) \qquad (5-13)$$

式中　p_1——进料口处空气的绝对压强,Pa;

p_2——出料口处空气的绝对压强,Pa。

叶轮与机壳通过间隙的漏风量计算,一般按迷宫式密封方法近似计算:

$$Q_2 = aA \sqrt{\frac{g}{\gamma_2}(\frac{p_2^2 - p_1^2}{np_2})} \qquad (5-14)$$

式中　a——流量系数,纯空气时,$a = 0.65 \sim 0.85$。混有粉体时,a 值变小;

A——间隙的总面积,m^2。

(2) 叶轮式供料器的产量　叶轮式供料器的产量按式 (5-15) 计算:

$$G = 0.06ni\psi\rho_s \qquad (5-15)$$

式中　n——叶轮转速,r/min,一般 $n \leqslant 60r/min$;

i——叶轮的有效容积,m^3;

ψ——叶轮的装满系数,$\psi = 0.6 \sim 0.8$;

ρ_s——被输送物料的密度,kg/m^3。

由式 (5-16) 可知,叶轮式供料器的产量与其转速成正比。但是在实际工程中并非叶轮转速越高供料器的产量就越高。叶轮式供料器的产量与其叶轮外沿圆周速度的关系如图 5-38 所示。

当叶轮的圆周速度较低时,即在叶轮的转速比较低时,供料量与转速大致成正比,但当圆周速度超过某一数值时,供料量开始下降。其原因是叶轮圆周速度超过某一数值时,叶片对物料施加的圆周力使供料端的物料向外飞溅,降低了叶轮空格的装满系数。

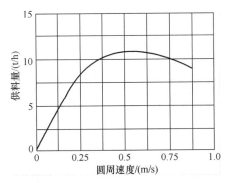

图 5 -38　叶轮式供料器的产量与其叶轮外沿圆周速度的关系

为了使用稳定，所确定的转速最好是在供料量与圆周速度的直线关系范围内。

部分叶轮式供料器的型号规格见附表六。

二、 输料管道和管件

(一) 输料管

在气力输送装置中，输料管主要指连接在供料器和卸料器之间的管道部分。输料管一般都采用圆形截面管，它可以保证空气在整个截面上均匀分布，输料管的内径一般为 $60 \sim 300 mm$。

输料管多采用薄钢板焊接管或无缝钢管。对于低真空气力输送系统也可采用镀锌薄钢板卷制的焊接管道，但要注意管壁的厚度，管壁太薄，气力吸运工作时，有可能被吸瘪。对于输送食品原料或其他特殊要求制品时，还可以采用不锈钢管或铝管。为减少管道磨损、延长管道的使用寿命，有时采用锰钢管道或内衬耐磨材料的焊接管或者其他耐磨材料管道等。

为了增加气力输送装置的灵活性，输料管中也可以采用一部分具有一定挠性的软管，如金属软管、耐磨橡胶软管、塑胶软管或套筒式软管等。但软管的阻力较大，一般是钢管的两倍或两倍以上，应尽量少用。

为了便于观察管道内物料的有无以及物料的运动状况，在输料管上常常每隔一定距离安装一段有机玻璃管作为观察窗使用。有时输料管也会全部采用有机玻璃管或者透明塑料软管。但在使用有机玻璃管和透明塑胶管道时，应注意管道静电的接地处理。

输料管常由数段管道连接而成，管段间的连接通常可采用套接法和对接法两种连接形式。

套接法，要求每节输料管大小头的内径，大约相差 2mm，然后，按照气流的方向，顺次将小端插入另一管节的大端，为了防止漏气，套接处的缝隙可以焊封。

对接法，要求每节管径应相等，并使两连接管段尽量保持同心，要防止错边现象，不然会增加阻力，严重时会造成物料淤积堵塞，影响生产。对接法可采用法兰连接，或快速接头连接，但必须有橡胶垫等密封垫以保持管道连接处的气密性。在法兰连接处，安装时容易产生错位，垫片也容易被挤出，这样会使空气产生涡流，因此要特别注意。

对于输料管，最基本的要求是管道内壁光滑，无凸起，尤其管道连接处无错位。这样的要求既可使物料输送时节省能耗，减少管道内壁障碍物对物料的阻滞作用避免发生管道堵塞，又可减少输送过程中物料的破损，降低物料破碎率。

（二）弯头

为改变物料的输送方向，在输料管中采用了弯头、软管等。物料在弯头处与外侧壁面发生激烈的摩擦、碰撞而改变方向，因而在弯头中运动时，物料的速度会有所降低。因此，弯头的阻力是比较大的，输料管发生堵塞往往从弯头处开始。

弯头的阻力与转角大致成正比，因此，弯头应采用最小的转角。其次，弯头的阻力还随曲率半径的大小而变化，一般曲率半径越大，弯头阻力越小。为了减少物料与弯头的撞击以及能量损失，弯头的曲率半径一般取 6~10 倍弯头的管径或曲率半径≥1m。

为了提高弯头的耐磨性和延长弯头使用寿命，弯头常做成矩形截面。并对容易磨损

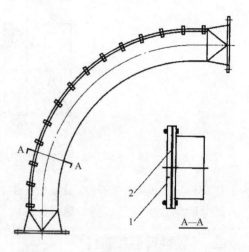

图5–39　输料管中弯头的形式和结构

1—外侧盖板　2—耐磨衬板

的部位，如弯头的外侧板，将外侧板做成法兰盘连接形式，外侧板磨损后更换外侧板即可，不必更换全部弯头。有时，在可拆卸的外侧板内还可衬耐磨板，如超高分子质量聚乙烯耐磨板、聚氨酯耐磨板或者锰钢板等，以延长弯头的维修、更换周期。输料管中弯头的形式和结构如图5–39所示。

（三）分路阀

在气力输送装置中，尤其在压送式气力输料管道上，为实现一处供料，多处卸料，常需在输料管道上安装分路阀或者多路阀。最常见的分路阀是双路阀，实质即分流三通。

气力输送输料管上双路阀的形式和结构如图5–40所示，为气力输送输料管上双路阀的一种形式和结构。料气两相流自左侧进入双路阀，图5–40（1）所示为阀体旋转使物料进入1通道；图5–40（2）所示为阀体旋转使物料进入2通道。

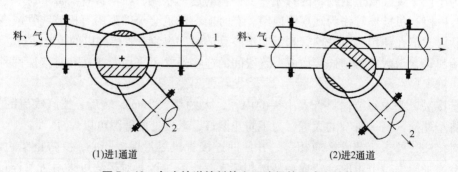

(1)进1通道　　　　　　　　　　　(2)进2通道

图5–40　气力输送输料管上双路阀的形式和结构

双路阀即将流动通道一分为二，通过旋转阀体选择流动的通道。一个双路阀可以将物料输送到两个输料点，多个双路阀串联使用可以将物料输送到多个输料点。如一条气力输送线，往10个料仓供料，则需要在输料管上串联9个双路阀来实现一处供料，10

处卸料。

使用一个多路阀可以实现一点供料多点卸料，一个多路阀相当于多个串联使用的双路阀。

（四）汇集管

在吸送式气力输送系统中，汇集管的作用是用来汇集从各个卸料器排出的空气，并将它引入除尘器的管道。汇集管可由三通和直管连接成直长汇集管，如图 5 – 41 所示。圆锥形汇集风管如图 5 – 42 所示。

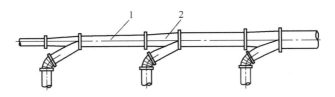

图 5 – 41　直长汇集风管

1—直管　2— 三通

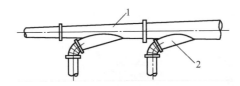

图 5 – 42　圆锥形汇集风管

1—圆锥形管　2— 连接短管

从卸料器排出的空气，可以借风管引入汇集风管。这时汇集风管可直接敷设在卸料器的顶上。如因受楼层高度的限制，也可把汇集风管敷设在卸料器的一侧。这时，空气借敷设在卸料器排气管上的蜗壳转向器，引入汇集风管。

汇集管可采用薄钢板制作。若强度不足时，可在沿汇集管适当长度上安装若干个加强铁箍，以防管道变形。

三、　卸料器

将物料从气流中分离出来的设备称为卸料器或分离器。

气力输送中，分离器和除尘器在本质上是同一类设备，不同的是分离器主要用来分离输送的物料，有一定的产量要求。而除尘器则主要是用来回收气力输送系统中的粉尘或者净化输送气体，以保护气源机械和减少环境污染。港口散粮专用码头和粮食加工企业常用的卸料器有：离心式卸料器和容积式卸料器。

对卸料器的要求如下。

分离效率高，阻力低。卸料器应最大限度地将输送物料从气流中分离出来，避免物料的损失。

性能稳定，排料连续可靠。要求卸料器在连续运行时，分离效率稳定，排料时连续可靠，不漏气，不存料。

体积小，高度低，重量轻，操作简便，容易磨损的部位能够拆卸更换，检查维修方便。

压力损失小，卸料器压力损失小意味着能量消耗低，节能。

有些使用场合，要求卸料器"一风多用"。气流除了用来输送物料之外，还可用来完成某些工艺效果，如气流分离轻杂、冷却物料等。

（一）离心式卸料器

离心式卸料器是利用物料和气流的混合物在作旋转运动时离心力的作用使物料与气流分离的，因此也称旋风卸料器或刹克龙。离心式卸料器具有结构简单，占地面积少，投资少，容易制造，且分离效率高，压力损失小，操作维护方便等优点。所以在中、小型气力输送系统中获得广泛应用。它除了用来分离物料外，也可以作为除尘器使用。

1. 离心式卸料器的结构和工作原理

离心式卸料器的结构如图 5 - 43 所示。由切向进风口、外筒体、内筒体（排气口）和下部开有卸料口的圆锥体组成。

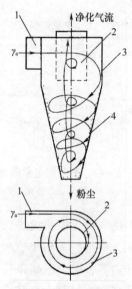

图 5 - 43 离心式卸料器的结构图

1—进风口 2—排气管（内筒体） 3—外筒体 4—圆锥体

工作时，两相流切向进入离心式卸料器筒体内部，作自上而下的螺旋运动（称为外旋涡），物料在离心力作用下被甩向刹克龙筒体内壁并在重力和向下气流的作用下向排料口下落。到达锥体底部的气流又转而向上形成内涡旋经排气管排出。

锥形离心式卸料器如图 5 - 44 所示，为另一种形式离心式卸料器，没有外筒体部分，主体仅为一锥体。

2. 影响离心式卸料器卸料效率的因素

（1）进口气流速度 进口气流速度大，颗粒所受到的离心力就大，有利于物料的分离。但进口气流速度过高，会使离心式卸料器阻力增大，而且高速气流还可能将已分离出的物料重新带走。一般进口风速在 $v_a = 10 \sim 20 \text{m/s}$ 之间选取。

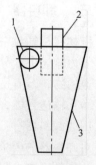

图 5 - 44 锥形离心式卸料器

1—进风口 2—排气管（内筒体） 3—锥体

（2）物料的粒径　颗粒粒径越大，离心力越强，越有利于分离。

（3）进口物料浓度　进口气流中所含的物料浓度高时，会由于颗粒之间相互的碰撞、黏附和"夹持"作用，将小粒径物料分离出来。

（4）筒体直径　在相同的进口气流速度时，筒体直径越大，离心力越弱，不利于分离。所以，一般选择离心式卸料器尽量选择小直径。

（5）锥体高度　一般认为高的锥体高度，能使物料受到较长时间的离心力作用，有得于提高分离效率。

（6）排料口的密封性能　排料口漏风将使排料困难而且分离效率大大降低。实验表明，当漏风率为5%时，离心式除尘器的分离效率下降一半；当漏风率为15%时，离心式除尘器的分离效率为0。

3. 离心式卸料器的选用

（1）离心式卸料器的结构　离心式卸料器的结构由进口型式和规格两部分构成。离心式卸料器的进口型式有三种，如图5-45所示。内旋型离心式卸料器如图5-45（1）所示，其进口外侧与筒体相切，顶部为平面，高度尺寸较小，结构较简单，便于制造，但阻力较大，分离（除尘）效率较低。外旋型离心式卸料器如图5-45（2）所示，其进口内侧与筒体相切，为蜗壳式。下旋型离心式卸料器如图5-45（3）所示，属于内旋进口形式，筒体上部呈螺旋形，能引导气固两相流按一定螺距向下旋转，避免含尘气体在筒体上部形成气流的"死循环"。

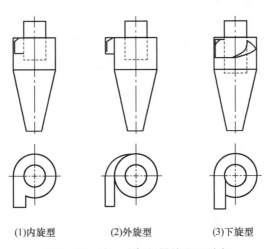

（1)内旋型　　　　（2)外旋型　　　　（3)下旋型

图5-45　离心式卸料器的进口型式

离心式卸料器的规格：

$\dfrac{排气管直径}{外筒体直径} \times 100$ 后取整的数：如38型，45型，50型，55型，60型等。

所以离心式卸料器的名称为，如外旋38型，外旋45型，内旋50型，下旋55型，下旋60型等，几种常见的离心式卸料器外形如图5-46所示。

（2）离心式卸料器的性能参数

①分离效率（η）：分离效率指离心式卸料器分离出的物料量占进机物料的百分比。

$$\eta = \frac{M}{M_1} \times 100\% \qquad\qquad (5-16)$$

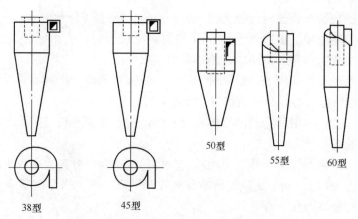

图 5 –46　几种常见的离心式卸料器外形

式中　M——单位时间内卸料器分离出的物料量，kg/h；

　　M_1——单位时间内进入卸料器的物料量，kg/h。

②阻力（ΔH）：卸料器的阻力为卸料器进口全压（H_{o1}，）与出口全压（H_{o2}）的差值，即

$$\Delta H = H_{o1} - H_{o2} \tag{5 - 17}$$

或按局部阻力计算公式计算。

③处理风量（Q）：处理风量是选择卸料器的依据。处理风量即与卸料器相连接的输料管中的风量。

离心式卸料器的性能参数见附表七。

（3）离心式卸料器的选用　离心式卸料器可根据处理风量和进口气流速度两参数由附表七选出。

例：某输料管风量为 900 m³/h，选择离心式卸料器。

解：选取下旋 55 型卸料器。

由附表七可知，选择 $D=400$mm 时，$v_1 = 15$m/s 时，$Q_1 = 875$m³/h；$v_2 = 16$m/s 时，$Q_2 = 933$m³/h。

所以进口风速：

$$v = 15 + \frac{16 - 15}{933 - 875} \times (900 - 875) = 15.43 \quad (\text{m/s})$$

阻力：

$$\Delta H = 80 + \frac{90 - 80}{933 - 875} \times (900 - 875) = 84.31 \quad (\text{mmH}_2\text{O})$$

即所选的离心式卸料器为下旋 55 型，筒体 $D=400$mm，进口风速 15.43m/s，阻力 84.31mmH₂O。

（二）容积式卸料器

1. 典型容积式卸料器

容积式卸料器如图 5 –47 所示。主要由进料口、中间筒体、以及与筒体相连接的上下锥体构成。上部锥体与排气管相连，下部椎体与排料管相连。

容积式卸料器是得用筒体有效截面的突然扩大、气流速度降低从而使气流失去携带物料的能力，于是物料在自身重力的作用下从气流中分离出来。容积式卸料器具有结构简单、

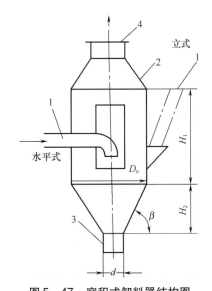

图 5 - 47 容积式卸料器结构图

1—进料管 2—沉降箱 3—排料口 4—排气口

压力损失小、对粗粒物料分离效率高、物料破损较小等优点，但是它的几何尺寸较大，而且对粒径较小的粉状物料分离效果差。比较适宜在大型吸送式气力装置上使用。

容积式卸料器的筒体直径 D_o：

$$D_o = 1.13 \sqrt{\frac{Q}{3600v_t}} \tag{5-18}$$

式中 Q——卸料器处理风量，m^3/h；

v_t——筒体部分有效截面上的气流速度，一般取 $v_t =$（$0.03 \sim 0.1$）v_f；对不易扬起灰尘的物料取大值，易扬起灰尘的物料取小值；

v_f——物料的悬浮速度，m/s。

容积式卸料器筒体部分的高度 H_1：

$$H_1 = CD_o \tag{5-19}$$

式中 C——系数，对于粒径大于 3 mm 的颗粒，$C = 1.0 \sim 1.5$；对于粒径 $0.5 \sim 3$ mm 的颗粒，$C = 1.3 \sim 1.8$；对于粒径小于 0.5 mm 的颗粒，$C = 1.5 \sim 2.0$。

容积式卸料器排料斗锥体高度 H_2：

$$H_2 = 0.5(D_o - d)\tan\beta \tag{5-20}$$

式中 d——排料斗下部出料口直径，m；

β——锥体壁与水平面的夹角，一般 $\beta \geq$ 物料自流角。

卸料器进口接管的截面尺寸，可按进口风速为 10m/s 来确定。

容积式卸料器的压损：

$$\Delta P = \zeta \frac{v_a^2}{2g} \gamma_a (1 + \mu k) \tag{5-21}$$

式中 ζ——容积式卸料器的阻力系数，$\zeta = 3 \sim 6$；

γ_a——容积式卸料器进口处的空气重度，N/m^3；

μ——输送浓度，kg/kg；

k——系数，$k = 0.2 \sim 0.4$；

v_a——容积式卸料器进口风速，m/s。

2. 三角箱式容积卸料器

三角箱式容积卸料器如图 5 - 48 所示。

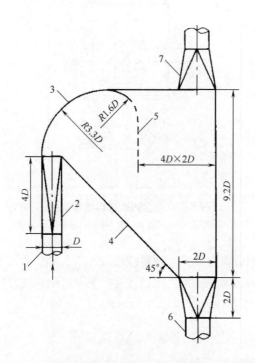

图 5 - 48　三角箱式容积卸料器

1—输料管　2—过渡管　3—活动顶盖　4—沉降室　5—淌板　6—物料出口　7—出风管

（注：D 为进料管管径）

　　垂直提升的两相流由输料管 1 经过渡管 2 冲向圆弧形活动顶盖 3，然后折向沉降室 4。由于圆弧形顶盖对颗粒的碰撞和摩擦，以及沉降室体积的扩大，使颗粒失去原来的运动速度，并在自身重力的作用下向下降落，流经淌板 5，而从出口 6 经卸料器排出。含尘气流则从出风管 7 流出，然后经除尘器净化。在圆弧形顶盖内壁，可涂刷金刚砂等耐磨材料以减少磨损。对于容易破碎的物料，应垫以耐磨橡胶板或其他适合材料。物料在下落的过程中，由于受淌板的控制，物料沿卸料器整个宽度上分布成均匀的物料流层，气流在排出过程中，穿过此流层把物料中的轻杂质带走，因此该卸料器还具有除掉轻杂质的作用。此外，卸料器还具有结构简单，阻力较小，工作稳定可靠等优点，但是也具有一些缺点，如：体积较大，对轻质物料分离效果差等。

　　其主要结构尺寸如下。

　　过渡管 2 出口断面为矩形，断面面积 A 可按断面中气流速度 $v_a = 12 \sim 14$m/s 确定，即：

$$A = \frac{Q_a}{v_a} \tag{5-22}$$

式中　Q_a——空气流量，m³/s。

沉降箱最小通流断面尺寸按断面中气流速度小于或等于物料悬浮速度的原则确定，一般取为 $(3 \sim 4)$ $D \times 2D$；其箱体高度 $h_1 = (6 \sim 9)$ D 总高 $h_2 = (7 \sim 10)$ D。

排气口尺寸按断面中风速 $v_a = 10 \sim 12 \text{m/s}$ 来确定，其压损可按式（5-23）计算：

$$\Delta P = \zeta_s \frac{\gamma_a v_a^2}{2g} \tag{5-23}$$

式中　ζ_s——阻力系数，$\zeta_s \approx 4.5 \sim 6$；

v_a——渐扩管出口风速，一般 $v_a = 12 \sim 14$ m/s。

四、闭风器

闭风器是卸料器和除尘器正常运行必须配置的设备，安装在卸料器或除尘器的排料口，闭风器的性能直接影响卸料器或除尘器的性能。

气力输送装置对闭风器的要求如下：

（1）气密性好，漏风率低；

（2）不卡料，不增碎；

（3）产量稳定，排料连续可靠；

（4）体积小，高度低。

气力输送装置中常用的闭风器有三种：叶轮式闭风器、压力门式闭风器和绞龙式闭风器。

（一）叶轮式闭风器

叶轮式闭风器与压送式气力输送装置中的叶轮式供料器结构和工作原理完全相同，只是所用场合不同。

叶轮式闭风器的特点是能定量排料，而且可以通过调节叶轮的转速调节排料产量，性能稳定，结构紧凑、简单，体积小。

漏气率或气密性是叶轮式闭风器的重要性能指标，漏风率的大小与使用材料、制造精度、物料的磨损等因素有关。

叶轮式闭风器的选择，一般依据叶轮式闭风器的有效容积（i）来选择。可以通过提高叶轮式闭风器的转速提高产量，但转速一般不超过 60 r/min。

粮食加工行业常用的叶轮式闭风器有 TGFY1.6、TGFY2.8、TGFY4、TGFY5、TGFY7、TGFY9 等型号。叶轮式闭风器与离心式除尘器的安装如图 5-49 所示。

（二）压力门式闭风器

压力门式闭风器是依靠堆积一定高度的物料柱来完成自动卸料和闭风两项任务，所以也称为料封压力门，压力门式闭风器如图 5-50 所示。工

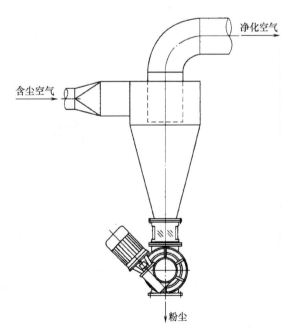

图 5-49　叶轮式闭风器与离心式除尘器的安装图

作时，通过调节压力门上重砣的位置来调整闭风器中物料柱的高柱，最终使闭风器能够连续排料，同时闭风器中物料柱的高度保持一定。

压力门式闭风器具有结构简单，制作方便，无需动力等优点，但同时也具有性能不稳定、不可靠等缺点。如，当除尘器灰斗中真空度较高时，需要较高的垂直物料柱；对于黏度大、水分高、纤维性物料，会出现排料不稳定、易结柱、易发生堵塞等现象。

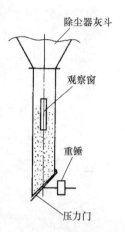

图 5–50　压力门式闭风器结构图

（三）绞龙式闭风器

1. 立式绞龙闭风器

立式绞龙闭风器如图 5–51 所示，主要使用在一些特殊的卸料器下作为排料和闭风的装置。在落料筒内，装有一段立式绞龙，其上端通过皮带轮与电动机相连，当绞龙在筒体内旋转时，物料经绞龙由上至下被压出。由于绞龙从上至下螺距逐渐减小，使下部的物料越压越紧，从而形成了一层物料隔气层。此隔层的物料压紧程度由阀板下部的弹簧控制。这样，既可以连续排料，又起到了闭风作用。但它所需动力较大，工作部件容易磨损且制作较麻烦。

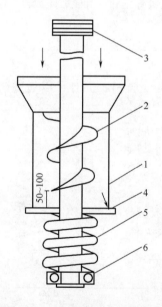

图 5–51　立式绞龙闭风器结构图
1—筒体　2—绞龙　3—皮带轮　4—阀板　5—弹簧　6—轴承

2. 卧式绞龙闭风器

在厂房高度有限，安装料封压力门和叶轮式闭风器都有困难时，可使用卧式绞龙闭风器，卧式绞龙闭风器如图 5–52 所示。物料由进料口进入绞龙闭风器后，随着绞龙的旋转，物料被螺旋叶片推向排料口方向，但是由于排料口上安装有压力门，所以在压力门和绞龙的螺旋叶片之间就形成了一段比较密实的水平物料柱。随着物料的不断挤入，最终物料柱顶开压力门开始排料，这样就达到了闭风和连续排料的效果。

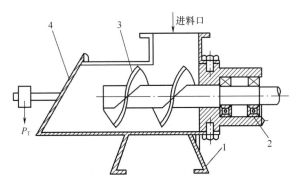

图 5 – 52　卧式绞龙闭风器结构图
1—支架　2—轴承　3—绞龙叶片　4—压力门

绞龙式闭风器的特点是高度低，体积小，具有较强的抗堵塞、抗杂物缠绕能力。绞龙式闭风器刚开始运转时，闭风器内物料少形不成物料柱靠压力门闭风，料柱形成正常排料后性能稳定。由于物料柱短和排料时压力门和排料口之间有缝隙，因而不适于高真空度场合的闭风和排料。实践表明：它多用于作粉料输送的闭风器，但也可用于输送粒状物料作闭风器。

五、除尘器

为了使排放浓度达到排放标准的要求、保护风机以及回收气流中有用的物料，在卸料器之后需安装除尘器。除尘器的种类很多，按其工作原理，可分为重力式、惯性式、离心式、袋滤式、静电式、清洗式、声波式等几种。从除尘方式考虑，可分为干式和湿式两大类。粮食加工行业气力输送装置中常用的除尘器有离心式除尘器和滤布除尘器。

（一）离心式除尘器

离心式除尘器即离心式卸料器，结构和原理相同。

离心式除尘器主要用于粒径大于 $5 \sim 10 \mu m$ 的粉尘分离。当处理风量较大时，常选择多个离心式除尘器并联使用，如二联、四联等。

（二）滤布除尘器

滤布除尘器是利用织物 – 滤布来对含尘气流进行过滤除尘的，由于滤布一般做成袋子形状，因而称为布袋除尘器。布袋除尘器是使排放浓度达到环保要求的必用除尘设备。

布袋除尘器的显著优点是对微细粒径粉尘的除尘效率特别高。

滤布除尘器对含尘空气的净化，首先是滤布的筛滤作用。滤布的孔径一般 $20 \sim 50 \mu m$，表面起绒的滤布孔径为 $5 \sim 10 \mu m$，因此新滤布除尘效率是不高的。但新滤布使用一段时间后，随着滤布上黏附的粉尘增多，滤主上的粉尘层对含尘气流的过滤成为主要方面。实质上，正是由于滤布上粉尘层（称为粉尘初层）的过滤作用，才使滤布除尘器能够除下更为微细的粉尘，但同时滤布除尘器的阻力也较大。所以为了防止滤布除尘器滤布上粉尘越积越多，阻力一直增大，滤布上的积尘必须及时清除，但不破坏粉尘初层。

1. 影响布袋除尘器除尘效率的因素

（1）滤布的性能　滤布是滤布式除尘器的主要部件，除尘效率、设备阻力和维修管理都与滤布的材质及使用寿命有关，正确选择滤料对使用布袋除尘器具有重要意义。良好的滤料必须具备：容尘量大，过滤效率高；透气性好，阻力低；机能好，抗拉、抗磨和耐折；耐腐蚀，防静电，吸湿性小等。常用的滤布有工业涤纶绒布208#、针刺呢等。

（2）过滤风速　含尘气流穿过滤布的速度即为过滤风速。有时也用单位时间单位面积滤布所处理的空气量——单位负荷表示。

过滤风速是布袋除尘器的一个重要参数。提高过滤风速，可增大布袋除尘器的处理风量，即节省滤布，减小设备体积；但阻力也增加，同时滤布两侧的压差大，会使一些微细粉尘渗入到滤布内部，致使排放浓度增加，除尘效率下降；而且较高的过滤风速也会把滤布上的粉尘重新吹起和加速滤布上粉尘层的形成，使清灰频繁。

一般，人工清灰时，过滤风速低于 0.5m/min；电动振动清灰时，过滤风速低于2m/min；气流清灰时，过滤风速低于4m/min。

（3）工作环境条件　布袋除尘器的除尘效率与工作条件如含尘空气的温度、湿度、粉尘浓度、粉尘粒径大小等因素关系密切。当含尘空气的温度低于露点温度时，水分会在滤布上凝结，造成粉尘层结块不易清掉。当空气或粉尘湿度较高时，也不利于清灰。

（4）清灰效果　清灰对布袋除尘器能否正常工作起着关键作用。滤袋不清灰或清灰效果差，布袋除尘器的阻力将越来越大，使得整个风网系统性能下降直至无法正常运行。

常用的清灰方式有机械振打和气流反吹风清灰两大类。机械振打：结构简单，强度高，但不均匀，易磨损滤袋。目前以气流反向吹风清灰最为常用：利用反吹风气流使滤袋振动、变形，从而使滤袋上的粉尘脱落。因为气流反吹风的喷吹时间一般在0.1~0.2s内，具有脉冲的特性，气流反吹风清灰的布袋除尘器常称脉冲除尘器。

2. 布袋除尘器的类型

脉冲除尘器根据反吹风气源设备的压力高低可分为高压脉冲除尘器（反吹风空气压强0.5~0.7MPa）、低压脉冲除尘器（反吹风空气压强为0.05MPa 左右）、高压离心通风机反吹风布袋除尘器（反吹风空气压强低于0.005MPa）等。

常用的布袋除尘器有简易压气式、回转反吹风布袋除尘器和脉冲布袋除尘器。

（1）简易压气式布袋除尘器　简易压气式布袋除尘器由上箱体、布袋和下箱体三部分构成，简易压气式布袋除尘器如图5-53所示。上箱体的一侧为进风口，底板为多孔板。下箱体即收集灰斗。布袋连接在上下箱体的多孔板之间。

简易压气式布袋除尘器安装在风机的压气段上，内滤式过滤方式。清灰方式为人工清灰。

简易压气式布袋除尘器工作时，含尘气流由风机的排气管压送到上箱体中，经过上箱体多孔板的分配作用，进入到每一个布袋中，含尘空气由内向外穿过滤袋时，粉尘被截留在滤袋的内表面上，而净化之后的空气直接排入室内，最后经门窗等排入大气中。粘附在滤袋上的粉尘通过定时清灰落入灰斗中，并由闭风器排出。

简易压气式布袋除尘器的主要参数：布袋直径：$d = 100 \sim 150mm$；布袋长度；$L = 2 \sim 4m$；布袋净间距：$\delta = 60mm$；单位负荷：$q \leqslant 30m^3/(m^2 \cdot h)$；阻力 $\Delta H =$

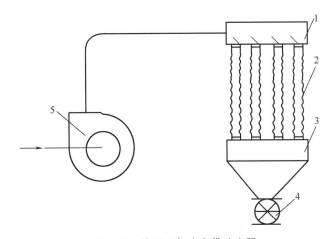

图 5 - 53　简易压气式布袋除尘器

1—上箱体　2—布袋　3—下箱体　4—关风器　5—风机

$100 \sim 300 Pa$。

简易压气式布袋除尘器的滤布面积：

$$F = \frac{Q}{q} \qquad (5 - 24)$$

式中　F——滤布的过滤面积，m^2；

Q——布袋除尘器的处理风量，m^3/h；

q——布袋除尘器单位负荷，$m^3/(m^2 \cdot h)$，一般 $q \leqslant 30 m^3/(m^2 \cdot h)$。

布袋根数 n：

$$n = \frac{F}{\pi d L} \qquad (5 - 25)$$

式中　d——布袋直径，m；

L——布袋长度，m。

（2）回转反吹风布袋除尘器　回转反吹风布袋除尘器如图 5 - 54 所示。

回转反吹风布袋除尘器属于外滤式过滤方式。为防止过滤时滤袋被吸瘪，每条滤袋内设有支承骨架。

含尘空气由中部筒体切线进入除尘器内部，在穿过滤袋时，粉尘被截留在滤袋的外表面上，进入滤袋的空气由滤袋上口进入上部筒体，并经排气口排出。黏附在滤袋外表面的粉尘，经上部筒体旋臂内反吹风气流垂直向下喷吹，使布袋膨胀被振落。旋臂内的反吹风气流来自于反吹风高压离心通风机（压力约 5000Pa）。旋臂每旋转一圈，滤袋均被喷吹一次。旋臂旋转一圈的时间为喷吹周期，喷吹滤袋的时间为喷吹时间。喷吹周期和喷吹时间均可调节。

回转反吹风布袋除尘器的滤袋多为扁形布袋。反吹风风机安装在上部筒体，空气来源多为布袋除尘器内的净化空气。

（3）脉冲布袋除尘器　高压脉冲除尘器以空气压缩机为反吹风气源设备，因为空气压缩机产生的压缩空气含水、油成分，严重影响电磁阀寿命；$0.5 \sim 0.7 MPa$ 左右的喷吹压力使得储气罐等反吹风设施属于压力容器范围；此外还存在空压机的维修工作量大等

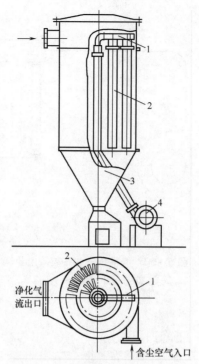

图5-54　回转反吹风布袋除尘器
1—旋臂　2—滤袋　3—灰斗　4—反吹风机

问题，目前脉冲除尘器以低压脉冲除尘器的应用为主流。

低压脉冲除尘器的结构如图5-55所示。

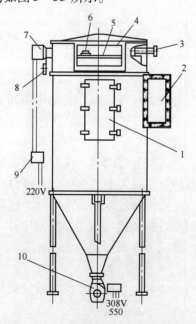

220V

308V
550

图5-55　低压脉冲除尘器的结构
1—检查门　2—进风口　3—高压空气进口　4—出风口　5—气包　6—脉冲阀
7—脉冲控制分配器　8—空气过滤器　9—脉冲控制仪　10—关风器

低压脉冲除尘器工作时，含尘空气从中部筒体切向进入，部分粗大颗粒粉尘会由于离心力作用直接落入灰斗，其余粉尘随气流穿过滤袋时被截留在滤袋表面，而进入滤袋内部的净化空气则在滤袋内向上流动经过文氏管进入上部筒体，最后经排气口排出。为使除尘器的阻力不因滤尘时间增长而增加，反吹风装置在除尘器工作时也同时运行，即在脉冲控制仪的控制下，按照一定的喷吹时间、喷吹周期对滤袋吹风清灰。

一般，低压脉冲除尘器采用一阀一袋、一阀两袋等喷吹结构，气源设备为三叶罗茨鼓风机或气泵等。

高压脉冲除尘器如图 5 – 56 所示。其过滤过程与低压脉冲除尘器完全相同，仅在清灰装置方面有所差别。

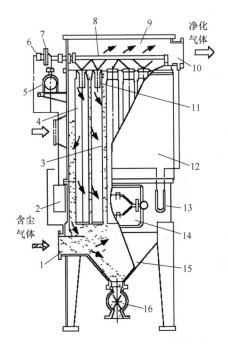

图 5 –56　高压脉冲除尘器结构图

1—进气口　2—控制仪　3—滤袋　4—滤袋框架　5—气包　6—控制阀
7脉冲阀　8—喷吹管　9—净气箱　10—净气出口　11—文氏管　12—集尘箱
13—U 形压力计　14—检修门　15—集尘斗　16—关风器

部分布袋除尘器的型号规格见附表八。

（三）　除尘器的性能

除尘设备选择和好坏，应根据其阻力、漏风率、除尘效率等指标来衡量。

1. 除尘器的阻力

除尘器的阻力是含尘气流经过除尘器的能量损失，即除尘器的能耗。除尘器的阻力越小，动力消耗就越少。

除尘器的阻力一般按局部阻力计算按式（5 – 26）计算。

$$H_j = \zeta \frac{v^2}{2g} \gamma \tag{5 – 26}$$

式中　H_j——除尘器的阻力，Pa；

ζ——除尘器的阻力系数；

v——除尘器的进口风速，m/s；

γ——除尘器的进口空气重度，N/m^3。

除尘器的阻力也可通过测定除尘器进、出口断面的全压按式（5-27）计算得出。

$$\Delta H = H_{o1} - H_{o2} \tag{5-27}$$

式中　ΔH——除尘器的阻力，Pa；

　　　H_{o1}——除尘器进风口断面全压，Pa；

　　　H_{o2}——除尘器出风口断面全压，Pa。

由式（5-27）可知，除尘器的阻力即除尘器进、出口断面的全压差，所以除尘器的阻力也称为除尘器的压力损失。

2. 除尘器的漏风率

除尘器的漏风量，一般以漏风率来衡量。漏风率是指单位时间内除尘器排尘口泄漏的空气量占进口风量的百分比，即：

$$B = \frac{Q_2 - Q_1}{Q_1} \times 100\% \tag{5-28}$$

式中　B——除尘器的漏风率，%；

　　　Q_1——除尘器进风口的风量，m^3/h；

　　　Q_2——除尘器出风口的风量，m^3/h。

B 为正值表明除尘器由排灰口向外漏气，B 为负值表明除尘器由排灰口向内漏气。

3. 除尘器的除尘效率

除尘效率指含尘气流经过除尘器时，单位时间内除尘器捕集下来的粉尘量占进入除尘器粉尘量的百分比。一般可按式（5-29）计算：

$$\eta = \frac{M_1}{M} \times 100\% \tag{5-29}$$

式中　η——除尘器的除尘效率，%；

　　　M_1——单位时间内除尘器捕集下来的粉尘量，kg/h；

　　　M——单位时间内进入除尘器的粉尘量，kg/h。

（1）除尘器不漏风时除尘器的除尘效率也可以由下式计算：

$$\eta = \frac{c_1 - c_2}{c_1} \times 100\% \tag{5-30}$$

式中　c_1——除尘器进口粉尘浓度，g/m^3；

　　　c_2——除尘器出口粉尘浓度，g/m^3。

（2）除尘器有漏风时其除尘效率可根据式（5-31）计算：

$$\eta = \frac{c_1 Q_1 - c_2 Q_2}{c_1 Q_1} \times 100\% \tag{5-31}$$

（3）多级除尘是除尘器的总效率　在通风除尘风网中，常采用不同净化原理的两台或多台除尘器串联使用，联合作用来达到对含尘空气中不同粒径粉尘的彻底分离，从而达到粉尘收集和环保的排放要求。对多个除尘器串联使用，常称为多级除尘，如两台除尘器串联使用称为两级除尘。

对于两级除尘，设第一级除尘器除尘效率为 η_1，第二级除尘器除尘效率为 η_2，则两级除尘时的除尘器总效率 $\eta_{总}$ 为：

$$\eta_{总} = 1 - (1 - \eta_1)(1 - \eta_2) \tag{5-32}$$

如果 n 级除尘，则 n 级除尘时的除尘器总效率 $\eta_{总}$ 为：

$$\eta_{总} = 1 - (1 - \eta_1)(1 - \eta_2)\cdots(1 - \eta_n) \tag{5-33}$$

六、 风机

（一） 风机的分类

气力输送装置是利用风机产生的正压气流通过管道来输送物料的，因此风机是气力输送装置的关键设备。风机属于空气机械，空气机械的种类繁多，可按以下方法分类。

1. 按照空气通过风机产生压力的高低分类

（1）通风机 排气压力不超过 $1500 \times 9.81Pa$；

（2）鼓风机 排气压力在 $1500 \times 9.81 \sim 20000 \times 9.81Pa$；

（3）压缩机 排气压力大于 $20000 \times 9.81Pa$。

2. 按工作原理空气机械分类

（1）容积式空气机械 依靠在气缸内往复运动的活塞或旋转运动部件的作用，使气体体积缩小而提高空气的压力。如活塞式空气压缩机、罗茨鼓风机等。

（2）透平式空气机械 即叶轮式空气机械，利用高速旋转的叶轮对气流作功提高气体的压力和风速。如离心式通风机（鼓风机、压缩机）、轴流式通风机（鼓风机）等。

在气力输送装置中，常用的风机为离心式通风机（鼓风机）、罗茨鼓风机等。

（二） 离心式通风机 （鼓风机）

1. 离心式通风机构造

离心式通风机由进气口、叶轮、蜗壳形机壳、轴及轴承等部分组成，离心式通风机构造如图 5-57 所示。

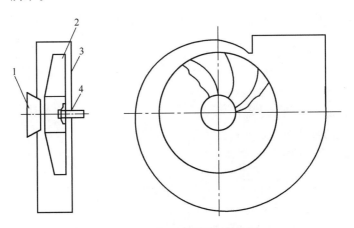

图 5-57 离心式通风机结构图

1—进风口 2—叶轮 3—机壳 4—轴

（1）进风口 将气流均匀地导向叶轮，流动阻力最小。

（2）叶轮 叶轮是离心式通风机的惟一运转部件，是对气流作功的部件，正是叶轮的旋转对气流作功才使通过风机的空气压力升高。

（3）机壳 离心式通风机的机壳为蜗卷形，由两块侧板和一蜗卷形板组成。蜗卷与叶轮之间的截面面积沿着叶轮旋转方向逐渐增大，目的是尽量减少气流在机壳内的流动损失。

（4）轴和轴承。

2. 离心式通风机工作过程

离心式通风机工作时，叶轮高速旋转，充满在叶轮中的空气在离心力作用下被甩向叶轮外侧，使空气受到压缩，压力升高，并汇集到蜗壳形机壳内，在经过断面逐渐扩大的蜗壳形机壳时，速度逐渐降低，空气的一部分动能转化为静压，最后以一定的压力由机壳的排气口排出。与此同时，由于叶轮内的空气被甩出，叶轮中心区域形成负压，进气口外面的空气在压力差作用下，从进风口流入。由于叶轮连续旋转，空气就不断地被吸入和压出，从而形成连续地输送具有一定压力气流的作用。

3. 离心式通风机的主要性能参数

（1）全压 单位体积空气通过风机所获得的能量，称为离心式通风机的全压。

$$H_{风机} = H_{o2} - H_{o1} \tag{5-34}$$

式中 $H_{风机}$——风机全压，N/m^2；

H_{o2}——风机出风口断面的全压，N/m^2；

H_{o1}——风机进风口断面的全压，N/m^2。

（2）风量 风机的风量指单位时间内通过风机的气体体积数，单位：m^3/h 或 m^3/s。

（3）转速 转速指叶轮的旋转速度。风机性能参数与叶轮转速的关系：

$$\frac{Q_1}{Q_2} = \frac{n_1}{n_2}, \frac{H_1}{H_2} = \frac{n_1^2}{n_2^2}, \frac{N_1}{N_2} = \frac{n_1^3}{n_2^3} \tag{5-35}$$

式中 Q_1，H_1，N_1——风机在转速 n_1 时的风量、全压、轴功率；

Q_2，H_2，N_2——风机在转速 n_2 时的风量、全压、轴功率。

（4）效率和功率 空气通过风机所获得的能量与输入风机的能量之比为离心通风机的效率。

$$\eta = \frac{N_{out}}{N_{in}} \times 100\% \tag{5-36}$$

式中 η——离心式通风机的全压效率，%；

N_{out}——风机的有效功率或输出功率；

N_{in}——风机的轴功率或输入功率。

离心通风机的输出功率：

$$N_{out} = \frac{HQ}{1000} \tag{5-37}$$

式中 Q、H——风机的风量、全压。

根据式（5-37），离心通风机的输入功率

$$N_{in} = \frac{HQ}{1000\eta} \tag{5-38}$$

所以离心通风机的电动机功率

$$N_d = \frac{HQ}{1000\eta\eta_c} \tag{5-39}$$

式中 N_d——风机的电动机功率；

η_c——传动效率。风机与电动机同轴，$\eta_c = 100\%$；联轴器传动，$\eta_c = 98\%$；三角带传动，$\eta_c = 95\%$；平皮带传动 $\eta_c = 85\%$。

在实际选用电动机时，还要考虑电动机的容量安全系数。实际选用电动机功率 N_{dx} 应为

$$N_{dx} = k\frac{HQ}{1000\eta\eta_c} \tag{5-40}$$

式中　k——电动机容量安全系数，电动机容量安全系数如表 5-3 所示。

表 5-3 　　　　　　　　　　　电动机容量安全系数

风机轴功率/kW	安全系数	风机轴功率/kW	安全系数
<0.5	1.5	2~5	1.2
0.5~1	1.4	>5	1.15
1~2	1.3		

4. 离心式通风机的性能曲线和工况调节

（1）离心式通风机的性能曲线　离心通风机可以在不同的风量下工作，不同的风量，风机的全压、功率和效率也不同。离心式通风机的全压和风量（$H-Q$）、轴功率和风量（$N-Q$）及效率和风量（$\eta-Q$）变化关系绘成的曲线称为离心式通风机的性能曲线。因为转速影响曲机的性能参数，所以风机的性能曲线是与一定的转速相对应的。

不同叶片安装方式风机的性能曲线如图 5-58 所示，为不同叶片安装方式风机的性能曲线示意图，其中图 5-58（1）为前向叶片风机的性能曲线；图 5-58（2）为径向叶片风机的性能曲线；图 5-58（3）为后向叶片风机的性能曲线。

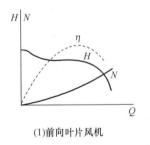 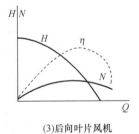

(1)前向叶片风机　　　　(2)径向叶片风机　　　　(3)后向叶片风机

图 5-58　不同叶片安装方式风机的性能曲线

不同叶片安装方式风机的性能曲线不同，但有共同之处：离心通风机的全压具有随着风量增加而减小的趋势，在风量较小时具有较高的全压；离心通风机的轴功率对于前向叶片风机和径向叶片风机随着风量的增加而增大，而后向叶片风机的轴功率随着风量的增加有减小的趋势；随着风量的变化，离心通风机的效率变化均具有最高值。说明离心通风机虽然可以在不同的风量下工作，但只有在最适风量工作时效率最高。在实际工程上，风机在不低于最高效率 90% 的区域内工作认为是经济的。

某离心通风机的性能曲线如图 5-59 所示，为某离心通风机的转速为 1450r/mim 时的性能曲线。

6-30 型离心通风机性能曲线如图 5-60 所示，为 6-30 型离心通风机以公称转速

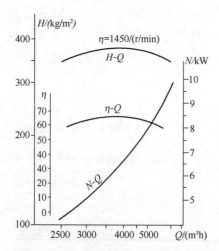

图 5 - 59　某离心通风机的性能曲线

表示的风机性能曲线。图中以不同机号的风量为横坐标，压强为纵坐标绘出了公称转速线和等效率曲线。公称转带为机号和风机实际转速的乘积。

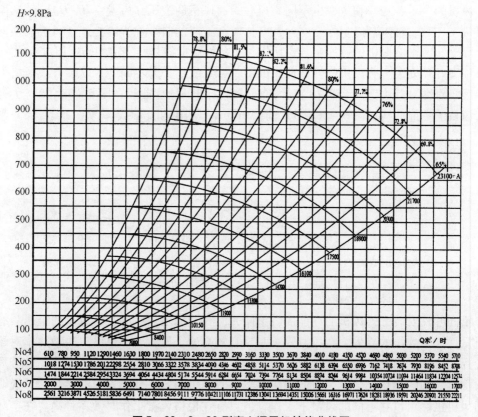

图 5 - 60　6 - 30 型离心通风机性能曲线图

离心通风机的性能还可以以性能表格和无因次性能曲线表示，在此不再赘述。

（2）离心通风机的工作点和工况调节　风机可以在不同的风量和压力下工作，那么当风机安装到某一管网中时，风机提供多大的风量和压力呢？这个问题即风机的工作点如何确定。

管网的总阻力随风量变化而变化的曲线称为管网物性曲线即$\Sigma H - Q$曲线。

将风机性能曲线和管网特性曲线画在同一坐标上，两条曲线会有一交点，交点就是风机的工作点，离心通风机的工作点如图5-61所示。

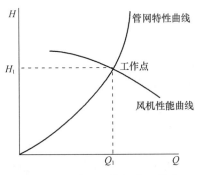

图5-61　离心通风机的工作点

在风机工作点上，风机提供的全压等于管内的总阻力；风机提供的风量为管网的风量。所以，风机的工作点是选择风机的理论依据。

风机运行时，由于生产工艺的变化需要经常调节风参数，即改变风机的工作点。

①阀门调节。靠安装在风机进风口或排气管管道上的阀门开启程度，即改变管网特性曲线改变风机的工作点。阀门调节简便易行，但将风机输出的能量一部分消耗在阀门上是不经济的。

②转速调节。依靠改变风机转速，即改变风机性能曲线调整风机的工作点。转速调节没有额外能量损失，是比较经济的方法。

③风机串联和并联工作。当管网阻力较大或风量较大一台风机难于胜任时，有时选择风机的串联和并联工作。但一般认为风机的联合工作是不得已而为之，应避免使用或慎重使用。因为风机的联合工作总会有额外的压力损失。

5. 离心式通风机的选用

（1）离心式通风机的名称　离心式通风机的全称，如：5-23-11 No7 C 右90°，各符号意义如下：

①"5"表示风机的全压系数乘10后取整的数。

$$\bar{H} = \frac{H}{\rho u_2^2} \tag{5-41}$$

式中　$\bar{H}$——全压系数；

　　　u_2——叶轮最大直径处圆周速度，m/s；

　　　H——风机全压，N/m²；

　　　ρ——空气密度，kg/m³。

②"23"表示风机在最高效率下的比转数。比转数为离心式通风机的综合特性参数，比转数大于60为低压离心式通风机；比转数小于30为高压离心式通风机；比转数在30~60之间为中压离心式通风机。

比转数 n_s 为：

$$n_s = n\frac{Q^{0.5}}{H^{0.75}} \tag{5-42}$$

式中　n——叶轮转速，r/min；

　　　Q——风机风量，m^3/s。

③ "11" 第一个 "1" 表示风机进口形式为单侧吸入；第二个 "1" 表示设计顺序。

④ "No7" 表示风机的机号为 7，实质为风机叶轮直径，0.7m。

⑤ "C" 风机传动方式，共有 A、B、C、D、E、F 等 6 种传动方式：A——电动机直联传动，即风机与电动机同轴；B——悬臂支撑皮带传动，皮带轮在轴承之间；C——悬臂支撑皮带传动；D——悬臂支撑联轴器传动；E——双支撑装置皮带传动；F——双支撑装置联轴器传动。

⑥ "右" 表示风机叶轮旋转方向，风机叶轮旋转方向有左旋和右旋两种，站在离心通风机皮带轮那一侧看。

⑦ "90°" 表示风机出风口方向角，用角度表示，离心式通风机出风口方向如图 5-62 所示。

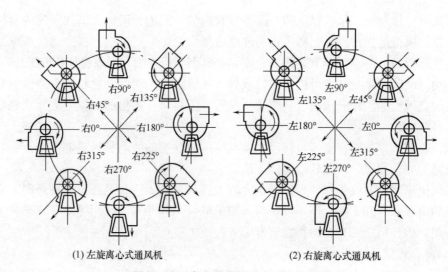

(1) 左旋离心式通风机　　　　(2) 右旋离心式通风机

图 5-62　离心式通风机出风口方向

（2）离心式通风机的选用

①根据气力输送装置的总压损（$\sum H$）和总风量（$\sum Q$），各增加 0~20% 的余量后来计算风机的全压和风量，即

$$风机的全压:H = (1.0 \sim 1.2)\sum H \tag{5-43}$$

$$风机的风量:Q = (1.0 \sim 1.2)\sum Q \tag{5-44}$$

②风机在高效区工作。所选风机效率应落在风机最高效率的 90% 的区域内。

③风机的调节性能好。风机的性能适应气力输送装置的压损特性，即系统阻力多变而要求风量基本稳定，且风机不易过载。

④转速低，噪声低。

⑤风机叶片不积尘，耐磨损。

部分型号离心式通风机性能参数见附表九。

（三）罗茨鼓风机

罗茨鼓风机结构如图 5－63 所示。

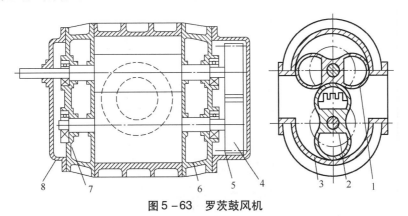

图 5－63　罗茨鼓风机

1—主动转子　2—从动转子　3—机壳　4—同步齿轮　5—主油箱　6—墙板　7—轴承　8—副油箱

罗茨鼓风机属于容积式空气机械。罗茨鼓风机主要由机壳、一对转子和齿轮传动等部分构成。转子之间、转子和机壳之间具有微小间隙，使得罗茨鼓风机的进风口和排气口不直接相通。转子有双叶和三叶之分，罗茨鼓风机转子形状示意图如图 5－64 所示。根据两个转子的轴水平安装或是垂直安装罗茨鼓风机分为卧式和立式两种。

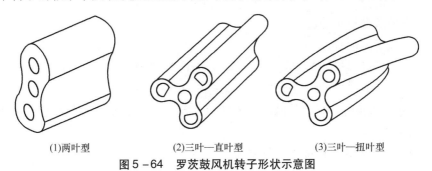

(1)两叶型　　　　　　(2)三叶—直叶型　　　　　(3)三叶—扭叶型

图 5－64　罗茨鼓风机转子形状示意图

当两个位差 90°的转子在机壳内等速反向旋转时，进入机壳内被转子和机壳及转子两端墙板包围而形成的空气随着转子的旋转，在受到转子的作用和排气端具有一定压力的空气的压缩作用下而提高压力。因此罗茨鼓风机所产生的压力取决于管网阻力。同时，为防止管道堵塞或超负荷工作造成电动机过载，在罗茨鼓风机管网中必须安装安全阀，而且禁止安装阻力阀门。

罗茨鼓风机可以通过改变转速来提高或降低风量，但在提高转速时，应注意罗茨鼓风机的允许限度及电动功率。

罗茨鼓风机产生的压力用静压表示，罗茨风机的性能曲线如图 5－65 所示，性能曲线表明罗茨鼓风机特别适用于那种管网阻力多变而风量要求基本不变的场合。

罗茨鼓风机的出风口和进风口之间是靠转子和转子之间、转子和机壳之间的精密配合隔开的，所以由于空气在机壳内的间隙泄漏和脉冲输气，罗茨鼓风机在运转时发出较大的噪声，因而罗茨鼓风机必须在进出口配置消音器。此外，它要求进入风机的空气是

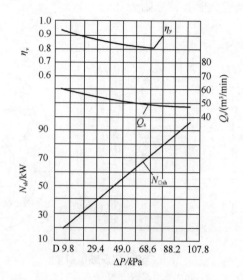

图 5-65　罗茨风机的性能曲线图

干净空气,否则粉尘磨损转子会使间隙增大,导致罗茨鼓风机性能下降。

罗茨鼓风机轴功率 N 的计算:

$$N = \frac{HQ}{1000 \times 60 \eta_{容} \eta_{机}} \qquad (5-45)$$

式中　H——罗茨鼓风机静压,N/m²;

　　　Q——风量,m³/min;

　　　$\eta_{容}$——罗茨鼓风机的容积效率,一般 $\eta_{容} = 0.7 \sim 0.9$;

　　　$\eta_{机}$——罗茨鼓风机的机械效率,一般 $\eta_{机} = 0.6 \sim 0.95$。

选择罗茨鼓风机时,根据管网的总风量和总阻力计算出风机的参数后,选择相应参数罗茨鼓风机即可。

部分型号罗茨鼓风机性能参数见附表十。

第四节　气力输送设计计算

一、 参数的选择确定

气力输送系统的主要参数指计算物料量、输送浓度和输送气流速度等。这些参数的合理选择和确定,对气力输送装置的设计计算、是否经济可靠等具有重要意义。

（一） 计算物料量 （$G_{算}$）

在进行气力输送的设计计算时,必须考虑气力输送装置运行中产量的波动性。计算物料量就是在按工艺要求的平均输送产量基础上再增加一定的余量而得到的。

$$G_{算} = K \alpha G \qquad (5-46)$$

式中　G——输料管的实际平均产量,t/h;

K——远景发展系数，$K = 1.0 \sim 1.2$；

α——储备系数，$\alpha = 1.0 \sim 1.2$。

油脂工厂气力输送的储备系数一般在 $1.05 \sim 1.2$，如表 5 - 4 所示。

表 5 - 4　　　　　　　　　　油脂工厂气力输送储备系数

物料名称	大豆输送	一次破碎	二次破碎	碎仁、碎皮	豆皮	豆粕
α	$1.1 \sim 1.2$	$1.0 \sim 1.05$	$1.1 \sim 1.15$	1.2	$1.15 \sim 1.2$	1.1

（二）输送浓度（μ）

输送浓度指单位时间内通过输料管有效断面的物料的质量与空气质量的比值。

$$\mu = \frac{G_s}{G_a} = \frac{G_s}{Q\rho_a} \tag{5-47}$$

式中　G_s——输料管中物料质量流量，kg/h；

　　　G_a——输料管中空气质量流量，kg/h；

　　　Q——输料管中空气流量，m^3/h；

　　　ρ_a——输料管中空气密度，kg/m^3。

输送浓度大，即单位质量空气输送更多的物料，有利于增大输送能力。这时压力损失将增加，但所需的空气量将减小，因而输送所需的功率也将减少。同时，输料管管径、分离器、除尘器设备等的尺寸也会减小。但是输送浓度选取的过大，易造成输料管物料输送不稳定，造成堵塞、掉料。

输送浓度的选取取决于气力输送装置的类型、输料管的布置、物料的性质和风机的类型等。

在油厂车间，气力输送装置的输送浓度一般在 3.5kg/kg 以下；对于油料的气力输送装置而且采用罗茨鼓风机为气源设备时，可以选取较高的输送浓度，但一般也不超过 $40 \sim 50$kg/kg。

（三）输送风速（u_a）

输送风速是气力输送装置的重要参数，选择的输送风速是否合适关系到气力输送系统的性能好坏和经济性能高低。输送风速过低易造成输送不稳定、不安全，如脉动输送、掉料甚至堵塞管道等；输送风速过高，反而使流动阻力增加过快，能耗增大，而且管道磨损快、破碎率高，输送产量也会下降。

输送气流速度往往由经验确定。通常，对于粒度均匀物料，输送风速为其悬浮速度的 $1.5 \sim 2.5$ 倍；对于粒度分布不均匀的物料，以粒度分布中所占比例最大的物料悬浮速度为准选取输送风速；对于粉状物料，为避免黏结管道和发生管道堵塞，输送风速取 $5 \sim 10$ 倍的悬浮速度。对于粮食加工厂的常见物料，一般输送风速 $u_a \geqslant 18$m/s。

也可根据下式计算输送风速。

$$u_a = \alpha \sqrt{\rho_a g} + \beta L \tag{5-48}$$

式中　α——输送物料粒度系数，如表 5 - 5 所示；

　　　β——输送物料的特性系数，$\beta = (2 \sim 5) \times 10^{-5}$，干燥的粉状物料取小值；

　　　ρ_a——物料密度，kg/m^3；

　　　L——输送距离，当输送距离 $L \leqslant 100$m，式（5 - 49）中 βL 可忽略不计；

g——重力加速度，$g = 9.81 \mathrm{m/s^2}$。

表 5 − 5 α 系数

物料品种	颗粒大小/mm	α 值	物料品种	颗粒大小/mm	α 值
粉状	0 ~ 1	10 ~ 16	细块状	10 ~ 20	20 ~ 22
均质粒状	1 ~ 10	16 ~ 20	中块状	40 ~ 80	22 ~ 25

二、 输送风网压力损失计算

气力输送压损（阻力）计算的目的，就是通过系统的合理阻力计算，选择出合适的输送风速；确定输料管的管径；选出卸料器、除尘器、风机；保证多管气力吸运系统每根输料管的阻力平衡；以及辅助构件尺寸等的确定等。

（一）低真空气力吸运系统的压损计算

气力吸运输送装置根据工作压力的高低分为低真空气力吸运（工作压强小于 $9.8 \times 10^3 \mathrm{Pa}$）和高真空气力吸运（工作压强 $9.8 \times 10^3 \sim 4.9 \times 10^4 \mathrm{Pa}$）两种。

低真空气力输送系统中空气的压强、温度变化小，重度变化不大，因此在工程计算中常将低真空气力输送系统中的空气按不可压缩空气计算。粮食加工厂的负压气力输送多属于低真空气力输送系统，如图 5 − 1 所示。

在图 5 − 1 中，从空气携带物料进入气力输送装置到卸料器为止的部分，是直接用于输送物料的压力损失，称为输送物料部分压损；卸料器之后的管网，物料已被卸料器卸掉，主要是通风管道和除尘器等辅助部分，这部分压力损失称为尾气净化部分压损。即

$$\sum H = H_1 + H_2 \tag{5 − 49}$$

式中 $\sum H$——气力吸运系统总压损；

      H_1——输送物料部分压损；

      H_2——尾气净化部分压损。

低真空气力输送系统的压损计算常按下面几个部分进行计算。

1. 输送物料部分压损 H_1 的计算

输送物料部分压损由以下 8 部分构成。

（1）工艺设备压损（$H_\mathrm{工}$）

$$H_\mathrm{工} = 9.81 \varepsilon Q^2 \quad (\mathrm{N/m^2}) \tag{5 − 50}$$

式中 ε——工艺设备的吸风阻力系数；

    Q——通过工艺设备的风量，$\mathrm{m^3/s}$。

设备通过的风量较少时，此项压损可估计或忽略不计。

（2）接料器压损（$H_\mathrm{接}$）

$$H_\mathrm{接} = \zeta \frac{u_\mathrm{a}^2}{2g} \gamma_\mathrm{a} \quad (\mathrm{N/m^2}) \tag{5 − 51}$$

式中 ζ——接料器阻力系数；

    γ_a——空气重度，$\mathrm{N/m^3}$；

    u_a——输料管中的空气速度，$\mathrm{m/s}$。

（3）加速物料压损（$H_\mathrm{加}$）   物料通过接料器之后，具有较低的初速度，物料被气

流加速到正常输送速度的压损即加速物料压损。

$$H_{加} = 9.81iG_{算} \quad (\text{N/m}^2) \tag{5-52}$$

式中　i——加速每吨物料的压损［kg/（m²·t）］，见附表五；

　　　$G_{算}$——计算物料量，t/h。

加速每吨物料的压损 i 值与物料的性质有关。如小麦加工的物料性质可分为三种：谷物原粮、粗物料和细物料。谷物原粮指还未加工过的粮食，如小麦、稻谷等；粗物料指小麦制粉中的 1 皮、2 皮和 1 心等物料；细物料为谷物原粮和粗物料以外的物料。

（4）提升物料压损（$H_{升}$）

$$H_{升} = \gamma_a \mu S \quad (\text{N/m}^2) \tag{5-53}$$

式中　μ——输送浓度，kg/kg；

　　　S——物料在输料管中垂直提升的高度，m；

　　　γ_a——空气重度，N/m³，一般 $\gamma_a = 11.77$ N/m³。

（5）摩擦压损（$H_{摩}$）

$$H_{摩} = 9.81RL(1 + K_{\mu}) \tag{5-54}$$

式中　R——纯空气通过每米管道的摩擦阻力，kg/m²/m，见附表五；

　　　L——输料管的长度，m，包括弯头的展开长度；

　　　K——阻力系数，K 值与物料的性质有关，见附表五。水平输送时按式（5-55）、式（5-56）和式（5-57）计算。

对于谷物原粮

$$K_{谷} = \frac{0.15D}{u_a^{1.25}} \tag{5-55}$$

对于粗物料

$$K_{粗} = \frac{0.135D}{u_a^{1.25}} \tag{5-56}$$

对于细物料

$$K_{细} = \frac{0.11D}{u_a^{1.25}} \tag{5-57}$$

式中　D——输料管直径，m。

（6）弯头压损（$H_{弯}$）

$$H_{弯} = \zeta_{弯} \frac{u_a^2}{2g} \gamma_a (1 + K_{弯}\mu) \tag{5-58}$$

式中　$\zeta_{弯}$——纯空气通过弯头的局部阻力系数，见附表四；

　　　$K_{弯}$——阻力系数，在本公式（5-59）中 $K_{弯} = 1$。

（7）恢复压损（$H_{复}$）　物料和空气的混合物经过弯头后，由于和弯头的碰撞、摩擦，物料损失了一部分能量，为了保证物料在弯头之后仍能正常输送，物料和空气的混合物经过弯头之后仍需要加速，从而使物料的运动速度恢复到弯头前的运动状态。

当物料通过弯头其运动方向是由垂直向上转水平时，恢复压损为

$$H_{复} = C\Delta H_m \tag{5-59}$$

式中　C——弯头后水平管长度系数，弯头后水平管长度系数 C 值见表 5-6；

　　　Δ——输送量系数，输送量系数 Δ 值见表 5-7。

表 5 – 6 弯头后水平管长度系数 C 值

弯头后水平管长度/m	1	2	3	4	5
C	0.7	1	1.25	1.4	1.5

表 5 – 7 输送量系数 Δ 值

输送量/(t/h)	0.5 以下	1.0 以下	2.0 以下	3.0 以下	5.0 以下	5.0 以上
Δ	0.5	0.35	0.25	0.15	0.1	0.07

当物料通过弯头其运动方向是由水平转向垂直向上时，恢复压损为

$$H_{复} = 2\Delta H_{加} \tag{5-60}$$

（8）卸料器压损（$H_{卸}$）。卸料器压损的一般表达式为

$$H_{卸} = \zeta_{卸} \frac{u_j^2}{2g} \gamma_a \tag{5-61}$$

式中 $\zeta_{卸}$——卸料器阻力系数；

   u_j——卸料器进口风速，m/s。

所以，输料部分的压损 H_1 为

$$H_1 = H_工 + H_接 + H_加 + H_升 + H_摩 + H_弯 + H_复 + H_卸 \tag{5-62}$$

2. 尾气净化部分压损

物料和空气的混合物经过卸料器的分离之后，物料从气流中被分离出来，由于卸料器的分离效率不是100%，所以卸过物料之后的空气仍含有一定浓度的微细粒径物料或粉尘。把气力输送装置中卸过物料之后的管网称为尾气净化部分。尾气净化部分一般由汇集风管、通风连接管道和除尘器等三部分构成。尾气净化部分的总压损 H_2 为

$$H_2 = H_汇 + H_管 + H_除 \tag{5-63}$$

式中 $H_汇$——汇集风管的压损；

   $H_管$——连接管道的压损；

   $H_除$——除尘器的压损。

（1）汇集风管的压损计算 汇集风管有两种形式，圆锥形汇集风管和阶梯形汇集风管。对于圆锥形汇集风管，压损按下式计算。

$$H_汇 = 2R_大 L \tag{5-64}$$

式中 $R_大$——对应于大头直径和气流速度下的单位摩擦压损，可由附表三查出；

   L——圆锥形汇集风管的长度。

对于阶梯形汇集风管，即由多段直长管道和多个三通（或四通）构成，可按照直管段的沿程摩擦损失和局部构件的局部损失分别计算。即

$$H_汇 = \sum H_m + \sum H_j \tag{5-65}$$

式中 $\sum H_m$——阶梯形汇集风管中，直管道沿程摩擦损失的总和；

   $\sum H_j$——阶梯形汇集风管中，局部构件局部损失的总和。

（2）连接管道的压损计算 连接管道一般由直管道、弯头、变形管、风帽等构成，用于连接汇集风管、风机、除尘器等。压损计算方法同阶梯形汇集风管的压损

计算。

在气力输送装置中，汇集风管和连接管道的压损占系统总压损的比例很低，也可估算。估算时，近似取 $300 \sim 500 \text{N/m}^2$。

（3）除尘器的压损计算　除尘器的压损可由所选择除尘器的性能参数查得或按局部阻力公式计算。

3. 低真空气力吸运多输料管系统的阻力平衡

在由多根输料管组成的气力吸运系统中，各输料管处于并联状况，所以各输料管必须进行阻力平衡，否则，由于气流自动平衡的结果，会导致阻力较大的输料管风量下降，风速降低；而阻力较小的输料管风量上升，风速增大，使实际中运行的气力吸运系统各参数偏离设计要求，严重影响气力输送的正常运行，如输料管的产量降低、掉料等。

一般相邻两根输料管的提升物料压损不平衡率小于 5% 即认为阻力平衡。不平衡时阻力平衡方法为调整输料管的输送风速或调整物料的输送浓度，或在两输料管总压损差距不是很大时，通过调节卸料器阻力大小来实现阻力平衡。

在气力输送装置中，每根输料管卸料器之后的排风口管道上均安装有阀门，目的是方便现场阻力平衡的调节。

4. 低真空气力吸运系统总风量、总压损的计算

低真空气力吸运系统总风量为每根输料管风量之和。即

$$\sum Q = Q_1 + Q_2 + \cdots\cdots + Q_n \tag{5-66}$$

式中　$\sum Q$——低真空气力吸运系统总风量；

Q_1——第 1 根输料管风量；

Q_n——第 n 根输料管风量。

低真空气力吸运系统总压损为输送物料压损和尾气净化部分压损之和。即

$$\sum H = H_1 + H_2 \tag{5-67}$$

式中　$\sum H$——低真空气力吸运系统总风量；

H_1——输送物料压损；

H_2——尾气净化部分压损。

5. 风机参数的计算和选择风机、电动机

计算风机参数：

$$H_{风机} = (1.0 \sim 1.2) \sum H \tag{5-68}$$

$$Q_{风机} = (1.0 \sim 1.2) \sum Q \tag{5-69}$$

由风机参数 $H_{风机}$ 和 $Q_{风机}$ 选择风机、电动机。

（二）高真空气力吸运系统的压损计算

高真空气力输送与低真空气力输送的最大区别在于低真空气力输送系统是按不可压缩空气进行压损计算，而高真空吸送式气力输送是按可压缩空气进行压损计算的。下面介绍一种高真空气力输送的压损计算。

高真空气力输送系统的总压损包括启动加速压损、摩擦压损、提升压损和局部压损。

1. 启动加速压损 ΔP_{qd}

这项压损产生于整个气力输送的加速段，其压损消耗于对空气、物料的启动和加速。

$$\Delta P_{\mathrm{qd}} = (1 + \phi\mu)\frac{u_{\mathrm{a}}^2}{2g}\gamma_{\mathrm{a}} \tag{5-70}$$

式中　μ——输送浓度，kg/kg；

　　　ϕ——系数，$(u_{\mathrm{s}}/u_{\mathrm{a}})^2$；

　　　γ_{a}——管道断面空气的重度，N/m³；

　　　u_{a}——输料管中颗粒的运动速度，m/s。

对于垂直输料管：

$$u_{\mathrm{s}} = u_{\mathrm{a}} - u_{\mathrm{f}} \tag{5-71}$$

对于水平输料管：

$$u_{\mathrm{s}} \approx (0.7 \sim 0.85)u_{\mathrm{a}} \tag{5-72}$$

对于弯曲输料管：

$$u_{\mathrm{s}} = (0.56 \sim 0.58)u_{\mathrm{a}} \tag{5-73}$$

2. 摩擦压损 ΔP_{m}

$$\Delta P_{\mathrm{m}} = (P_{\mathrm{s}} - \sqrt{P_{\mathrm{s}}^2 - 2P_{\mathrm{s}}\lambda_{\mathrm{a}}\frac{L}{D}\frac{u_{\mathrm{a}}^2}{2g}\gamma_{\mathrm{a}}})a \quad (\mathrm{N/m^2}) \tag{5-74}$$

式中　P_{s}——初始状态压力，N/m²；

　　　γ_{a}——初始状态空气的重度，N/m³；

　　　u_{a}——初始状态空气的速度，m/s；

　　　L——输料管长度，m；

　　　λ_{a}——空气沿管道的摩擦阻力系数，一般取 $\lambda_{\mathrm{a}} = 0.02 \sim 0.03$，也可按式（5-75）
　　　　　计算。

$$\lambda_{\mathrm{a}} = k_{\mathrm{g}}(0.0125 + \frac{0.0011}{D}) \tag{5-75}$$

式中　k_{g}——管道光洁系数，见表 5-8。

表 5-8　　　　　　　　　　　　　管道光洁系数 k_{g} 值

输料管情况	内壁光滑	新焊接管	旧焊接管
k_{g}	1	1.3	1.6

　　　a——压损比，可按式（5-76）和式（5-77）计算：

对水平管

$$a = \sqrt{\frac{30}{u_{\mathrm{a}}}} + 0.2\mu \tag{5-76}$$

对垂直管

$$a = \frac{250}{u_{\mathrm{a}}^{1.5}} + 0.15\mu \tag{5-77}$$

3. 提升压损 ΔP_{n}

$$\Delta P_{\mathrm{fl}} = \mu\gamma_{\mathrm{a}}s\frac{(u_{\mathrm{f}} \mp u_{\mathrm{s}}\sin\theta)}{u_{\mathrm{s}}} \quad (\mathrm{N/m^2}) \tag{5-78}$$

式中　θ——管道倾角；

"＋"——物料上升；

"－"——物料下降；

s——输料管垂直高度，m。

4. 局部压损 ΔP_j

在气力输送系统中，直长输料管之外的构件均为局部构件，如接料器、弯头、卸料器等。这些局部构件的压损包括纯空气的压损和物料引起的附加局部压损。

（1）接料器的局部压损

$$\Delta P_j = (1 + \mu)\zeta \frac{u_a^2}{2g}\gamma_a \quad (\text{N/m}^2) \tag{5-79}$$

式中　ζ——接料器阻力系数，一般 $\zeta = 1.5 \sim 3$。

（2）弯头的压损

$$\Delta P_j = (1 + k_1\mu)\zeta \frac{u_a^2}{2g}\gamma_a \quad (\text{N/m}^2) \tag{5-80}$$

式中　ζ——弯头的阻力系数；

k_1——弯头的附加阻力系数，见表 5-9。

表 5-9　　　　　　　　　　　弯头的附加阻力系数 k_1 值

弯头的布置形式	k_1
垂直向上转水平 90°	1.6
水平转向水平 90°	1.5
水平转向垂直向上 90°	2.2
水平转向垂直向上 90°（粉状物料）	0.7

（3）分离器压损

$$\Delta P_j = (1 + k_f\mu)\zeta \frac{u_a^2}{2g}\gamma_a \tag{5-81}$$

式中　ζ——分离器阻力系数；

k_f——分离器的附加阻力系数，见表 5-10。

表 5-10　　　　　　　　　　分离器的附加阻力系数 k_f 值

分离器进口风速/（m/s）	15	16	17	18	19	20	21
k_f	0.45	0.41	0.38	0.36	0.35	0.34	0.33

（三）气力压运输送系统压损计算

气力压运系统的压损计算，目前还没有可以普遍适应的公式，大都是在一定条件下通过试验数据或经验等归纳出的计算式。本部分介绍一种方法，仅供参考。

本方法适用于系统压损在 40~80kPa 的压送装置，即采用饱和风量系数和单位功率因数进行设计计算。

1. 饱和风量系数和单位功率因数的确定

低压压送装置的饱和风量系数 $K_饱$ 和单位功率因数 $K_动$ 见表 5-11。

表 5 – 11 低压压送装置的饱和风量系数 $K_饱$ 和单位功率因数 $K_动$

物料名称	堆积密度 / (kg/m³)	压力系数 /$K_压$	输送距离 30m		输送距离 75m		输送距离 120m		风速 / (m/s)
			$K_饱$	$K_功$	$K_饱$	$K_功$	$K_饱$	$K_功$	
玉米粒	720	2.66	0.056	1.21	0.068	1.78	0.081	2.11	16.8
芝麻	640	1.33	0.043	1.46	0.056	1.78	0.068	2.19	11
油菜籽	528	1.86	0.05	1.21	0.081	1.94	0.10	2.35	21.3
亚麻籽	768	2.66	0.056	1.21	0.068	1.70	0.081	2.11	16.8
小麦胚芽	448	2.66	0.05	1.21	0.068	1.62	0.081	2.02	16.8
油粕	320 ~ 640	2.02	0.081	2.02	0.106	2.51	0.119	3.00	21.3

2. 计算标准状态下的输送风量和输送浓度

$$Q_标 = G \times K_饱 \qquad (5-82)$$

$$\mu = \frac{G}{1.2 Q_标} \qquad (5-83)$$

式中　$Q_标$——准状态下的输送风量，m^3/min；

　　　G——输送量，kg/min；

　　　μ——输送浓度，kg/kg。

3. 确定操作表压

由表 5 – 11 查得的饱和风量系数、单位功率因数和压力系数计算操作表压：

$$P_压 = \frac{K_功}{K_饱} K_压 \qquad (5-84)$$

式中　$P_压$——操作表压，kPa。

4. 计算供料器处的输送风量

表 5 – 11 中的风速是按供料器处的管内风量计算的，所以应将标准状态下的输送风量换算到供料器处压缩状态的输送风量

$$Q_供 = \frac{101.3 Q_标}{101.3 + P_压} \qquad (5-85)$$

式中　$Q_供$——供料器处压缩状态下的输送风量，m^3/min。

5. 计算输料管直径

计算管道直径系数 c：

$$c = \frac{Q_供}{v} \qquad (5-86)$$

式中　v——表 5 – 11 中的风速，m/s。

由计算出的管道直径系数 c 通过表 5 – 12 选择管道直径，以 80mm、100mm、125mm、150 mm 为主。

表 5 – 12 管道直径系数 c

系列号	管道直径/mm						
	80	90	100	125	150	175	200
5	0.334	0.446	0.567	0.873	0.254		2.155
10	0.325	0.427	0.548	0.855	1.226		2.11
30							1.98
40	0.285	0.376	0.492	0.780	1.115	1.486	

注：表中系列号实际为管道的壁厚。

也可用式（5 – 87）计算：

$$D_{内} = \sqrt{\frac{4Q_{供}}{60\pi v}} \tag{5 – 87}$$

式中 $D_{内}$——输料管内径，mm。

6. 计算供料器处压缩空气的漏风量

在计算风机风量时，要把供料器的漏风量计算在内。

叶轮式供料器的漏风量：

$$Q'_{漏} = 1.3 i_{供} \times n_{供} \tag{5 – 88}$$

式中 $Q'_{漏}$——叶轮式供料器在操作表压状态下的压缩空气漏风量，m^3/min；

$\quad\quad i_{供}$——叶轮式供料器的有效容积，m^3/r；

$\quad\quad n_{供}$——叶轮式供料器的转速，r/min。

7. 计算供料器的漏风量

将供料器处压缩空气的漏风量换算到风机进口标准状态下的漏风量：

$$Q_{漏} = Q'_{漏} \times \frac{101.3 + Q_{标}}{101.3 P_{压}} \tag{5 – 89}$$

式中 $Q_{漏}$——标准状态下的供料器漏风量，m^3/min。

8. 计算风机进风口风量

$$Q_{机} = Q_{标} + Q_{漏} \tag{5 – 90}$$

式中 $Q_{机}$——标准状态下风机进风口的风量，m^3/min。

9. 选择风机

计算风机参数：

$$P_{风机} = (1.0 \sim 1.2)P_{压} \tag{5 – 91}$$

$$Q_{风机} = (1.0 \sim 1.2)Q_{机} \tag{5 – 92}$$

由参数 $P_{风机}$ 和 $Q_{风机}$ 选择风机。

思考题

1. 气力输送的优缺点。
2. 吸送式、压送式的工艺流程和应用特点。
3. 气力输送系统的装置形式及应用特点。
4. 常用供料器的型式及应用特点。
5. 影响离心式卸料器卸料效率的因素。
6. 影响布袋除尘器除尘效率的因素。
7. 通风机的选型。
8. 气力输送的输送风速 v、输送浓度比 μ、输送风量 Q、输料管直径 D 的确定。
9. 气力输送网路的压力损失计算。

第六章

液体输送

本章知识点

1. 油脂工厂设计中管路设计的内容和方法。
2. 管路布置的一般性要求。
3. 管路附件及管路连接。
4. 管路的保温、刷油（防腐）、热膨胀及其补偿、管路安装与试验和管路布置图。

　　"管路"是油脂工厂生产中不可缺少的设施，蒸汽、水、气体以及其他各种液体物料都要依靠管路进行输送。同时，设备与设备之间的连接，亦通过管路实现。管路对于油脂工厂的重要性，犹如血脉对于人的生命一样重要。因此管路设计和敷设是油脂工厂中十分重要的工程。在进行管路设计时，首先应具备下列资料——工艺流程图、车间设备布置平面图和剖面图、设备施工图、物料衡算及热量计算、工厂地质情况（包括地下水位高度及冻结层的深度等）及其他资料（水源、锅炉房及蒸汽压力等）。

　　具有上述资料即可进行管路设计，其设计内容包括——施工说明书、管路布置图、管架、特殊管件制造图及其安装图。

　　管路设计是否合理，不仅直接关系到建设指标是否先进合理，而且也关系到生产操作能否正常进行以及车间布置是否整齐美观、通风采光是否良好等。

第一节　管路设计的内容和方法

一、　管路设计的基础资料

管路设计完成时，应提供下列资料：

（1）工艺流程图。

（2）设备平面布置图和立面布置图。

（3）设备施工图（重点设备总图，并标有液体进出口位置及管径）。

（4）设备管口方位图。

（5）非标管件、管架条件图。

（6）物料衡算和热量衡算的过程及结果。

（7）气象及地质资料。

二、 管路设计的内容和方法

（一） 管路设计的基本内容

（1）管路配置图：包括管路平面图和重点设备管路立面图、管路透视图。

（2）管架、特殊管件制作图及安装图（管路支架及特殊管件制作图）。

（3）施工说明，其内容为施工图中应注意的问题，各种管路的坡度，保温的要求，安装时不同管架的说明等（如施工条件的特殊要求及施工标准等）。

（二） 管路设计的具体内容和深度

1. 管径的确定及压力损失计算

（1）管径的确定 最适宜管径的选择：管路原始投资费用与经常消耗于克服管路阻力的动力费用有着相对的关系。管径大，管路的原始投资越大，但阻力消耗可降低；减小管径，虽降低了投资费用，但动力消耗增加。因此，最适宜管径的选择与原始投资费用及生产费用的大小有关，即应找出式（6-1）的最小值。

$$M = E + AP \tag{6-1}$$

式中 M——每年生产费用与原始投资费用之和；

   E——每年消耗于克服管路阻力的能量费用（生产费用）；

   A——管路设备材料、安装和检修维护费用的总和（设备费用）；

   P——设备每年消耗部分，以占设备费用的百分比表示。

用图表法可找出 M 的最小值，将任意假定的直径求得的 M 各点标绘，最适宜最经济管径的选择如图6-1所示的曲线，即可得最适宜最经济的管径 d。

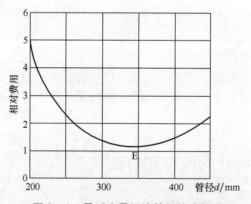

图6-1 最适宜最经济管径的选择图

在车间内部，通常管路较短，而且管径也不会太大，在选择管径时，可根据生产经验套用或由前面介绍的公式计算后选择。但对于长度长或直径大的管路则应根据最经济管径来选择。因为管径越大，所需材料越多，这时管路的材料费及安装、检修费、保温材料费都会增加，管路的基建费用也增大。如果选择较小的管径，虽可降低管路基建费用，但随之而来的，由于流速的增大，输送流体所消耗的动力也越大，也就是说操作费用增加了。所以，在管径选择时将会遇到管路基建费用与输送流体操作费用之间的矛盾。那么，在经济上最合理的管径，则应使每年的操作费用与管路基建费用之和（简称为总费用）为最低值。每年总费用的最低值可由图表法找出。将任意假定的直径和相应求得的每年总费用各值标绘出如图 6-1 所示的曲线。在图中，纵坐标表示每年操作费用与管路基建费用之总费用，横坐标表示管径大小，从图中曲线上 E 点指出的总费用 F_e 元为最低值，此时对应的管径 d_e 即为最经济管径。

对长距离管路或大直径管路应根据最适宜最经济来选择；管径应根据流体的流量、性质、流速及管路允许的压力损失等确定。

除有特殊要求外，可按下述方法确定管径：设定平均流速并按式（6-2）初算内径，再根据工程设计规定的管子系列调整为实际内径。最后复核实际平均流速。

$$D_i = 0.0188 [W_o/v\rho]^{0.5} \tag{6-2}$$

式中　D_i——管子内径，m；

　　W_o——质量流量，kg/h；

　　v——平均流速，m/s；

　　ρ——流体密度，kg/m^3。

以实际的管子内径 D_i 与平均流速 v 核算管路压力损失，确认选用管径可行。如果压力损失不满足要求时，应重新计算。

（2）管路压力损失计算　对于输送牛顿型流体的管路压力损失的计算，包括直管的摩擦压力损失和局部（阀件和管件）的摩擦压力损失可按下述方法计算（不包括加速度损失及静压差等的计算）。

液体管路摩擦压力损失的计算，应符合下列规定：

①圆形直管的摩擦压力损失，应按式（6-3）计算：

$$\Delta P_f = 10^{-5} \frac{\lambda \rho v^2}{2g} \cdot \frac{L}{D_i} \tag{6-3}$$

式中　ΔP_f——直管的摩擦压力损失，MPa；

　　L——管路长度，m；

　　g——重力加速度，m/s^2；

　　D_i——管子内径，m；

　　v——平均流速，m/s；

　　ρ——流体密度，kg/m^3；

　　λ——液体摩擦因数。

②局部的摩擦压力损失的计算，可采用当量长度法或阻力系数法。

当量长度法按式（6-4）计算：

$$\Delta P_k = 10^{-5} \frac{\lambda \rho v^2}{2g} \cdot \frac{Le}{D_i} \tag{6-4}$$

阻力系数法按式（6-5）计算：

$$\Delta P_k = 10^{-5} \cdot K_R \frac{\rho v^2}{2g} \tag{6-5}$$

式中　ΔP_k——局部的摩擦压力损失，MPa；

　　Le——阀门和管件的当量长度，m；

　　K_R——阻力系数。

液体管路总压力损失为直管的摩擦压力损失与局部的摩擦压力损失之和，并应计入适当的裕度。其裕度系数，宜取 1.05 ~ 1.15。

$$\Delta P_t = C_h(\Delta P_f + \Delta P_k) \tag{6-6}$$

式中　ΔP_t——管路总压力损失，MPa；

　　　　C_h——管路压力损失的裕度系数。

常见流体流速范围如表 6-1 所示。

表 6-1　　　　　　　　　　常见流体流速范围

流体名称		流速范围/（m/s）	流体名称		流速范围/（m/s）
饱和蒸汽	主管	30 ~ 40	煤气	初压 200mmH₂O	0.75 ~ 3.0
	支管	20 ~ 30	煤气	初压 600mmH₂O	3.0 ~ 12
低压蒸汽	<1.0MPa（绝压）	15 ~ 20	半水煤气 1 ~ 2MPa（绝压）		10 ~ 15
中压蒸汽	1.0 ~ 4.0MPa（绝压）	20 ~ 40	烟道气		3.0 ~ 4.0
高压蒸汽	4.0 ~ 12.0MPa（绝压）	40 ~ 60	工业烟囱	自然通风	2.0 ~ 8.0
过热蒸汽	主管	40 ~ 60		实际 3 ~ 4	
	支管	35 ~ 40	石灰窑窑气管		10 ~ 20
一般气体（常压）		10 ~ 20	油及黏性较高的液体		0.5 ~ 1.0
高压乏汽		80 ~ 100	溶剂油		1 ~ 1.5
蒸汽（加热蛇管）	入口管	30 ~ 40	一般液体（水及黏度比水低的液体）		1.5 ~ 3.0
氧气 0 ~ 0.05MPa（表压）		5.0 ~ 10	离心泵压出水		2.5 ~ 3.0
0.05 ~ 0.6MPa（表压）		7.0 ~ 8.0	氨气	真空	15 ~ 25
0.6 ~ 1.0MPa（表压）		4.0 ~ 6.0	0.1 ~ 0.2MPa（绝压）		8 ~ 15
1.0 ~ 2.0MPa（表压）		4.0 ~ 5.0	0.3MPa（绝压）		10 ~ 20
2.0 ~ 3.0MPa（表压）		3.0 ~ 4.0	0.6MPa（表压）以下		10 ~ 20
车间换气通风	主管	4.0 ~ 15	变换气 1 ~ 15MPa（绝压）		10 ~ 15
	支管	2.0 ~ 8.0	蛇管内常压气体		5 ~ 12
风管距风机	最远处	1.0 ~ 4.0	真空管		<10
	最近处	8.0 ~ 12	真空蒸发器气体出口（低真空）		50 ~ 60
压缩空气 0.1 ~ 0.2MPa（表压）		10 ~ 15	真空蒸发器气体出口（高真空）		60 ~ 75
压缩空气	（真空）	5.0 ~ 10	末效蒸发器气体出口		40 ~ 50
0.1 ~ 0.2MPa（绝压）		8.0 ~ 12	蒸发器	出汽口（常压）	25 ~ 30
煤气	一般	2.5 ~ 15	真空度 8.67 × 10⁴ ~ 1.01 × 10⁵Pa 管路		80 ~ 130
	经济流速	8.0 ~ 10			

续表

流体名称		流速范围/（m/s）	流体名称	流速范围/（m/s）
煤气	1.0～2.0MPa（表压）以下	3.0～8.0	填料吸收塔空塔气体速度	0.2～0.3 至 1～1.5
氮气	50～100MPa（绝压）	2～5	膜式塔气体板间速	4.0～6.0

（3）管路设计的标准化　在管路设计和管件选用时，为了便于设计选用、降低成本和便于互换，国家有关部门制定了管子、法兰和阀门等管路用零部件标准。对于管子、法兰和阀门等标准化的最基本参数就是金属公称直径和公称压力。

①公称直径：所谓公称直径，就是为了使管子、法兰和阀门等的连接尺寸统一，将管子和管路用的零部件的直径加以标准化以后的标准直径。公称直径以 D_g 表示，其后附加公称直径的尺寸。例如，公称直径为100mm，用 D_g100 表示。

管子的公称直径是指管子的名义直径，既不是管子内径，也不是管子外径，而是与管子的外径相近又小于外径的一个数值。只要管子的公称直径一定，管子的外径也就确定了，而管子的内径则根据壁厚不同而不同。如 D_g150 的无缝钢管，其外径都是159mm，但通常壁厚有4.5mm 和6.0mm，则内径分别为150mm 和147mm。

设计管路时应将初步计算的管子直径调整到相近的标准管子外径，以便按标准管选择。

对于铸铁管和一般钢管，由于壁厚变化不大，D_g 的数值较简单，所以采用 D_g 叫法。但对于管壁变化幅度较大的管路，一般不采用 D_g 的叫法。无缝钢管就是一个例子，同一外径的无缝钢管，它的壁厚有好几种规格（查相关的设计资料），这样就没有一个合适的尺寸可以代表内径。所以，一般用"外径×壁厚"表示。如：外径57mm、壁厚为2.5mm 的无缝钢管，可采用"Φ57×2.5"表示。

对于法兰或阀门来说，它们的公称直径是指与它们相配的管子的公称直径。例如，公称直径为200mm 的管法兰，或公称直径为200mm 的阀门，指的是连接公称直径为200mm 的管子用的管子法兰或阀门。管路的各种附件和阀门的公称直径，一般都等于管件和阀门的实际内径。

目前管子直径的单位除用毫米外，在工厂有用英制称呼，其单位为 in。例如1in 管即指 DN25 的管子。

②公称压力：所谓公称压力就是通称压力，一般应大于或等于实际工作的最大压力，在制定管路及管路用零部件标准时，只有公称直径这样一个参数是不够的，公称直径相同的管路、法兰或阀门，它们能承受的工作压力是不同的，它们的连接尺寸也不一样。所以要把管路及所用法兰或阀门等零部件所承受的压力，也分为若干个规定的压力等级，这种规定的标准压力等级就是公称压力，以 P_g 表示，其后附加公称压力的数值。例如：公称压力为 $25×10^5$Pa 用 P_g25 表示。公称压力的数值，一般指的是管内工作介质温度在 0～120℃ 范围内的最高允许工作压力。一旦介质温度超出上述范围，则由于材料的机械强度要随温度的升高而下降，因而在相同的公称压力下，其允许的最大的工作压力应适当降低。

在选择管路及管路用的法兰或阀门时，应把管路的工作压力调整到与其相近的标准公称压力等级，然后根据 D_g 和 P_g 就可以选择标准管路及法兰或阀门等管件，同时，可以选择合适的密封结构和密封材料等。

按照现行规定，低压管路的公称压力分为 $2.5 \times 10^5 Pa$、$6 \times 10^5 Pa$、$10 \times 10^5 Pa$、$16 \times 10^5 Pa$ 4 个压力等级；中压管路的公称压力分为 $25 \times 10^5 Pa$、$40 \times 10^5 Pa$、$64 \times 10^5 Pa$、$100 \times 10^5 Pa$ 4 个压力等级；高压管路的公称压力分为 $160 \times 10^5 Pa$、$200 \times 10^5 Pa$、$250 \times 10^5 Pa$、$300 \times 10^5 Pa$ 4 个压力等级。

2. 管材和壁厚的选择

根据输送介质的温度、压力以及腐蚀情况等选择所用管路材料。常用管路材料有金属管和非金属管两大类。金属管有各种无缝钢管、金属软管、有色金属管等，非金属管有玻璃钢管、聚乙烯管、聚氯乙烯管、工程塑料管、橡胶管等。

（1）无缝钢管　无缝钢管有热轧和冷拔（冷轧）普通碳素钢、优质碳素钢、低合金钢和普通合金结构无缝钢管等，用作输送各种流体管路和制作各种结构零件。

热轧无缝钢管的外径为 32～600mm，壁厚 2.5～50mm。冷拔无缝钢管外径为 4～150mm，壁厚为 1～12mm。标注方法是"外径×壁厚"。例如，$\Phi 45 \times 3.5$ 表示钢管外径为 45mm，壁厚为 3.5mm。

不锈钢无缝钢管（GB/T 14975—2002），不锈钢热轧、热挤压和冷拔（冷轧）无缝钢管适用于输送酸、碱等具有腐蚀性介质的管路或油脂卫生要求高的管路。

（2）水煤气钢管（焊接钢管）　水煤气钢管的材料是碳钢，有普通和加厚两种，根据镀锌与否，分镀锌和不镀锌两种（白铁管和黑铁管），用于低温低压的水管。普通管壁厚为 2.75～4.5mm，加厚的壁厚为 3.25～5.5mm。可按普通或加厚管壁厚和公称直径标注。

低压流体输送用焊接钢管（GB/T 3092—2008）和镀锌焊接钢管（GB/T 3091—2008），又称水煤气钢管，适用于输送水、压缩空气、煤气、蒸汽、冷凝水及采暖系统的管路。钢管分不镀锌（黑管）和镀锌钢管，带螺纹和不带螺纹（光管）钢管，普通和加厚钢管。

螺旋电焊钢管（即螺旋焊缝钢管）适用于作蒸汽、水、油及油气管路。钢板卷管一般由施工单位自制或委托加工厂加工。

（3）铸铁管　铸铁管用于室外给水和室内排水管线，也可用来输送碱液或浓硫酸，埋于地下或管沟。用砂型离心浇铸的普压管，工作压力高于735kPa（0.75MPa）；高压管工作压力高于980kPa（1.0MPa）。

接口为承插式的内径 $\Phi 75 \sim 500mm$，壁厚7.5～200mm。用砂型立式浇铸的铸铁管也有低压［工作压力低于441kPa（0.45MPa）］、普压和高压三种。壁厚9.0～30.0mm，用公称直径标注。

高硅铸铁管、衬铅铸铁管系输入腐蚀介质用管路，公称通径 $D_g 10 \sim 140mm$。

（4）金属软管　金属软管有 P2 型耐压软管、P3 型吸尘管、PM1 耐压管和不锈钢金属软管等。

P2 型耐压软管：一般用于输送中性的液体、气体、固体及混合物。材料为低碳钢镀锌钢带，公称直径小于50mm的耐压管，交货长度每根不短于2m，直径大于50mm的耐压管，则不短于1.5m。

P3 型吸尘管：一般用于通风，吸尘设备的管路及输送固体物料。

PM1 耐压管：一般用于输送中性液体。

不锈钢金属软管（1Cr18Ni9Ti）：金属软管主要用于抽吸、输送各种流体，包括蒸汽、热水、酸、碱、各种油品、空气、润滑油等各种液体和气体介质。金属软管还可以减震、消除噪声，并具有抗冲击和位移补偿等性能。可用于不对称管路的安装。

（5）有色金属管　有色金属管有铜管和黄铜管、铅管和铅合金管以及铝管和铝合金管。

铜管与黄铜管：铜管与黄铜管多用于制造换热设备，也用于低温管路、仪表的测压管线或传送有压力的液体（如油压系统、润滑系统）。当温度大于250℃时不宜在压力下使用。

铝管和铝合金管：铝管和铝合金管的品种分拉制管与挤压管两种。铝及铝合金薄壁管用冷拉或冷压方法制成，供应长度为 1~6m，铝及铝合金厚壁管用挤压法制成，供应长度不小于300mm。常用于输送浓硝酸、醋酸等物料，或用作换热器，但不能用于盐酸、碱液，特别是含氯离子的化合物。铝管的最高使用温度为200℃，温度高于160℃时不宜在压力下使用。铝管不可用对铝有腐蚀性的碳酸镁、含碱玻璃棉保温。

铅管和铅合金管（GB 1472—2014）适用于化学、染料、制药及其他工业部门作耐酸材料的管路，如输送15%~65%的硫酸、干的或湿的二氧化硫等。但硝酸、次氯酸盐及高锰酸盐类等介质，不可使用铅管。铅管的最高使用温度为200℃，温度高于140℃时不宜在压力下使用。

（6）非金属管　非金属材料的管路种类很多，常见的材料有塑料、硅酸盐材料、石墨、工业橡胶、其他非金属衬里材料等。

硅酸盐材料管有陶瓷管、玻璃管等，他们耐腐蚀性能强，缺点是耐压低，性脆易碎。

钢筋混凝土管、石棉水泥管用于室外排水管路，管内试验压力：混凝土管 $0.3 \times 10^5 Pa$（0.05MPa）；重型钢筋混凝土管 $1 \times 10^5 Pa$（0.1MPa）。公称直径：混凝土 $\Phi 75 \sim 450mm$，厚度 25~67mm；轻型钢筋混凝土管 $\Phi 100 \sim 1800mm$，厚度 25~140mm；重型钢筋混凝土管 $\Phi 300 \sim 1550mm$，厚度 58~157mm，按公称内径标注。近年来，给水管路用内径 500~1000mm 的预应力钢筋混凝土日益增多，工作压力可达 $6 \times 10^5 Pa$（0.6MPa）。

输送温度在 60℃ 以下的腐蚀性介质可用硬聚氯乙烯管、软聚氯乙烯管、聚丙烯管、聚乙烯管等塑料管。市购硬聚氯乙烯管的公称通径 $D_g 10 \sim 400mm$，壁厚 1.5~12mm，按照"外径×壁厚"标注。常温下轻型管材的工作压力不超过 $6 \times 10^5 Pa$，重型管材（管壁较厚）工作压力不超过 $10 \times 10^5 Pa$。

此外还有聚四氟乙烯管、钢衬聚四氟乙烯管、ABS 管等（具有重量轻、无毒、无味、韧性好等特点）工程塑料管。

（7）橡胶管　能耐酸碱，抗腐蚀性好，且有弹性可任意弯曲。橡胶管一般用做临时管路及某些管路的挠性件，不作为永久管路。

常用管路材料的选择如表 6-2 所示。

表 6-2 常用管路材料的选择

流体名称	管路材料	操作压力/MPa	垫圈材料	连接方式	阀门形式		推荐阀门型号	保温方式
					支管	主管		
上水	焊接钢管	1~3	橡胶,橡胶石棉板	≤2,螺纹连接 >21/2",法兰连接	≤2,截止阀 >21/2",闸阀	闸阀	J11T-16 Z45T-10	
清下水	焊接钢管	1~3	橡胶,橡胶石棉板	≤2,螺纹连接 >21/2",法兰连接	≤2,截止阀 >21/2",闸阀	闸阀	Z45T-10	
生产污水	焊接钢管,铸铁管	常压	同上,或由污水性质决定	承插,法兰,焊接	旋塞		根据污水性质定	
热水	焊接钢管	1~3	夹布橡胶	法兰,焊接,螺纹	截止阀	闸阀	J11T-16 Z45T-10	膨胀珍珠岩,硅藻土,硅石,岩棉
热回水	焊接钢管	1~3	夹布橡胶	法兰,焊接,螺纹	截止阀	闸阀	J11T-16 Z45T-10	
自来水	镀锌焊接钢管	1~3	橡胶,橡胶石棉板	螺纹	截止阀	闸阀	J11T-16 Z45T-10	
冷凝水	焊接钢管	1~8	橡胶石棉板	法兰,焊接	截止阀,旋塞	闸阀	J11T-16 X13W-10T	
蒸馏水	硬聚氯乙烯管,ABS管,玻璃管,不锈钢管(有保温要求)	1~3	橡胶,橡胶石棉板	法兰	球阀		Q41F-16	
蒸汽(1MPa表压)	3"以下,焊接钢管 3"以上,无缝钢管	1~2	橡胶石棉板	法兰	截止阀	闸阀	J11T-16 Z45T-10	膨胀珍珠岩,硅藻土,硅石,岩棉
蒸汽(3MPa表压)	3"以下,焊接钢管 3"以上,无缝钢管	1~4	橡胶石棉板	法兰,焊接	截止阀	闸阀	J11T-16 Z45T-10	
蒸汽(5MPa表压)	3"以下,焊接钢管 3"以上,无缝钢管	1~6	橡胶石棉板	法兰,焊接	截止阀	闸阀	J11T-16 Z45T-10	

介质	管材	压力	垫片	连接	阀门	阀门	阀门型号	保温材料
压缩空气	钢管 <1.0MPa，焊接 >1.0MPa，无缝钢管	1～15	夹布橡胶	法兰,焊接	球阀	球阀	Q41F–16	
惰性气体	焊接钢管	1～10	夹布橡胶	法兰,焊接	球阀	球阀	Q41F–16	
真空	焊接钢管或硬聚氯乙烯管	真空	橡胶石棉板	法兰,焊接	球阀	球阀	Q41F–16	
排气	焊接钢管或硬聚氯乙烯管	常压	橡胶石棉板	法兰,焊接	球阀	球阀	Q41F–16	
盐水	焊接钢管	3～5	橡胶石棉板	法兰,焊接	球阀	球阀	Q41F–16	软木,矿渣棉泡沫聚苯乙烯,聚氨酯
回盐水	焊接钢管	3～5	橡胶石棉板	法兰,焊接	球阀	球阀	Q41F–16	
酸性下水	陶瓷管,衬胶管,硬聚氯乙烯管	常压	橡胶石棉板	承插,法兰	球阀		Q41F–16	
碱性下水	焊接钢管,铸铁管	常压	橡胶石棉板	承插,法兰	球阀	球阀	Q41F–16	
生产物料 气体 （暂时通过）	按生产性质选择管材	<10						
液体 （暂时通过）		<2.5						

3. 完成管路配置

根据施工流程图、设备布置图、设备施工图进行管路的配置，并完成管路平面图、管路立面图和局部剖视图（管路透视图）等，以及管路支架及特殊管件制作图。

4. 提出下列资料

（1）将各种断面的地沟长度、管架、预埋件等提给土建。

（2）车间上、下水，蒸汽等管路的温度、压力提供给公用系统。

（3）各种介质管路（包括管子、管架、管件、阀件等）的材料规格、数量（长度与重量）提供给外购系统。

（4）自制补偿器、管件、管架的制作与安装费用、制作图纸。

（5）做出管路投资概算。

5. 编写施工说明书

包括：施工中应注意的问题；各种管路的坡度；保温刷漆的要求以及应遵循的国家规范。

第二节　管路布置的要求

一、布置原则

（1）管路应成列平行敷设，尽量走直线少拐弯（因作自然补偿、方便安装、检修、操作除外），少交叉减少管架的数量，节省管架材料并做到整齐美观便于施工。整个装置（车间）的管路，纵向与横向的标高应错开，一般情况下改变方向同时改变标高。

（2）设备间的管路连接，应尽可能短而直，尤其用合金钢的管路和工艺要求压降小的管路，如泵的进口管道、加热炉的出口管路、真空管路等，又要有一定的柔性，以减少人工补偿和由热胀位移所产生的力和力矩。

（3）当管路改变标高或走向时，尽量做到"步步高"或"步步低"，避免管路形成积累气体的"气袋"或积聚液体的"液袋"和"盲肠"，如不可避免时应于高点设放空（气）阀，低点设放净（液）阀。

（4）不得在人行通道和机泵上方设置法兰，以免法兰渗漏时介质落于人身上而发生工伤事故。输送腐蚀介质的管路上的法兰应设安全防护罩。

（5）易燃易爆介质的管路，不得敷设在生活间、楼梯间和走廊等处。

（6）管路布置不应挡门、窗，应避免通过电动机、配电盘、仪表盘的上空，在有吊车的情况下，管路布置应不妨碍吊车工作。

（7）气体或蒸汽管路应从主管上部引出支管，以减少冷凝液的携带，管路要有坡向，以免管内或设备内积液。

（8）由于管法兰处易泄漏，故管路除与法兰连接的设备、阀门、特殊管件连接处必须采用法兰连接外，其他均应采用对焊连接（DN≤40mm 用承插焊连接或卡套连接）。

公用系统管路 PN≤0.8MPa，DN≥50mm 的管路除法兰连接阀门和设备接口处采用法兰连接外，其他均采用对焊连接（包括焊接钢管）。但对镀锌焊接管除特别要求外，不允许用焊接，DN＜50mm 允许用螺纹连接（若阀门为法兰时除外），但在阀门与设备连接之间，必须要加活接头以便检修。

（9）不保温、不保冷的常温管路除有坡度要求外，一般不设管托；金属或非金属衬管路，一般不用焊接管托而用卡箍型管托。对较长的直管要使用导向支架，以控制热胀时可能发生的横向位移。为避免管托与管子焊接处的应力集中，大口径和薄壁管常用鞍座，以利管壁上应力分布均匀，鞍座也可用于管路移动时可能发生旋转之处，以阻管路旋转。管托高度应能满足保温、保冷后，有50mm外漏的要求。

（10）采用成型无缝管件（弯头、异径管、三通）时，不宜直接与平焊法兰焊接（可与对焊法兰直接焊接），其间要加一段直管，直管长度一般不小于其公称直径，最小不得低于100mm。

二、布置要求

（1）设计装置（车间）内主管时应对装置内所有管路（工艺管路、公用系统管路）、仪表电缆、动力电缆、采暖通风管路统一规划，各就其位。

（2）在主管的末端或环状管的中间设置附带阀门的排净口，且加法兰盲板（供排净用，口径为DN20）。

（3）当装置（车间）为多层结构时，进入每层的主管尽可能在同一个坐标方位和不同的高度（有利于安装维修和管理），且设置切断阀，以便各层维修时互不影响。在垂直管的最低点气、液相管均应设排净口（附DN20放净阀）。垂直管在每层楼板处设支撑管架或管箍，以支撑竖管重量。注意切勿设于屋顶排水管的位置（应与建筑专业协商解决）。

（4）绘制主管管路布置图时应将空间区域进行规划，与仪表、配电等专业划分空间或区域，以减少碰撞。如可将空间划分为几个标高，如4.2m以下、4.2m以上和4.8m以上。可将4.2m以下划为工艺配管用，4.2m以上划给电和仪表用，4.8m以上可作公用管路用，这样可以减少碰撞。楼板面的排水是依靠地漏排水，所以4.8m以上可供公用管路专用，4.2m以下，可以有2m的空间供工艺配管用，可设2~4层管子，其宽度控制在2m左右。

（5）配管设计时管路应尽量靠拢，管子间距取整数200mm、250mm或300mm等，也可参照管路间距表，但必须保证施工间距。物料管路应设置在管架的上层即第一层，对热介质除保温外还应与冷介质隔开，防止互相影响。一般热介质设在上层，冷介质设在下层，公用系统主管设在下层。主管布置时大口径管路应靠在吊架处，小口径管路可设在吊架中间，对易堵介质可在转弯处采用三通、端头加法兰及盲板。

（6）根据工艺要求设置公用工程站，每个站的管路均从主管引出，应尽量靠近服务对象布置，并以站为圆心，以15m为半径（软管长15m）画圆，这些圆应覆盖装置（车间）内所有服务对象。每个站一般情况均设有低压蒸汽、压缩空气、氮气和水管路，并设DN25切断阀门，集中设置在+1.00m标高处，配15m带快速接头的软管，有特殊要求时应设置淋浴及洗眼器，在淋浴及洗眼器附近设地漏及时排除洗涤水。

（7）一般主管架沿梁敷设，管架可设在梁侧，在遇柱子时可在柱子侧面预埋钢板，设管架作柱吊架时可承受较大载荷。管架也可沿操作台铺设，一般在操作台旁或操作台下，管架与操作台可用螺栓连接或焊接。

（8）管路并排而法兰错排时的管与管间距如表6-3所示，和管路并排且阀的位置对齐时的管路间距如表6-4所示；当阀门相对排列时应加50mm。

表6-3　管路并排而法兰错排时的管路间距

单位:mm

D_g	25		40		50		70		80		100		125		150		200		250		300		d	
	A	B	A	B	A	B	A	B	A	B	A	B	A	B	A	B	A	B	A	B	A	B	A	B
25	120	200																					110	130
40	140	210	150	230																			120	140
50	150	220	150	230	160	240																	150	150
70	160	230	160	240	170	250	180	260															140	170
80	170	240	170	250	180	260	190	270	200	280													150	170
100	180	250	180	260	190	270	200	280	210	310	220	330											160	190
150	210	280	210	300	220	300	230	300	240	320	250	330	260	340	280	360							190	230
200	230	310	240	320	250	330	260	340	270	350	280	360	290	370	300	390	300	420					220	260
250	270	340	270	350	280	360	290	370	300	380	310	390	320	410	340	420	360	450	390	480			250	290
300	290	370	300	380	310	390	320	400	330	410	340	420	350	440	360	450	390	480	410	510	400	540	280	320
350	300	400	330	410	340	420	350	430	360	440	370	450	380	470	390	480	420	510	450	540	470	570	310	350

注:(1)不保温管与保温管相邻排列时,间距=(不保温管间距+保温管间距)/2;

(2)若系螺纹连接的管子,间距可按上表减去20mm;

(3)管沟中管壁与管壁之间的净距在160～180mm,管壁与沟壁之间的距离为200mm;

(4)表中A为不保温管,B为保温管,d为管子轴线离墙面的距离。

表 6 - 4		管路并排且阀的位置对齐时的管路间距						单位：mm	
D_g	25	40	50	80	100	150	200	250
25	250							
40	270	280						
50	280	290	300					
80	300	320	330	350				
100	320	330	340	360	375			
150	350	370	380	400	410	450		
200	400	420	430	450	460	500	550	
250	430	440	450	480	490	530	580	600

（9）油脂工厂中管路及阀门应涂染不同颜色的油漆，以示区分。一般规定如下：水管涂绿色；蒸汽管涂白色；混合管涂黄色；溶剂管涂红色；溶剂气体涂蓝色；真空管涂灰色；油管涂棕色；碱管涂粉红色。

第三节　管路附件及管路连接

一、附件

管路中除管子以外，为满足工艺生产和安装检修的需要，管路中还有许多其他的构件，如短管、弯头、三通、异径管、法兰、盲板、阀门等，我们通常称这些构件为管路附件，简称管件和阀件。它是组成管路不可缺少的部分。有了管路附件，管路的安装和检修就方便很多，可以使管路改换方向、变化口径、连通和分流，以及调节和切换管路中的流体等。

1. 弯头

弯头的作用主要是用来改变管路的走向。常用的弯头根据弯头程度的不同，分90°、45°、180°弯头。180°弯头又称 U 形弯管，在冷库冷排中用得较多。其他还有根据工艺配管需要的特定角度的弯头，如钢制弯头 - 无缝弯头，冲压焊接弯头，焊制弯头。

2. 三通

当一条管路与另一条管路相连通时，或管路需要有旁路分流时，其接头处的管件称为三通。根据接入管的角度不同，有垂直接入的正接三通，有斜度的斜三通。此外，还可按入口口径大小差异分，如等径三通、异径三通等。除常见的三通管件外，根据管路工艺需要，还有更多接口的管件，如四通、五通、异径斜接五通等。

3. 短接管和异径管

当管路装配中短缺一小段，或因检修需要在管路中设置一小段可拆的管段阀，经常采用短接管。它是一短段直管，有的带连接头（如法兰、丝扣等）。

将两个不等管径和管路连通起来的管件称为异型管，通常称大小头，用于连接不同管径的管子。

4. 法兰、活络管接头和盲板

为便于安装和检修，管路中采用可拆连接，法兰、活络管接头是常用的连接零件。活络管接头大多用于管径不大（Φ100mm）的水煤气钢管。绝大数钢管管路采用法兰连接。

在有的管路上，为清理和检修需要设置手孔盲板，也有的直接在管端装盲板，或在管路中的某一段中断管路与系统联系。

5. 阀门

阀门在管路中用来调节流量，切断或切换管路，或对管路起安全作用、控制作用。阀门的选择是根据工作压力、介质温度、介质性质（是否含有固体颗粒、黏度大小、腐蚀性）和操作要求（启闭或调节等）进行的。油脂工厂常用的阀门有下述种类。

（1）旋塞阀　旋塞具有结构简单，外形尺寸小，启闭迅速，操作方便，管路阻力损失小的特点。但不适用于控制流量，不宜使用在压力较高、温度较高的流体管路和蒸汽管路中；可用于压力和温度较低的流体管路中，也适用于介质中含有晶体和悬浮物的流体管路中。使用介质：水、煤气、油品、黏度低的介质。

（2）截止阀　截止阀具有操作可靠，容易密封，容易调节流量和压力，耐高温达300℃的特点。缺点是阻力大、杀菌蒸汽不易排掉、杀菌不完全，不得用于输送含晶体和悬浮物的管路中。常用于水、蒸汽、压缩空气、真空、油品介质。

（3）闸阀　闸阀阻力小，没有方向性，不易堵塞，适用于不沉淀物料管路。一般用于大管路中作启闭阀。使用介质：水、蒸汽、压缩空气等。

（4）隔膜阀　隔膜阀结构简单，密封可靠，便于检修，流体阻力小，适用于输送酸性介质和带悬浮物质流体的管路，特别适用于发酵油脂，但所采用的橡皮隔膜应耐高温。

（5）球阀　球阀结构简单、体积小、开关迅速、阻力小，常用于油脂生产中罐的配管中。

（6）针型阀　针型阀能精确地控制流体流量，在油脂生产中主要用于取样管路上。

（7）止回阀　止回阀靠流体自身的力量开闭，不需要人工操作，其作用是阻止流体倒流。止回阀也称单向阀。

（8）安全阀　在锅炉、管路和各种压力容器中，为了控制压力不超过允许数值，需要安装安全阀。安全阀能根据介质工作压力自动启闭。

（9）减压阀　减压阀的作用是自动地把外来较高压力的介质降低到需要压力，减压阀适用于蒸汽、水、空气等非腐蚀性流体介质，在蒸汽管路中应用最广。

（10）疏水阀（器）　疏水器的作用是排除加热设备或蒸汽管路中的蒸汽凝结水，同时能阻止蒸汽的泄露。

（11）蝶阀　蝶阀又称翻板阀，其结构简单，外形尺寸小，是用一个可以在管内转动的圆盘（或椭圆盘）来控制管路启闭的。由于蝶阀不易和管壁严密结合，密封性差，仅适用于调节管路流量。在输送水、空气和煤气等介质的管路中较常见，用于调节流量。

二、连接

管路的连接包括管路与管路的连接、管路与各种管件、阀件与设备接口处的连接等。最常见的管路连接方式有法兰连接、螺纹连接、焊接、承插式连接等四种。

1. 法兰连接

这是一种可拆式的连接。适用于大管径、密封性要求高的管子连接，特别是在管路易堵塞处和弯头处应采用法兰连接。它由法兰盘、垫片、螺栓和螺母等零件组成。法兰盘与管路是固定在一起的。法兰与管路的固定方法很多，常见的有以下几种。

（1）整体式法兰　整体式法兰的管路与法兰盘是连成一体的，常用于铸造管路中（如铸铁管等）以及铸造的机器、设备接口和阀门等。在腐蚀性强的介质中可采用铸造不锈钢或其他铸造合金及有色金属铸造整体法兰。

（2）搭焊式法兰　搭焊式法兰的管路与法兰盘的固定是采用搭接焊接，习惯又叫平焊法兰。

（3）对焊法兰　对焊法兰通常又叫高颈法兰，它的根部有一较厚的过渡区，这对法兰的强度和刚度有很大的好处，改善了法兰的受力情况。

（4）松套法兰　松套法兰又称活套法兰，其法兰盘与管路不直接固定，在钢管路上，是在管端焊一个钢环，法兰压紧钢环使之固定。

（5）螺纹法兰　这种法兰与管路的固定是可拆的结构。法兰盘的内孔有内螺纹，而在管端车制相同的外螺纹，它们是利用螺纹的配合来固定的。

法兰连接主要依靠两个法兰盘压紧密封材料以达到密封效果。法兰的压紧力则靠法兰连接的螺栓来达到。

2. 螺纹连接

管路的这种连接方法可以拆卸、但没有法兰连接那样方便，密封可靠性也较低。常用于管径小于 65mm、工作压力 1.0MPa 以下、100℃ 以下的水管、低压煤气管、镀锌管以及带螺纹阀体连接的管路。对于公称直径小于 20mm 的管路多采用螺纹连接，并在常拆卸的地方加活接头，连接处一般涂以填料（铅白、铅丹、油麻、石棉、橡胶等），确保密封不漏。

3. 焊接连接

这是一种不可拆卸的连接结构，它用焊接的方法将管路和各管件、阀门直接焊接成一体。这种连接密封非常可靠，结构简单，便于安装，但给清洗检修工作带来不便。焊缝焊接质量的好坏，将直接影响连接强度和密封质量。可用 X 光拍片和试压方法检查。

焊接法分为熔焊、钎焊和胶合焊，前两种适用于钢管，而胶合法仅用于聚氯乙烯和酚醛塑料的焊接。焊接法常用于压力管路，如空气、真空、蒸汽、冷、热水管，管径大于 32mm 壁厚在 4mm 以上用电焊，管径小于 32mm 壁厚 3.5mm 以下用气焊。

4. 承插式连接

除上述常见的三种连接外，还有承插式连接、填料函式连接、简便快接式连接等。

承插式连接多用于铸铁管、陶瓷管、玻璃管及塑料管，其接口处留有一定的间隙，以补偿伸长。承插式连接的特点是难以拆卸，不便修理，相邻两管稍有弯曲时仍可维持不漏，连接不很可靠，承受压力不高。

第四节　管路的保温、刷油（防腐）、热膨胀及其补偿

一、保温

1. 保温的目的和作用

管路保温的目的是使管内介质在输送过程中，不冷却、不升温，亦就是不受外界温度的影响而改变介质的状态。

保温的作用如下。

（1）用保温减少设备、管路及其附件的热（冷）损失。

（2）保证操作人员安全、改善劳动条件，防止烫伤和减少热量散发到操作区，降低操作区温度。

（3）在长距离输送介质时，用保温来控制热量损失，以满足生产上所需要的温度。

（4）冬季，用保温来延续或防止设备、管路内液体的冻结。

（5）当设备、管路内的介质温度低于周围空气露点温度时，用保温可防止设备、管路的表面结露。

（6）用保温可提高设备的防火等级。

（7）提高生产能力，在工艺设备或炉窑采取保温措施，不但可减少热量损失，而且可以提高生产能力。

（8）热力管路和设备保温后，其表面温度不宜高于环境温度15℃。

2. 保温的范围

凡设备、管路具有下列情况之一者，都要保温。

（1）设备、管路及其附件的表面温度高于50℃者（工艺上不需或不能保温的设备、管路除外）。

（2）制冷系统中的冷设备、冷管路及其附件。

（3）生产和输送过程中，由于介质的凝固点、结冰点或结晶点等要求采用伴热措施者。

（4）日晒或外界温度影响而引起介质汽化或蒸发者。

（5）因外界温度影响而产生冷凝液对管路产生腐蚀者。

（6）介质温度低于周围空气露点温度的设备、管路。

（7）工艺生产中不需保温的设备、管路及其附件。其外表面温度超过60℃，又需经常操作维护者，在无法采用其他措施防止烫伤时，需进行防烫保温。

（8）需要用保温来提高设备的耐火等级时，对直径≥1.5m的设备支架和裙座需进行双面保温；直径<1.5m的设备支架和裙座只要在外侧进行保温，一般涂抹石棉水泥。

3. 保温结构

涂抹式：分层涂抹，每层厚度10~15mm，外层用铁丝网绑扎，最外层用保护层。

预制式：将主保温材料预制成各种形状，最里层用石棉硅藻土作底层，然后放预制瓦块，缝处用硅藻土填充。

管路保温采用保温材料包裹管外壁的方法。保温材料常采用导热性差的材料，常用的有毛毡、石棉、玻璃棉、矿渣棉、珠光砂、其他石棉水泥制品等。

管路保温层的厚度要根据管路介质热损失的允许值，蒸汽管路每米热损失允许范围如表 6-5 所示，部分保温材料的热导率如表 6-6 所示，管路保温厚度之选择如表 6-7 所示。

表 6-5　　　　　　　　　　　蒸汽管路每米热损失允许范围　　　　　单位：J/（m·s·K）

公称直径 D_g/mm	管内介质与周围介质之温度差/℃				
	45	75	125	175	225
25	0.570	0.488	0.473	0.465	0.459
32	0.671	0.558	0.521	0.505	0.497
40	0.750	0.621	0.568	0.544	0.528
50	0.775	0.698	0.605	0.565	0.543
70	0.916	0.775	0.651	0.633	0.594
100	1.163	0.930	0.791	0.733	0.698
125	1.291	1.008	0.861	0.798	0.750
150	1.419	1.163	0.930	0.864	0.827

表 6-6　　　　　　　　　　　　　部分保温材料的热导率

名称	热导率/［J/（m·s·K）］	名称	热导率/［J/（m·s·K）］
聚氯乙烯	0.163	软木	0.041~0.064
聚苯乙烯	0.081		0.188~0.302
低压聚乙烯	0.297	锅炉煤渣	0.116
高压聚乙烯	0.254	石棉板	0.349
松木	0.070~0.105	石棉水泥	

表 6-7　　　　　　　　　　　　　管路保温厚度选择　　　　　　　　　　单位：mm

保温材料的热导率/［J/（m·s·K）］	蒸汽温度/K	管路直径 D_g			
		50	70~100	125~200	250~300
0.087	373	40	50	60	70
0.093	473	50	60	70	80
0.105	573	0	70	80	90

注：在 263~283K 范围内一般管径的冷冻水（盐水）管保温采用 50mm 厚聚氯乙烯泡沫塑料双合管。

在保温层的施工中，必须使被保温的管路周围充分填满，保温层要均匀、完整、牢固。保温层的外面还应采用石棉水泥抹面，防止保温层开裂。在有些要求较高的管路中，保温层外面还需要缠绕玻璃布或外加铁皮外壳，以免保温层受雨水侵蚀而影响保温效果。

管路绝热工程的施工应在设备和管路涂漆合格后进行。施工前，管路外表面应保持清洁干燥。冬、雨季施工应有防冻、防雨雪等措施。

需要蒸汽吹扫的管路，宜在吹扫后进行绝热工程施工。

二、 刷油 （防腐） 及标识

1. 油漆

刷油漆可防止管路及设备表面的金属锈蚀，刷油漆前应清除被涂表面的铁锈、焊渣、毛刺、油、水等污物。

刷漆宜在 15～30℃ 的环境温度下进行，并应有相应的防火、防冻、防雨措施。涂层质量应符合下列要求：涂层应均匀，颜色应一致；涂膜应附着牢固，无剥落、皱纹、气泡、针孔等缺陷；涂层应完整、无损坏、流淌；涂层厚度应符合设计文件的规定；涂刷色环时，应间距均匀，宽度一致。

涂料的种类、颜色、涂敷的层数和标记应符合设计文件的规定。一般，无保温管路，先涂两遍防锈漆，再涂调和漆；有保温管路，一般应涂两遍调和漆。

有色金属管、不锈钢管、镀锌钢管、镀锌铁皮和铝皮保护层，不宜涂漆。

焊封及其标记在压力试验前不应涂漆。

管路安装后不易涂漆的部位应预先涂漆。

2. 埋地管路的防腐处理

地下钢管会受到地下水中的各种盐类、碱类的腐蚀。所以要做到防腐处理，在管外壁做一些防腐层。

程序是：外表面先去污净化；冷底油 ［沥青∶汽油 ＝1∶（2.25～2.5）］ 涂刷；涂沥青玛蹄脂 （高岭土∶沥青 ＝1∶3）；包扎保护层，石棉沥青防水毡螺旋式缠在表面上。

3. 管路的标识

油脂工厂生产车间需要的管路较多，一般有水、蒸汽、真空、压缩空气和各种流体物料等管路。为了区分各种管路，往往在管路外壁或保温层外面涂有不同的颜色的油漆。油漆既可以保护管路外壁不受环境大气影响而腐蚀，同时也用来区别管路的类别。使我们醒目地知道管路输送的是何种介质，这就是管路的标志。这样，既有利于生产中的工艺检查，又可避免管路检修中的错乱和混乱。例如，植物油脂工厂管路的刷漆颜色：蒸汽—白色；水—绿色；溶剂—红色；油和混合油—黄色；溶剂蒸气—蓝色；自由气体—淡蓝色。

三、 热膨胀及其补偿

1. 管路的热膨胀

管路在输送热介质液体时 （如蒸汽、冷凝水、过热水等） 会受热膨胀，对此应考虑管路的热伸长量的补偿问题。各种材料的线膨胀系数如表 6－8 所示，管路受热伸长量可按式 （6－7） 进行计算：

（1） 热伸长

$$\Delta L = \alpha L(t_1 - t_2) \tag{6－7}$$

式中　ΔL——热伸长量，m；

　　　α——材料线膨胀系数，参见表 6－8；

　　　L——管路长度，m；

　　　t_1——输送介质的温度，K；

　　　t_2——管路安装时空气的温度，K。

表 6 - 8　　　　　　　　　　　　　各种材料的线膨胀系数

管子材料	α 值/ $[\mathrm{m}/ (\mathrm{m \cdot K})]$	管子材料	α 值/ $[\mathrm{m}/ (\mathrm{m \cdot K})]$
镍钢	13.1×10^{-6}	铁	12.35×10^{-6}
镍铬钢	11.7×10^{-6}	铜	15.96×10^{-6}
碳素钢	11.7×10^{-6}	铸铁	11.0×10^{-6}
不锈钢	10.3×10^{-6}	青铜	18×10^{-6}
铝	8.4×10^{-6}	聚氯乙烯	7×10^{-6}

从计算公式（6 - 7）可以看出，管路的热伸长量 ΔL 与管长、温度差的大小成正比。在直管中的弯管处可以自行补偿一部分的伸长变形，但对较长的管路往往是不够的。所以，须设置补偿器来进行补偿。如果达不到合理的补偿，则管路的热伸长量会产生很大的内应力，甚至使管架或管路变形损坏。

（2）热应力（压缩应力）　当埋地敷设或室内敷设时 t_1 取 0℃；钢管的热膨胀系数 $\alpha = 12 \times 10^{-6} \mathrm{m}/ (\mathrm{m \cdot ℃})$；由于热伸长直管热应力或支架推力，$[\sigma]$ 为压缩应力：钢管 $\sigma = 800 \mathrm{kg/cm^2}$，聚氯乙烯 $\sigma = 100 \mathrm{kg/cm^2}$；$E$ 为材料的弹性模数，钢 $E = 2100000 \mathrm{kg/cm^2}$；设管截面面积为 F（$\mathrm{cm^2}$），管子加热所受的压力为（冷却时为张力）

$$P = [\sigma]F = FE\frac{\Delta L}{L} = FE\alpha\Delta t \tag{6-8}$$

由此可见，装牢管路中各段中的应力仅与截面积和温度变化有关，而与长度无关。所以，在固定安装的管路中，即使很短也应考虑张力的影响，对于普通碳钢管最大允许温差为：

$$\Delta t = \frac{[\sigma]}{\alpha E} = \frac{800}{12 \times 10^{-6} \times 2.1 \times 10^{-6}} = 31.75(℃) \tag{6-9}$$

2. 管路的热补偿

（1）管路热补偿计算　管路热补偿计算的目的是确定管路由于受热膨胀而产生的弹性力、力矩和补偿弯曲应力，以便选择自然补偿管段或伸缩器的尺寸，保证管路的安全运行；或根据管路的已知尺寸，效验补偿能力是否满足需要。

管路补偿器计算采用"弹性中心法"，可参照《发电厂汽水管路应力计算技术规程》（DL/T 5366—2014）中的计算方法，结合具体情况进行计算。

下面列出了常用弯管型伸缩器及自然补偿管端的热补偿计算公式，是在假定端点 A 松脱的条件下推得的，可用来计算最大弯曲力矩。要求管路在坐标 X，Y 的任意截面上的弯曲力矩，只须将相应的值代入式（6 - 10）即可。

$$M = P_x(Y - Y_s) - P_y(X - X_s) \tag{6-10}$$

式中　X、Y——截面上的弯曲力矩，m；

　　　X_s、Y_s——弹性中心坐标，m；

　　　P_x、P_y——弹性力，kgf，连同计算所得正负号一并代入式（6 - 10）中。

（2）管路热补偿器类型　常见的补偿器有 n 型、Ω 型、波型、填料式几种，补偿器如图 6 - 2 所示。在不同的管路安装中，选择不同的补偿器。其中，波形补偿器使用在管径较大的管路中，n 型和 Ω 型补偿器制作比较方便，在蒸汽管路中采用较为普遍，而填料式用于铸铁管路和其他脆性材料的管路。

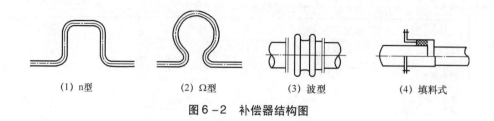

(1) n型　　　　(2) Ω型　　　　(3) 波型　　　　(4) 填料式

图6-2　补偿器结构图

第五节　管路安装与试验

一、 安装

1. 一般要求

（1）安装时应按图纸规定的坐标、标高、坡度，准确地进行，做到横平竖直，安装程序应符合先大后小、先压力高后压力低、先上后下、先复杂后简单、先地下后地上的原则。

（2）法兰接合面要注意使垫片受力均匀，螺栓握裹力基本一致。

（3）连接螺栓、螺母的螺纹上应涂以二硫化钼与油脂混合物，以防止生锈。

（4）各种补偿器、膨胀节应按设计要求拉伸预压缩。

2. 同转动设备相连管路的安装

对同转动设备和泵类、压缩机等相连的管路，安装时要十分重视，应确保不对设备产生过大的应力，做到自由对中、同心度和平行度均符合要求，绝不允许利用设备连接法兰的螺栓强行对中。

3. 仪器部件的安装

管路上的仪器附件的安装，原则上一般都应在管路系统试压吹扫完成后进行，试压吹扫以前可用短管代替相应的仪表。如果仪表工程施工期很紧，可先把仪表安装上去，在管路系统吹扫试验时应拆下仪表而用短管代替，应注意保护仪表管件在试压和吹扫过程中不受损伤。

4. 管架安装

（1）管路安装时应及时进行支吊架的固定和调整工作，支吊架位置应正确，安装平整、牢固、与管子接触良好。

（2）固定支架应严格按设计要求安装，并在补偿器预拉伸前固定。

（3）弹簧支吊架的弹簧安装高度，应按设计要求调整并做出记录。

（4）有热位移的管路，在热负荷试运行中，应及时对支吊架进行检查和调整。

二、 焊接、 热处理和检验

1. 预热和应力消除处理

预热和应力消除的加热，应保证使工件热透，温度均匀稳定。对高压管路和合金钢管进行应力热处理时，应尽量使用自动记录仪，正确记录温度-时间曲线，以便于控制作业和进行分析与检查。

2. 焊缝检验

焊缝检验有外观检查和焊缝无损探伤等方法。

三、　试验

管路在安装完毕后要进行系统压力试验，检验管路系统的机械性能及严密性。

压力试验——以液体或气体为介质，对管路逐步加压，达到规定的压力，以检验管路强度和严密性的试验。

泄漏（渗透）性试验——以气体为介质，在设计压力下，采用发泡剂、显色剂、气体分子感测仪或其他专门手段等检查管路系统中泄漏点的试验。

1. 试验压力

试验压力按设计压力的 1.25 ~ 1.5 倍进行或按规范进行。

2. 试验介质

一般以清洁水为介质，对空气、仪表空气、真空系统、低压二氧化碳管线等可采用干燥无油的空气进行试压，但必须用肥皂水对每个连接密封部位进行泄漏检查。

3. 试验前的准备工作

（1）管路系统安装完毕，并符合规范要求。

（2）焊接和热处理工作完成并检验合格。

（3）管线上不参加试验的仪表部件拆下。

（4）与传动设备连接的管口法兰加盲板。

（5）具有完善的试验方案。

4. 水压试验和气压试验

（1）水压试验　系统充满水，排尽空气，实验环境温度为 5℃ 以上，逐级升压到试验压力后，保持不少于 10min，整个系统是否有泄漏，如有泄漏不得带压处理，需降压处理。降压时应防止系统抽成真空，可把高处排气阀打开引入空气，并排尽系统内的积水。试压期间应密切注意检查管架的强度。

（2）气压试验　首先缓慢升压至试验压力的 50% 进行检查，消除缺陷。然后按试验压力的 10% 逐级升压，每级稳压 3min，用肥皂水检查。达到规定的试验压力后，保持5min，以无泄漏、无变形为合格。

5. 管路的吹扫与清洗

管路试压合格后，应分段进行吹扫与清洗。管路吹洗合格后，还应做好排尽积水、拆除盲板、仪表部件复位、支吊架调整、临时管线拆除、防腐与保温等工作。

（1）一般规定　管路在压力试验合格后，建设单位应负责组织吹扫或清洗（简称吹洗）工作，并应在吹洗前编制吹洗方案。

吹洗方法应根据对管路的使用要求、工作介质及管路内表面的脏污程度确定。公称直径大于或等于 600mm 的液体或气体管路，宜采用人工清理；公称直径小于 600mm 的液体管路宜采用水冲洗；公称直径小于 600mm 的气体管路宜采用空气吹扫；蒸汽管路应以蒸汽吹扫；非热力管路不得用蒸汽吹扫。

对有特殊要求的管路，应按设计文件规定采用相应的吹扫方法。不允许吹扫的设备与管路应与吹洗系统隔离。吹洗的顺序应按主管、支管、疏排管依次进行，吹洗出的脏物，不得进入已合格的管路。吹扫时应设置禁区。

（2）水冲洗　冲洗管路应使用洁净水，冲洗奥氏体不锈钢管路时，水中氯离子含量不得超过 25μL/L。

冲洗时，宜采用最大流量，流速不得低于 1.5m/s。

水冲洗应连续进行，以排出口的水色和透明度与入口水目测一致为合格。

当管路经水冲洗合格后暂不运行时，应将水排净，并应及时吹干。

（3）空气吹扫　空气吹扫利用生产装置的大型压缩机，也可利用装置中的大型容器蓄气，进行间断性的吹扫，吹扫压力不得超过容器和管路的设计压力，流速不宜小于 20m/s。

空气吹扫过程中，当目测排气无烟尘时，应在排气口设置贴白布或涂白漆的木制靶板检验，5min 内无铁锈、尘土、水分及其他杂物，应为合格。

（4）蒸汽吹扫　为蒸汽吹扫安设的临时管路应按蒸汽管路的技术要求安装，安装质量应符合本规范的规定。蒸汽管路应以大流量蒸汽进行吹扫，流速不应低于 30m/s。蒸汽吹扫前，应先行暖管、及时排水，并应检查管路热位移。蒸汽吹扫应按加热—冷却—再加热的顺序，循环进行。吹扫时宜采用每次吹扫一根，轮流吹扫的方法。

对于蒸汽管路，当设计文件有规定时，经蒸汽吹扫后应检验靶片。当设计文件无规定时，吹扫质量标准应符合表 6-9 的规定。

表 6-9　　　　　　　　　　　　　吹扫质量标准

项目	指标	项目	指标
靶片上痕迹大小	Φ0.6mm 以下	粒数	1 个/cm²
痕深	<0.5mm	时间	15min（两次皆合格）

蒸汽管路还可用抛光木板检验，吹扫后，木板上无铁锈、脏物时，应为合格。

（5）化学清洗　需要化学清洗的管路，其范围和质量要求应符合设计文件的规定。管路进行化学清洗时，必须与无关设备隔离。化学清洗后的废液处理和排放应符合环境保护的规定。

（6）油清洗　润滑、密封及控制油管路，应在机械及管路酸洗合格后、系统试运转前进行油清洗。不锈钢管路宜在蒸汽吹净后进行油清洗。

当设计文件无要求时，管路油清洗后应采用滤网检验，油清洗合格标准应符合表 6-10规定。

表 6-10　　　　　　　　　　　油清洗合格标准

机械转速/（r/min）	滤网规格/目	合格标准
≥6000	200	目测滤网，无硬颗粒及黏稠物，每平方厘米范围内，软杂物不多于 3 个

第六节 泵的选用

一、选泵原则

在油脂工厂设计中，由于考虑发展和适应不同要求等因素，总工艺方案一般均要求装置留有一定富裕能力。在选泵时，应按设计要求达到的能力确定泵的流量、扬程，以及考虑有效汽蚀余量等参数，并使之与其它设备能力协调平衡。

二、泵的形式选择

油脂工厂中大多数选用离心泵，在某些条件下，选用旋涡泵和容积式泵如图 6 – 3 所示，几种主要泵型的选用范围如下。

1. 离心泵

（1）介质黏度不宜大于 $6.5 \times 10^{-4} \mathrm{m}^2/\mathrm{s}$，否则泵效率低很多。

（2）流量小、扬程高的不宜选用一般离心泵，可考虑选用高速离心泵。

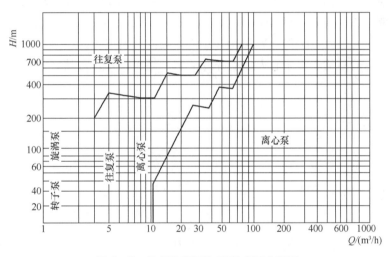

图 6 – 3 选用旋涡泵和容积式泵曲线图

（3）介质中溶解或夹带气体量大于 5%（体积）时，不宜选用离心泵。

（4）要求流量变化大、扬程变化小者选用平坦的 Q – H 曲线离心泵，要求流量变化小，扬程变化大者宜选用陡峭的 Q – H 曲线离心泵。

（5）介质中含有固体颗粒在 3% 以下的，宜选用一般离心泵，超过 3% 时要选用特殊结构的离心泵。

2. 旋涡泵

（1）介质黏度不大于（0.2 ~ 0.35）$\times 10^{-4} \mathrm{m}^2/\mathrm{s}$（在输送温度下），温度不大于 100℃，流量小、扬程不高，Q – H 曲线要求较陡的，可选用旋涡泵。

（2）介质中夹带气体大于 5%（体积）的宜选用旋涡泵。

（3）要求自吸时可选用 WZ 型旋涡泵。

3. 容积式泵

（1）介质黏度（输送温度下）在 $0.01m^2/s$ 以下的宜选用容积式泵，黏度在 $0.3 \sim 120Pa \cdot s$ 的可选用 3GN 型高黏度三螺杆泵。

（2）夹带或溶剂气体大于 5%（体积）时，可选用容积式泵。

（3）流量较小、扬程高的宜选用往复泵。

（4）介质润滑性能差的不宜选用转子泵，可选用往复泵。

三、 泵的分类及特点

泵的分类一般按泵作用于液体的原理分为叶片式和容积式两大类，其特点如表 6-11所示。

叶片式泵是由泵内的叶片在旋转时产生的离心力作用将液体吸入和压出。而容积式泵是油泵的活塞或转子在往复或旋转运动产生挤压作用将液体吸入或压出，叶片式泵又因泵内叶片结构形式不同分为离心泵、轴流泵和旋涡泵。容积式泵分为活塞泵和转子泵。

泵也常按泵的用途而命名，如水泵、油泵、泥浆泵、砂泵、耐腐蚀泵、冷凝液泵等，或附有结构特点的名称如悬臂式水泵、齿轮油泵、螺杆油泵以及立式、卧式泵等。但从作用原理方面来划分，仍属于两大类中的一种类型。

此外，喷射泵系由一工作介质为动力，它在泵内将位能传递给被抽送的介质，从而达到增压和输送的目的。由于它无运动部件，结构简单，操作方便，已广泛用于真空系统抽气。

四、 泵的性能指标

1. 扬程

泵的扬程指泵输送单位重量液体由泵进口至出口的能量增加值。它包括液体静压头、速度头和几何位能等能量增加值总和，由式（6-11）表示。

$$H = \frac{P_2 - P_1}{\gamma} + \frac{v_2^2 - v_1^2}{2g} + Z_2 - Z_1 \tag{6-11}$$

此项指标油泵制造厂提供的样本或说明书中可查得。对叶片式泵而言，扬程为流量的函数，其关系见泵特性曲线。

对容积式泵而言，一般以排出压力表示它能自动适应管网系统所需压力的变化。最高使用压力系由泵体结构设计限定，排出压力变化时泵流量几乎不变。

叶片式泵扬程单位一般为 m 液柱，容积式泵排出压力的单位为 MPa。

2. 流量

泵在单位时间内抽吸或排送液体的体积数，一般以 m^3/h 或 L/s 表示。

叶片式泵流量与扬程有关，见泵特性曲线。泵的操作流量指泵的扬程流量性能曲线，与管网系统需要扬程、流量曲线交点处流量值，容积式泵流量与扬程无关，几乎为常数。

3. 允许汽蚀余量 $\Delta h_允$

泵的允许汽蚀余量表示泵的吸入性能指标。泵在抽送液体时，泵吸入口液体的能量总是低于泵吸入液面上的压力，这是因为泵吸入管路有液体摩擦阻力（包括局部阻力）损失。当泵吸入口液体能量低于在吸入液面温度下的汽化压力时，液体将汽化产生气体伴同液体入泵，此时泵产生汽蚀，使泵产生振动和响声，严重时使泵停止排送液体。要使泵正常操作，吸入口流体能量不仅不能低于液体吸入温度下的汽化压力，而且要超出汽化压力的一指定最小极限值，才能保证泵安全运行，这个超汽化压力的最小值称为泵允许汽蚀余量。此值与泵的类型和泵结构设计有关。由制造厂泵性能试验时测定并介绍在产品说明书的性能表（或图）中，以 $\Delta h_{允}$ 表示，单位为 m 液柱。

泵的正常操作必须是此项流体总能量据有大于液体汽化压力 $\dfrac{P_v}{\gamma}$ 的富裕能量，即为允许汽蚀余量 $\Delta h_{允}$

$$\Delta h_{允} = \frac{P_1}{\gamma} + \frac{v_1^2}{2g} - \frac{P_v}{\gamma} \tag{6-12}$$

式中　　v_1——泵进口处液体在管内平均流速，m/s；

　　　　P_1——泵进口处液体压力，kgf/m^2；

　　　　P_v——泵进口液体温度下液体汽化压力，kg/m^3；

　　　　γ——液体吸入温度下重度，kg/m^3；

　　　　g——重力加速度，m/s^2。

4. 泵的允许吸上真空高度 H_s

泵的允许吸上真空高度 H_s（m 液柱）为泵的吸入性能指标，即指泵的吸提能力。

泵允许吸上真空高度 H_s 为

$$H_s = \pm H_{安} + \Delta h_{fs} + \frac{v_1^2}{2g} \tag{6-13}$$

式中　　$H_{安}$——泵安装高度，m；

　　　　Δh_{fs}——吸入管阻力，m 液柱。

5. 效率

泵在输送液体过程中，外界能量通过泵传递给液体，转变为液体的压头。在传递过程中不可避免地有损失，故泵获得的能量不可能全部转变为液体的压头。泵的轴功率 $N_{轴}$ 为泵轴所需要的功率，也就是直接传动是由原动机传递到泵轴上的功率。单位时间内泵输送出去的液体从泵中获得的有效能量，成为有效功率 $N_{有效}$。

泵效率指有效功率与泵轴功率的比值，以百分数表示。

$$\eta = \frac{N_{有效}}{N_{轴}} \times 100\% \tag{6-14}$$

五、　扬程计算

需要扬程为选泵重要依据，依管网系统的安装和操作条件决定。计算前应首先绘制流程草图、平面和竖向布置，从而计算管线长度、管径及管件型式和数量。

六、　安装高度计算

泵的安装高度指泵轴中心线与泵吸入液面间垂直距离。如泵安装在吸入液面之上，泵系抽吸液体入泵；如泵安装在吸入液面之下，液体灌注入泵。泵安装高度为泵布置设计的重要指标，决定泵安装高度的原则是泵在指定的操作条件下能正常运行，即不发生

油脂工厂物料输送

汽蚀。

决定泵安装高度的依据如下。

泵本身的吸入性能因素，指泵的允许汽蚀余量$\triangle h_允$或泵的允许吸上真空高度H_s；

泵输送液体的性质如液体重度、液体温度（它直接关系到液体的汽化压力）；

泵安装地区的气压条件（对吸入液面处于自由大气压下）或吸入液面上的压力（对吸入液面处于受压的封闭容器内）；

泵吸入管路的阻力，与此因素有关的指管道直径、材质、长度、阀门管件的型式和数量，液体选用的流速和液体黏度等。

（1）采用允许汽蚀余量$\triangle h_允$计算安装高度时，按式（6-15）进行计算：

$$H_安 = \Delta h_{fs} + \Delta h_允 - (\frac{P}{\gamma} - \frac{P_v}{\gamma}) \tag{6-15}$$

式中　　P——吸入液面上压力，当处于自由大气压下$P = P_0$，MPa；当处于密闭受压容器时$P = P' + P_a$（P_a——泵安装地点的大气压力MPa，P'——容器内压力MPa表压）；

P_v——泵进口液体温度下汽化压力，MPa。

（2）采用允许吸上真空高度H_s计算安装高度时，按式（6-16）计算：

$$\pm H_安 = H_s - (\Delta h_{fs} + \frac{v_1^2}{2g}) \tag{6-16}$$

海拔高度与大气压力关系如图6-4所示。

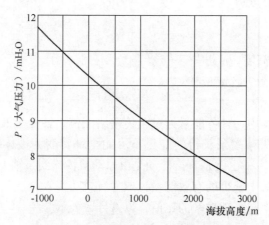

图6-4　海拔高度与大气压力关系图

（大气压力以冷水水柱表示）

H_s是在大气压为1.01×10^5Pa及20℃水的标准状况下测定值。当泵用于非上述条件时，H'应按式（6-17）换算：

$$H'_s = (H_s - 10.09) \times \frac{\gamma_{水20}}{\gamma} + \frac{P_a - P_v}{\gamma} \tag{6-17}$$

式中　　H_s——产品说明说中所列泵的允许吸上真空高度，mH2O；

P_a——安装地区大气压，MPa；

P_v——输送液体在操作温度下汽化压力，MPa；

γ——输送液体在操作温度下重度，kg/m^3；

$\gamma_{水20}$——水在 20℃时的重度，kg/m^3。

七、 泵功率计算和电动机功率选定

泵功率有三种表示方法，即有效功率 $N_{有效}$、轴功率 $N_{轴}$ 及原动机功率 $N_{机}$，其计算公式分别为

$$N_{有效} = \frac{QH\gamma}{102} \tag{6-18}$$

$$N_{轴} = \frac{QH\gamma}{102\eta} \tag{6-19}$$

$$N_{机} = k\frac{N_{轴}}{\eta_{传}} \tag{6-20}$$

式中　Q——泵流量，m^3/s；

　　　H——泵全扬程，m 液柱；

　　　γ——泵输送液体重度，kg/m（泵样本一般取 $\gamma_{水} = 1000kg/m^3$）；

　　　η——泵效率，可查产品样本说明书；

　　　$\eta_{传}$——原动机传动效率，当采用弹性联轴器与泵轴直接传动时 $\eta_{传} = 1$，当皮带轮传动时 $\eta_{传} = 0.95$；

　　　k——选用电动机富裕系数，与泵轴功率有关，可按表 6-11 选取。

表 6-11　　　　　　　　　　　　　　轴功率与电动机富裕系数的关系

$N_{轴}$/kW	k
<1	1.3 ~ 1.4
1 ~ 2	1.2 ~ 1.3
2 ~ 5	1.15 ~ 1.3
5 ~ 50	1.10 ~ 1.15
>50	1.05 ~ 1.08

八、 计算公式

输水时电动机轴功率

$$N_{轴(水)} = \frac{1000QH}{3600 \times 102 \times \eta} \tag{6-21}$$

输油时扬程

$$H_{油} = H_{水}C_H \tag{6-22}$$

输油时流量

$$Q_{油} = Q_{水}C_0 \tag{6-23}$$

输油时效率

$$\eta_{油} = \eta_{水}C_B \tag{6-24}$$

输油时轴功率

$$N_{轴(油)} = \frac{Q_{油}H_{油} \times 1000 \times 0.9}{3600 \times 102 \times \eta_{油}} \tag{6-25}$$

上述公式中 C_H、C_0、C_B 为修正系数，可查相关表格。

九、 泵的并联、 串联操作应注意事项

（1）不论泵是并联操作还是串联操作，单台泵的特性曲线必须是具有连续下降特性的，否则将产生操作上的不稳定。

（2）单泵的最佳操作点与输送管路系统阻力有关，因此管路系统阻力越小对发挥单泵能力和整个泵系统的能力越佳。

（3）离心泵串联工作能提高泵扬程，但要注意各台泵串联后，其泵体强度是否满足要求，以保安全。

（4）为充分发挥单泵的效率，无论串联、并联工作，均希望采用相同规格的泵。

十、 常用离心水泵

油脂工厂常用离心水泵有 B 型或 BA 型，该泵为单级、单吸式悬臂式离心泵，可吸送清水及物理化学性质类似于水的液体。仅介绍 BA 型泵，其总扬程范围为 8~93m，流量范围为 4.5~360m³/h，液体的最高温度不得超过 80℃。

第七节　管路布置图

管路布置图又叫管路配置图，是表示车间内外设备、机器间管路的连接和阀件、管件、控制仪表等安装情况的图样。施工单位根据管路布置图进行管路、管路附件及控制仪表等的安装。

管路布置图根据车间平面布置图及设备图来进行绘制，包括管路平面图、管路立面图和管路透视图。

一、 管路布置图的视图

1. 比例、图幅

图样比例通常用 1∶15、1∶100，管路复杂的可采用放大图。图样幅面一般采用 A1 图纸或 A2 图纸为宜，同区的图应采用同样的图幅，幅面不宜加宽或加长，以便于图样的管理。

2. 视图的配置

管路布置图应完整的表示车间内全部管路、阀门、管路上的仪表控制点、部分管件、设备的简单外形和建筑物的轮廓等。根据表达的需要管路布置图所采用的一组视图可以包括：平面图、剖视图、向视图和局部放大图。

平面图的配置，一般应与设备布置图中的平面图一致，按建筑标高平面分层绘制，各层管路布置平面图是将楼板以下的建筑物、管路等全部画出。但当某一层的管路上下重叠过多，布置比较复杂时，可分若干层分别绘制。如在同一张图纸上绘制几层平面时，应从最低层起，在图纸上由下至上或由左至右依次排列，并于各平面图下注明"EL××××.×××平面"。在绘有平面图的图纸右上角、管口表的左边，应画一个与

设备布置图的设计北向一致的方向标。

管路布置在平面图上不能清楚的表达的部位，可采用剖视图或向视图补充表达。而剖视图多采用局部剖视图，力求表达的更清楚。

管路布置的平面、立面剖（向）视图，应像设备布置图一样，在图形的下方注写如"±0.000 平面"、"A—A 剖视"……等字样。

3. 视图的表示方法

（1）管路布置图上建构筑物的表示内容　其表达要求与设备布置图相同，以细实线绘制。与管路安装无关的内容可以简化。建筑物和构筑物应根据设备布置图画出柱、梁、楼板、门、窗、楼梯、操作台、安装孔、管沟、篦子板、散水坡、管廊架、围堰、通道等。标注建筑物、构筑物的轴线号和轴线间的尺寸。标注地面、楼面、平台面、吊车、梁顶面的标高。按比例用细实线标出电缆托架、电缆沟、仪表电缆盒、架的宽度和走向，并标出底面标高。生活间及辅助间应标出其组成和名称。

（2）设备　用细实线按比例以设备布置图所确定的位置画出设备的简单外形和基础、平面、梯子（包括梯子的安全护圈）。

在管路布置图上的设备中心线上方标注与流程图一致的设备位号，下方标注支承点的标高或主轴中心线的标高。剖视图上的设备位号注在设备近侧或设备内。

按设备布置图标注设备的定位尺寸。

按设备图用 5mm×5mm 的方块标注设备管口（包括需要表示的仪表接口及备用借口）符号，以及管口定位尺寸由设备中心至管口端面的距离（如按标注在管口表上，在图上可不标）。

按产品样本或制造厂提供的图纸标注泵、压缩机、透平机及其他机械设备的管口定位尺寸（或角度），并给定管口符号。

按比例画出卧式设备的支撑底座，并标注固定支座的位置，支座下如为混凝土基础时，应按比例画出基础的大小，不需标注尺寸。

对于立式容器，还应表示出裙座入孔的位置及标记符号。

对于工业炉，凡是与炉子平台有关的柱子外壳和总管联箱的外形、风道、烟道等，均应表示出。

非定型设备，按比例画出具有外形特征的轮廓线及其基础、支架等。

（3）管路　管路布置图中，公称通径大于和等于 400mm 或 16in 的管路用双线表示；小于和等于 350mm 或 14in 的管路用单线表示。如果管路布置图中，大口径的管路不多时，则公称通径大于和等于 250mm 或 10in 的管路用双线表示；小于和等于 200mm 或 8in 者用单线表示。由于管路是图样表达的主要内容，因此绘成单线时，采用粗实线；绘成双线时，用中实线。

在适当位置画箭头表示物料流向（以箭头画在中心线上）。

按比例画出管路及管路上的阀门、管件（包括弯头、三通、法兰、异径管、软管接头等管路连接件）、管路附件、特殊管件等。

管路公称通径小于和等于 50mm 或 2in 的弯头，一律用直角表示，管路等级后面加保温、保冷代号。

管路的检测原件（压力、温度、液面、分析、料位、取样、测温点、测压点等）在

管路布置图上用 Φ10mm 的圆圈表示。圆圈内按管路及仪表流程图检测元件的符号和编号填写。在检测元件的平面位置用细实线和圆圈连接起来（具体位置由管路和自控专业共同协商）。

　　按比例用细点划线表示就地仪表盘、电气盘的外轮廓及所在位置，但不必注尺寸，避免与管路相碰。

　　当几套设备的管路布置完全相同时，允许只绘一套设备的管路，其余可简化为方框表示，但在总管上应绘出每套支管的接头位置。

　　管路布置图上应该绘出全部工艺物料管路和辅助及公共系统管路。

　　（4）管路的画法　管路的连接形式有四种：法兰连接、螺纹连接、焊接、承插式连接。如图6－5（1）所示。如无特殊需要可不标注。

　　若管路只画出其中一段时，一般应在管子中断处画出断开符号，管路连接方式的表示方法如图6－5（2）所示。

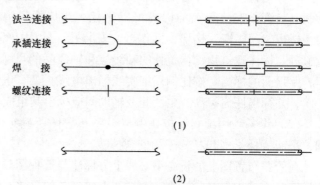

图6-5　管路连接方式的表示方法图

　　管路布置图中管路分叉、转折的画法如图6－6所示。

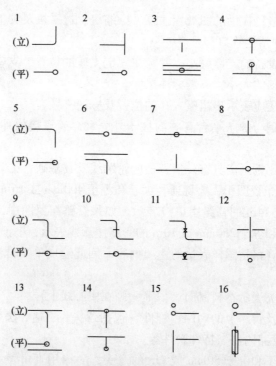

图6-6　管路布置图中管路分叉、转折的画法

管子交叉的画法：当管子交叉而造成投影相重时，其画法可以把下面被遮挡的部分的投影断开，可以把下面被遮挡的管路部分断开，也可以把上面的管路投影断开。

管子重叠的画法：管路投影重叠时，将可见管路的管路投影断开表示，不可见的投影则画至重影处稍留空隙并断开。管子重叠的画法如图 6 - 7 所示。

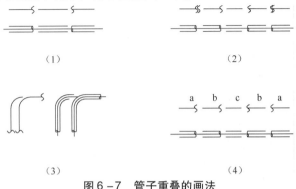

图6 - 7　管子重叠的画法

管路内物料流向：物料流向必须在图上予以表示，可用箭头画在管路上。

4. 管件、阀件、控制点

管路上的管件、阀件，以正投影原理大致按比例用细实线画出，常用的管件、阀件通常用规定的符号绘制，主阀所带的旁路阀一般均应画出。布置图上还应该用细实线画出所有仪表控制点的符号，每个控制点一般仅在能清楚地表达其安装位置的一个视图上画出，控制点符号与工艺仪表流程图一致，有时功能代号可省略。

5. 管架

管路是用各种管架安装并固定在建筑物上的，这些管架的位置一般需要在管路平面布置图上用符号表示出来。管架分导向管架、固定管架、滑动管架等。

6. 仪表盘、电气盘

在管路布置图上，应按仪表盘和电气盘的所在位置，用细实线画出其简单外形。

7. 方向标

在底层平面图所在图纸的右上角或图形右上方，画出与设备布置图相一致的方向标，以确定安装时的定位基准。

二、 管路布置图的标注

1. 管路布置平面图尺寸标注

（1）管路定位尺寸以建筑物或构筑物的轴线、设备中心线、设备管口中心线、区域界线（或接续图分界线）等作为基准进行标注。管路定位尺寸也可用坐标形式表示。

（2）对于异径管，应标出前后端管子的公称通径，如 DN80/50 或 80 × 50。

（3）要求有坡度的管路，应标注坡度（代号用 i）和坡向。

（4）非 90°的弯管和非 90°的支管连接，应标注角度。

（5）在管路布置图上，不标注管段的长度尺寸，只标注管子、管件、阀门、过滤器、限流孔板等元件的中心定位尺寸或以一端法兰面定位。

（6）在一个区域内，管路方向有改变时，支管和在管路上的管件位置尺寸应按容器、设备管口或邻近管路的中心线来标注。

当管路跨区通过接续线到另一张管路布置平面图时，还需要从接续线上定位。只有在这种情况下，才出现尺寸的重复。

（7）标注仪表控制点的符号及定位尺寸。对于安全阀、疏水阀、分析取样点、特殊管件有标记时，应在 Φ10mm 的圆内标注它们的符号。

（8）为了避免在间隔很小的管路之间标注管路号和标高而缩小书写尺寸，允许用附加线标注标高和管路号，此线穿越各管路并指向被标注的管路。

（9）水平管路上的异径管以大端定位，螺纹管件或承插焊管件以一端定位。

（10）按比例画出人孔、楼面开孔、吊柱（其中用细实双线表示吊柱的长度，用点划线表示吊柱活动范围），不需要标注定位尺寸。

（11）当管路倾斜时，应标注工作点标高，并把尺寸线指向可以进行定位的地方。

（12）带有角度的偏置管和支管在水平方向标注线性尺寸，不标注角度尺寸。

（13）建筑物标注方式与设备布置相同。

2. 设备及设备接口表

设备在管路布置图上是管路的主要定位基准，因此设备在图上要标位号，其位号应与工艺流程图一致。标注方式则与设备布置图一致。在管路布置图的右上角，填写该管路布置图中的设备管口。管口表的格式如表 6 – 12 所示。

表 6 – 12　　　　　　　　　　　　管口表的格式

设备位号	管口符号	公称通径/mm	公称压力/MPa	密封面型式	连接法兰标准	长度/mm	高度/m	坐标/m		方位/°	
								N	E（W）	垂直角	水平角
	a	65	1.0	RF	GB 9115		104.10				
T1304	b	100	1.0	RF	GB 9115	400	103.80				180
	c	50	1.0	RF	GB 9115	400	101.70				
	a	50	1.0	RF	GB 9115		101.70				180
V1301	b	65	1.0	RF	GB 9115	800	101.40				135
	c	65	1.0	RF	GB 9115		101.40				120
	d	50	1.0	RF	GB 9115		101.70				270

注：（1）管口符号应与布置图中标注在设备上的一致。

（2）密封面型式同垫片密封代号如下：FF—满平面，全平面；RF—突面即光滑面；MF—凸凹面；TG—榫槽面；U—管路活接头密封面。

（3）法兰标准号中可不写年号。

（4）长度一般为设备中心至管口端面的距离，按设备图标准。

（5）方位：管口的水平角度按方向标为基准标注；管口垂直角度，最大为180°，向上规定为0°，向下为180°，水平管口为90°。对于特殊方位的管口，管口表中实在无法表示的，允许在图上标注，表中填写 "见图" 二字。凡是在管口表中能注明管口方位时，平面图上可不标注管口方位。

（6）坐标：各管口的坐标指管口端面的坐标，均按该图的基准点为基准标注。坐标可采用 E、N 向，也可采用 W、N 向，应与管路布置图坐标一致。单位以 m 计。

3. 管路

图上所有管路都应标注与工艺管路图一致的管段编号中的前三项内容，即物料代号、管段代号和公称直径。管段编号应注在管路的上方，写不下时用指引线引至图纸空白处标注，也可将几条管路一起引出标注，管路与相应标注用数字分别进行编号。

管路布置图应以平面图为主标出所有管路的定位尺寸及安装标高，如绘制立面视图，则所有安装标高应在立面剖视图上表示，定位尺寸以 mm 为单位，标高以 m 为单位。管路标高以室内地坪 ±0.000 为基准，按中心线标注，如 +5.000。

4. 管件、阀件及仪表控制点

图中管件、阀件及仪表控制点在所有位置按规定符号画出后，除须严格按规定尺寸安装者外，一般不再标注定位尺寸。竖管上的阀门和特殊管件有时在立面剖视图中标出安装高度。当在某段管路中采用的阀门或管件类型较多时，为了避免安装时混淆不清，应在图中这些管件和阀门的符号旁分别注明其型号、公称通径等。

5. 标题栏

格式与设备布置图相同。

6. 管架编号及表示法

（1）管架编号由五个部分组成

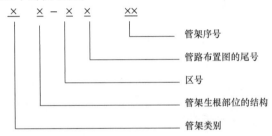

①管架类别：A 表示固定架；G 表示导向架；R 表示滑动架；H 表示吊架；S 表示弹吊；P 表示弹簧支座；E 表示特殊架；T 表示轴向限位架（停止架）。

②管架生根部位的结构：C 表示混凝土结构；F 表示地面基础；S 表示钢结构；V 表示设备；W 表示墙。

③区号：以一位数字表示。

④管路布置图的尾号：以一位数字表示。

⑤管架序号：以两位数字表示，从01 开始（应按管架类别及生根部位的结构分别编写）。

（2）管路布置图中管架的表示法。管架采用图例在管路布置图中表示，并在其旁标注管架编号。在管路布置图中每个管架均编一个独立的管架号。

第八节　典型配管

一、塔设备的配管

（1）塔周围原则上分操作侧（或维修侧）和配管侧，操作侧主要有臂吊、人孔、梯子、平台；配管侧主要敷设管道用，不设平台，平台是作为人孔、液面计、阀门等操作用。除最上层外，不需设全平台，平台宽度一般为 0.7~1.5m，每层平台间高度通常为 6~10m。

（2）进料、回流、出流等管口方位由塔内结构以及与塔有关的泵、冷凝器、回流罐、再沸器等设备的位置决定，如图 6-8、图 6-9、图 6-10 所示。

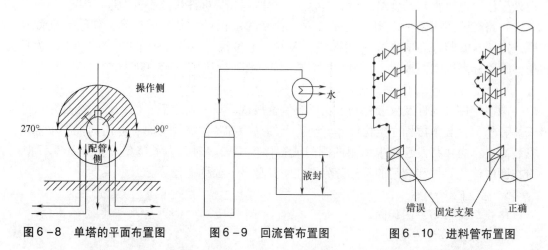

图6-8　单塔的平面布置图　　图6-9　回流管布置图　　图6-10　进料管布置图

（3）塔顶出气管道（或侧面进料管道）应从塔顶引出（或侧面引出）沿塔的侧面直线向下敷设。

（4）沿塔敷设管道时，垂直管道应在热应力最小处设固定管架，以减少管道作用在管口的荷载。当塔径较小而塔较高时，塔体一般置于钢架结构中，这时塔的管道就不沿塔敷设，而置于钢架的外侧为宜。

（5）塔底管道上的法兰接口和阀门，不应设在狭小的裙座内，以防操作人员在泄漏物料时躲不及而造成事故。回流罐往往要在开工前先装入物料，因此要考虑安装和相应的装料管道。

二、容器类的配管

1. 立式容器的配管设计

（1）排出管道沿墙敷设离墙距离可以小些，以节省占地面积，设备间距要求大些，两设备出口管道对称排出，出口阀门在两设备间操作，以便操作人员能进入切换阀门［如图6-11（1）所示］。

（2）排出管在设备前引出，设备间距离及设备离墙距离均可以小些，排出管道经阀门后，一般引至地面或地沟或平台下或楼板下［如图6-11（2）所示］。

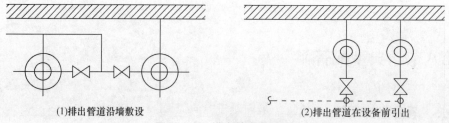

(1)排出管道沿墙敷设　　　　　　　(2)排出管道在设备前引出

图6-11　排出管道敷设图

（3）排出管在设备底部中心引出，适用于设备底离地面较高，有足够距离安装与操作阀门。这样敷设管道占地面积小，布局紧凑，但限于设备直径不宜过大，否则开启阀门不方便，如图6-12所示。

（4）进入管道为对称安装（如图6-13所示），适用于需在操作台上安置启闭阀门的设备。

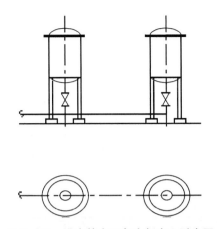

图6-12　排出管在设备底部中心引出图　　　图6-13　进入管道为对称安装图

（5）进入管敷设在设备前部，适用于能站在地（楼）面上操作阀门（图6-14）。

（6）站在地面上操作的较高进（出）料管道的阀门敷设方法如图6-15所示。最低处必须设置排净阀，卧式槽的进出料口位置应分别在两端，一般进料在顶部，出料在底部。

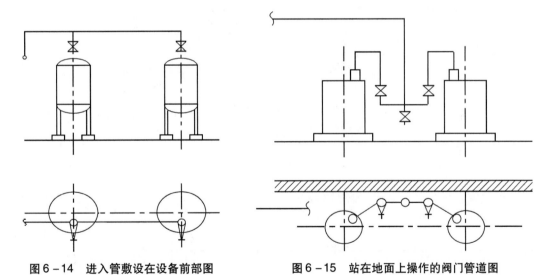

图6-14　进入管敷设在设备前部图　　　图6-15　站在地面上操作的阀门管道图

2. 卧式容器的配管设计

（1）重力流的管道，应有坡度，坡向顺流方向。

（2）当出口管道与泵连接时，出口管位置应尽量靠近泵，使其管道阻力降最小，并应满足管道的热补偿，符合HG205泵配管要求。

（3）卧式容器的安装标高除按泵的净正吸入压头"NPSH"确定外，带分离排污罐的还应按分离罐排污罐底部排出管所必需的高度来决定。

（4）在设备壳体上的液体入口和出口间距应尽量远，液体入口管应尽量远离容器液位计接口。

（5）液位计接口应布置在操作人员便于观察和方便维修的位置。有时为减少设备上的接管口，可将就地液位计、液位控制器、液位报警等测量装置安装在联箱上。液位计管口的方位，应与液位调节阀组布置在同一侧。

（6）铰链（或吊柱）连接的人孔盖，在打开时应不影响其他管口或管道等。

（7）卧式容器的液体出口与泵吸入口连接的管道，如在通道上架空配管时，最小净空高度为 2200mm，在通道处还应加跨越桥。

（8）与卧式容器底部管口连接的管道，其低点排液口距地坪最小净空为 150mm。

（9）储罐顶部管道的调节阀组应布置在操作平台上。

（10）应根据设备及管道布置的情况设置平台，要求如下。

①卧式容器的中心标高高于 3m，且人孔设于封头中心线处时，需要设下部人孔平台，其标高便于对人孔、仪表和阀门的操作；

②设上部平台时，容器上部所有管接口的法兰面应高出平台顶面最小 150mm，且人孔设于容器顶部。

（11）卧式容器的配管实例如图 6-16 所示。

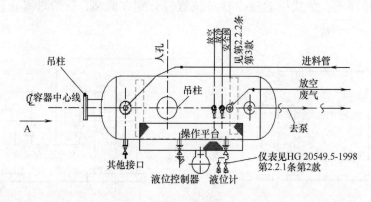

（1）平面图

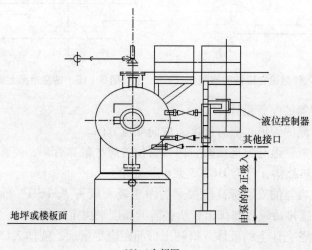

（2）A向视图

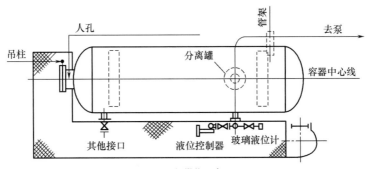

（3）下部操作平台

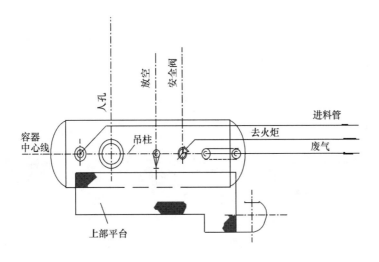

（4）上部操作平台

图 6-16　卧式容器配管实例

三、　泵的设计配管

（1）泵体不宜承受进出口管道和阀门的重量，故进泵前和出泵后的管道必须设支架，尽可能做到泵移走时不设临时支架。

（2）吸入管道应尽可能短且少拐弯（弯头要用长曲率半径的），避免突然缩小管径。

（3）吸入管道的直径不应小于泵的吸入口。当泵的吸入口为水平方向时，吸入管道上应配置偏心异径管；当吸入管从上而下进泵时，宜选择底平异径管；当吸入管从下而上进泵时，宜选择顶平异径管；当吸入口为垂直方向时，可配置同心异径管；当泵出、入口皆为垂直方向时，应校核泵出入口间距是否大于异径管后的管间距，否则宜采用偏心异径管，平端面对面。

（4）管道要有约 2/100 的坡度，当泵比水源低时坡向泵，当泵比水源高时则相反。

（5）如果要在双吸泵的吸入口前装弯头，必须装在垂直方向，使流体均匀入泵（如图 6-17 所示）。

（6）泵的排出管上应设止回阀，防止泵停时物料倒冲。止回阀应设在切断阀之前，停车后将切断阀关闭，以免止回阀阀板长期受压损坏。往复泵、旋涡泵、齿轮泵一般在排出管上（切断阀前）设安全阀（齿轮泵一般随带安全阀），防止因超压发生事故。安全阀排出管与吸入管连通，如图6-18所示。

（7）悬臂式离心泵的吸入口配管应给予拆修叶轮的方便，如图6-19所示。

（8）蒸汽往复泵的排汽管应少拐弯，不设阀门，在可能积聚冷凝水的部位设排放管，放空量大的还要装设消声器，乏汽应排至户外安全地点，进汽管应在进汽阀前设冷凝水排放管，防止水击汽缸。

（9）蒸汽往复泵、计量泵、非金属泵、离心泵等泵吸入口须设过滤器，避免杂物进入泵内。

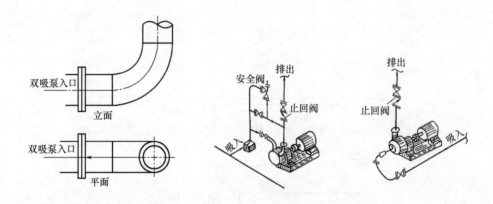

图6-17　双吸泵吸入口的弯头　　图6-18　排出管上安全阀　　图6-19　悬臂式离心泵
　　　　　　　　　　　　　　　　　　　　　　　　　　　　　　　　的吸入管图

四、换热器的配管

（1）冷换设备管道的布置应方便操作和不妨碍设备的检修。

（2）管道和阀门的布置，不应妨碍设备法兰和阀门自身法兰的拆卸和安装。

（3）冷换设备的基础标高，应满足冷换设备下部管道或管道上的导淋管距平台或地面的净空应大于等于100mm。

（4）成组布置的冷换设备区域内，可在地面（或平台）上敷设管道，但不应妨碍通行和操作，成组冷换设备的管道布置如图6-20所示。

（5）两台或两台以上并联的冷换设备的入口管道宜对称布置，对气液两相流的冷换设备，则必须对称布置，典型的布置排液管，并联设备的入口管道对称布置图如图6-21所示。

（6）冷却器和冷凝器的冷却水，通常从管程下部管组接入，顶部管组接出，这样既符合逆流换热的原则又能使管程充满水；寒冷地区室外的水冷却器上、下水管道应设置排液阀和防冻连通线，上下水管道排液阀和连通线如图6-22所示。

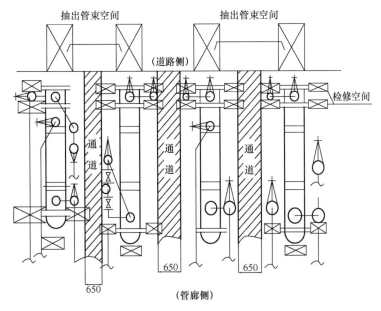

图6-20　成组冷换设备的管道布置图

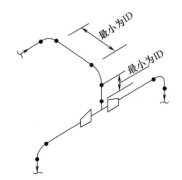

图6-21　并联设备的入口管道对称布置图

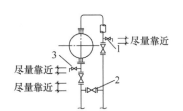

图6-22　上下水管道排液阀和连通管图

1，3—排液阀　2—连通管

五、 排放管的配管

（1）管道最高点应设放气阀，最低点应设放空阀，在停车后可能积聚液体的部位也应设放空阀，所有排放管道上的阀应尽量靠近主管，管道上的放空阀如图6-23所示，排放管直径如表6-13所示。

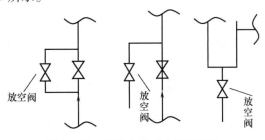

图6-23　管道上的放空阀配置图

表 6 – 13		排放管直径		单位：mm
主管	排放管		主管	排放管
≤150	20		>200	40
>150～200	25			

（2）常温的空气和惰性气体可以就地排放；蒸汽和其他易燃易爆、有毒的气体，应根据气量大小等情况确定向火炬排放，或高空排放，或采取其他措施。

（3）水的排放可以就近引入地漏或排水沟；其他液体介质的排放则必须引至规定的排放系统。

（4）设备的放空管应装在底部能将液体排放尽。排气管应在顶部能将气体放尽。放空排气阀最好与设备本体直接连接，如无可能，可装在与设备相连的管道上，但也以靠近设备为宜（如图 6 – 24 所示）。

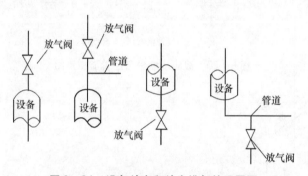

图 6 –24　设备放净和放空排气的设置图

（5）排放易燃、易爆气体的管道上应设置阻火器。室外容器的排气管上的阻火器宜放置在距排气管接口（与设备相接的口）500mm 处，室内容器的排气必须接出屋顶，阻火器放在屋面上或靠近屋面，便于固定及检修，阻火器至排放口之间距离不宜超过 1m。

六、取样管的配管

（1）在设备、管道上设置取样点时，应慎重选择便于操作、取出样品有代表性、真实性的位置。

（2）对于连续操作、体积又较大的设备，取样点应设在物料经常流动的管道上。在设备上设置取样点时，考虑出现非均相状态，因此找出相间分界线的位置后，方可设置取样点。

（3）管道上取样

①气体取样：水平敷设管道上的取样点、取样管应由管顶引出。垂直敷设管道上的取样点应与管道成 45°倾斜向上引出。

②液体取样：垂直敷设的物料管道如流向是由下向上，取样点可设在管道的任意侧；如流向是由上向下，除非能保持液体充满管道的条件时，否则管道上不宜放置取样点；水平敷设物料管道，在压力下输送时，取样点则设在管道的任意侧；如物料是自流时，取样点应设在管道的下侧。

③取样阀启闭频繁，容易损坏，因此取样管上一般装有两个阀，其中靠近设备的阀为切断阀，经常处于开放状态，另一个阀为取样阀，只在取样时开放，平时关闭。不经

常取样的点和仅供取设计数据用的取样点，只需装一个阀；阀的大小，在靠近设备的阀，一般选用 DN15，第二个阀的大小是根据取样要求决定，可采用 DN15，也可采用 DN6，气体取样一般选用 DN6。

④取样阀宜选用针型阀，对于黏稠物料，可按其性质选用适当型式的阀门（如球阀）。

⑤就地取样点尽可能设在离地面较低的操作面上，但不应采取延伸取样管段的办法将高处的取样点引至低处来。设备管道与取样阀间的管段应尽量短，以减少取样时置换该管段内物料的损失和污染。

⑥高温物料取样应装设取样冷却设施。

七、 双阀设计配管

（1）在需要严格切断设备或管道时可设置双阀，但应尽量少用，特别在采用合金钢阀或公称直径大于 150mm 的阀门时，更应慎重考虑。

（2）在某些间断的生产过程，如果漏进某种介质，有可能引起爆炸、着火或严重的质量事故，则应在该介质的管道上设置双阀，并在两阀间的连接管上设放空阀，设置双阀如图 6-25 所示。在生产时，阀 1 均关闭，阀 2 打开。当一批生产完毕，准备另一批生产进料时，关闭阀 2，打开阀 1。

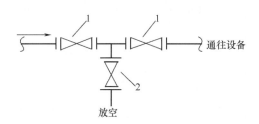

图 6-25　设置双阀布置图

八、 设备管口方位

（1）一般设备的管口方位应结合平台、直梯及阀门、仪表位置协调考虑，以方便操作与维修。

（2）设备上安装有液位计时，应避免入口气体或液体直接冲击液位计接口而产生液位计测量不准、波动或假液位等情况。立式设备在流体入口 60°角范围区内不应布置液位计，立式设备流体入口与液位计方位如图 6-26 所示，流体入口与液位计方位的关系。卧式设备的流体入口应距液位较远，并插入液体中，卧式设备流体入口与液位计方位如图 6-27 所示，流体入口与液位计位置关系。

（3）塔类设备一般按维修侧与操作侧决定管口方位，管道接口应尽量在操作侧（即靠近管廊一侧）布置。在有塔板的情况下，决定管口方位时，应考虑内件结构特点，使流体不至于偏流或流动分配不均匀或错位等。在塔釜段要注意内部是否有隔板，管口不要与隔板或内部爬梯相碰。

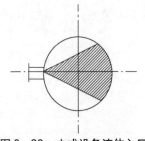

图6-26　立式设备流体入口
与液位计方位图

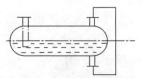

图6-27　卧式设备流体入口
与液位计方位图

（4）人孔一般位于维修侧。人孔附件外侧不要有管道、阀门、梯子，内侧不要有内件阻挡。裙座的人孔也要标明方位，其内外侧也不要布置管道及直梯。

（5）当同时连续进出物料时，其单个立式储槽进出口管的位置最好相距约180°，以免液体走短路。

（6）立式再沸器放在钢结构支架上时，应注意管道、排液阀不要与钢支架相碰。

（7）对于小的仪表接口，如温度计、压力计等可以布置在直梯的两旁，便于安装维修，不需另设平台。但热电偶很长时宜设平台，其方位应满足热电偶拆装所需空间。

（8）吊柱的位置，应考虑在转动角度范围内吊装维修方便，所吊物件能达到所设置的平台区域。

（9）应按下面几点检查管口方位：

①管口或连接管是否与设备地脚螺栓或支腿相碰，管口方位与设备上其他支架是否相碰；

②管口是否与其他管件相碰（如液位计、取样装置等）；

③管口加强板是否相碰，或与平台及其他预焊件是否相碰；

④检查专利商设备数据表上是否对管口有特殊要求；

⑤管口与塔盘的方位是否满足工艺要求并已表示清楚；

⑥是否考虑接地板、铭牌与起重吊耳等的方位；

⑦检查大型塔和立式设备的裙座内侧是否有起重时支承点的加固构件，如有此加固件其方位也应表示出来；

⑧人孔吊柱位置是否表示，在人孔盖旋转、开启时，是否不受阻挡。

九、仪表安装配管

1. 孔板

一般安装在水平管道上，其前后的直管段应满足基本要求。为方便检修和安装，孔板亦可安装在垂直管道上。孔板测量引线的阀门，应尽量靠近孔板安装。当工艺管道DN<50mm时，宜将孔板前后直管段范围内的工艺管道扩径到DN50。当调节阀与孔板组装时，为了便于操作一次阀和仪表引线，孔板与地面（或平台面）距离一般取1.8～2m，调节阀与孔板组装如图6-28所示。

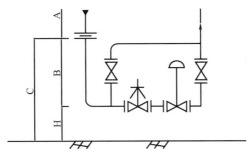

图 6-28　调节阀与孔板组装图

2. 转子流量计

必须安装在垂直、无振动的管道上，介质流向从下往上，洗或检修时，系统通道仍可继续运行，转子流量计要设旁路，$5D$ 的直管段（D 为工艺管道的内径），且不小于 300mm。转子流量计的安装如图 6-29 所示。

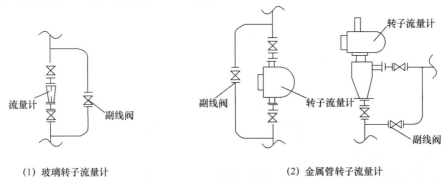

（1）玻璃转子流量计　　　　　　　　（2）金属管转子流量计

图 6-29　转子流量计的安装图

3. 靶式流量计

可以水平安装或垂直安装，当垂直安装时，介质流向应从下往上，为了提高测量精度，靶式流量计入口端前直管段不应小于 $5D$，出口端后直管段不应小于 $3D$，同时靶式流量计应设旁路，以便于调整校表及维修，靶式流量计的安装如图 6-30 所示。当靶式流量计与调节阀一起组装时，水平管道上的靶式流量计安装如图 6-31 所示。

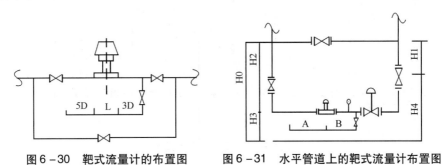

图 6-30　靶式流量计的布置图　　　图 6-31　水平管道上的靶式流量计布置图

4. 常规压力表

应安装在直管段上，并设切断阀，压力表的安装形式如图 6-32（1）所示；使用腐蚀性介质和重油时，可在压力表和阀门间装隔离器；当工艺介质比隔离液重时采用图6－32（2）接法；当工艺介质比隔离液轻时采用图6－32（3）接法。高温管道的压力表要设管圈，如图6－32（4）所示；介质脉动的地方，要设脉冲缓冲器，以免脉动传给压力表，如图6－32（5）所示；对于腐蚀性介质应设置隔离膜片式压力表，以免介质进入压力表内，如图6－32（6）所示。压力表的安装高度最好不高于操作面1800mm。

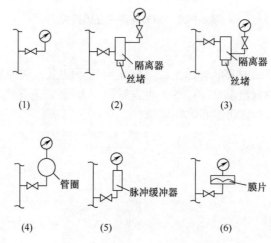

图6－32　压力表的安装形式图

5. 温度计、热电偶

应安装在直管上，其安装的最小管径为：

工业水银温度计	DN50
热电偶、热电阻、双金属温度计	DN80
压力式温度计	DN150

6. 调节阀的切断阀和旁通阀

可比工艺管道小，常规调节阀组的安装如图6－33所示，旁通阀应选用截止阀。

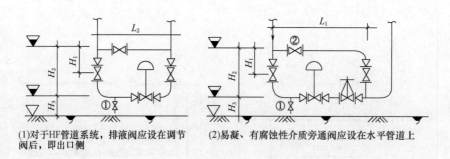

(1)对于HF管道系统，排液阀应设在调节阀后，即出口侧
(2)易凝、有腐蚀性介质旁通阀应设在水平管道上

图6－33　调节阀组的安装

十、 安全阀的配管

（1） 安全阀应直立安装在被保护的设备或管道上。

（2） 安全阀的安装应尽量靠近被保护的设备或管道，如不能靠近布置，则从保护的设备到安全阀入口的管道压头总损失，不应超过该阀定压值的3%。

（3） 安全阀设置位置应考虑尽量减少压力波动的影响，安全阀在压力波动源后的位置如表6-14所示。

表6-14　　　　　　　　　　　　　　　安全阀设置位置

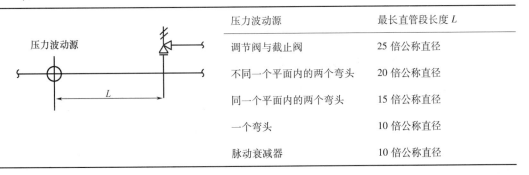

压力波动源	最长直管段长度 L
调节阀与截止阀	25 倍公称直径
不同一个平面内的两个弯头	20 倍公称直径
同一个平面内的两个弯头	15 倍公称直径
一个弯头	10 倍公称直径
脉动衰减器	10 倍公称直径

（4） 安全阀不应安装在长的水平管段的死端，以免死端积聚固体或液体物料，影响安全阀正常工作。

（5） 安全阀应安装在易于检修和调节之处，周围要有足够的工作空间。

（6） 安全阀宜设置检修平台。布置质量大的安全阀时要考虑安全阀拆卸后吊装的可能，必要时要设吊杆。

（7） 安全阀的管道布置应考虑开启时反力及其方向，其位置应便于出口管的支架设计。阀的接管承受弯矩时，应有足够的强度。

（8） 安全阀入口管道应采用长半径弯头。

（9） 安全阀出口管道的设计应考虑背压不超过安全阀定压的一定值。对于普通型弹簧式安全阀，其背压不超过安全阀定压值的10%。

（10） 排入密闭系统的安全阀出口管道应顺介质流向45°斜接在泄压总管的顶部，以免总管内的凝液倒流入支管，并且可减小安全阀背压。

（11） 安全阀出口管道不能出现袋形，安全阀出口管较长时，宜设一定坡度（干气系统除外）。

（12） 安全阀向大气排放时，要注意其排出口不能朝向设备、平台、梯子、电缆等。

（13） 对于排放烃类等可燃气体的安全阀出口管道，应在其底部接入灭火用的蒸汽管或氮气管，并在楼面上控制。重组分气体的安全阀出口管道应接火炬管道。

（14） 向大气排放的安全阀排放管管口朝上时应切成平口，并设置防雨水措施，注意避免泄放时冲击力过大，导致防雨设施脱落伤人。安全阀排放管水平安装时，应将管口切成45°防雨水，要避免切口方向安装不合适，致使排出物喷向平台。对于气体安全阀出口管，应在弯头的最低处开一小孔，如图6-34所示，必要时接上小管道将凝液排往安全的地方。

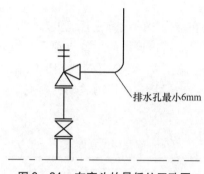

排水孔最小6mm

图6-34　在弯头的最低处开孔图

（15）由于安全阀排放时的反力以及出口管的自重、振动和热膨胀等力的作用，安全阀出口应设置合理的支架，对于安全阀排放压差较大的管道必要时需设置减振支架（支架设置要根据安全阀反力计算确定）。

（16）湿气体泄压系统排放管内不应有袋形积液处，安全阀的安装高度应高于泄压系统。若安全阀出口低于泄压总管或排出管需要抬高接入总管时，应在低点易于接近处设分液包。

（17）当安全阀进出口管道上设有切断阀时，应选用单闸板闸阀，并铅封开，阀杆宜水平安装，以免阀杆和阀板连接的销钉腐蚀或松动时，阀板下滑。当安全阀设有旁通阀时，该阀应铅封关。

十一、疏水阀组配管

（1）疏水阀的安装位置不应高于疏水点，并应便于操作和维修。

（2）对于恒温型疏水阀为得到动作需要的温度差，应有一定的过冷度，应在疏水阀前留有1m长的不保温段。

（3）当疏水阀本体没有过滤器时，应在疏水阀入口前安装过滤器。

（4）布置疏水阀的出口管道时，应采取措施降低疏水阀的背压段，尽量减小背压。

（5）疏水阀的安装应符合下列要求：

①热动力式疏水阀应安装在水平管道上；

②浮球式疏水阀必须水平安装，布置在室外时，应采取必要的防冻措施；

③双金属片式疏水阀可水平安装或直立安装；

④脉冲式疏水阀宜安装在水平管道上，阀盖朝上；

⑤倒吊桶式疏水阀应水平安装。

（6）多个疏水阀同时使用时必须并联安装。

（7）疏水阀组的管道布置设计如图6-35所示。

（8）典型的疏水阀管线设计如下。

①凝结水回收的疏水阀管线设计如图6-36所示。

②凝结水不回收的疏水阀管线设计如图6-37所示。

③并联疏水阀的管线设计如图6-38所示。

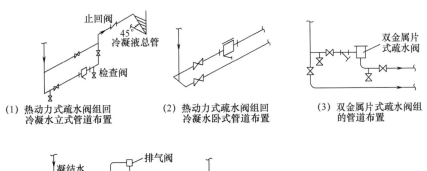

(1) 热动力式疏水阀组回冷凝水立式管道布置　(2) 热动力式疏水阀组回冷凝水卧式管道布置　(3) 双金属片式疏水阀组的管道布置

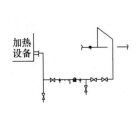

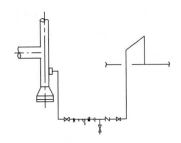

(4) 倒掉桶式疏水阀组的管道布置　　(5) 杠杆浮球式疏水阀组的管道布置

图6-35　疏水阀组的管道布置图

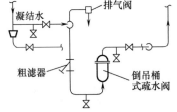

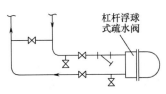

(1) 蒸汽加热设备的疏水阀管线设计　　　(2) 蒸汽管道的疏水阀管线设计

图6-36　凝结水回收的疏水阀管道布置图

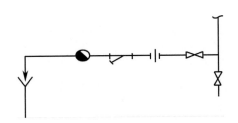

图6-37　凝结水不回收的疏水阀管线布置图

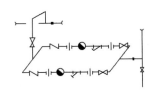

(1) 凝结水回收的疏水阀管线设计　　　(2) 凝结水不回收的疏水阀管线设计

图6-38　并联疏水阀的管线布置图

十二、 罐区设计配管

1. 配管原则

（1）罐区的配管要做到不影响消防车辆从两侧到达罐区围堰外及考虑消防车的停放位置等要求。

（2）应按防火规范要求设置消防水管网，包括消火栓、固定式水枪和接至常压储罐上的泡沫管道等。

（3）储罐的配管要有足够的柔性，以满足储罐基础和泵及围堰之间不同沉降量的要求。必要时采用柔性软管。

（4）根据罐区储存介质情况，若需设置洗眼器和安全淋浴器时，应将其设在操作人员易接近且靠近需防患的设备或管道的地方。

2. 管口布置

（1）常压立式储罐下部人孔也可设在靠近斜梯的起点，但宜在斜梯下面；顶部人孔宜与下部人孔成 180° 方向布置并位于顶平台附近。高度较高的侧向人孔，其方位宜便于从斜梯接近人孔。

（2）对于卧式液化石油气储罐，按容积大小设一个或两个人孔。

（3）球形储罐顶、底各有一个人孔，其方位根据顶平台上的配管协调布置。

（4）斜梯的起点方位，应便于操作人员进出并注意美观。

（5）常压立式储罐用蒸汽或惰性气体吹扫或置换的接口，应位于有利连接操作的方位，并在靠近管廊侧的围堰外面设软管站。

（6）液位计管口的布置：常压立式储罐浮子式液位指示计接口应布置在顶部入孔附近，器、液位报警器或非浮子式液位计时，为减少设备上开口，宜设置液位计联箱管，与联箱管连接的设备接口，应布置在远离物料进出口处，并位于平台和梯子上能接近处，以便于仪表的安装及维修。

（7）泡沫消防的管口方位，应考虑分布均匀。

（8）立式储槽采用如图 6-39 结构时，应注意底部管口与地脚螺栓支承板是否相碰。

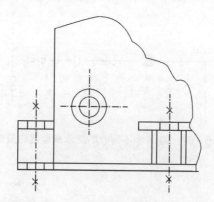

图 6-39 立式储槽的底部管口示意图

3. 罐区管道

（1）求基础设计者注意控制基础的后期沉降量（一般宜在 25mm 以下）。

（2）罐区单层低管廊布置的管道，管道与地坪间的净高一般为500mm。

（3）罐区多根管道并排布置时，不保温管道间净距离不得小于50mm，法兰外线与相邻管道净距离不得小于30mm，有侧向位移的管道适当加大管间净距离。

（4）各物料总管在进出界区处均应装设切断阀和插板，并应在围堰外易接近处集中设置。操作的阀门也应相对集中布置。

（5）与储罐接口连接的工艺物料管道上的切断阀应尽量靠近储罐布置。

（6）在罐区围堰外两列管廊成T形布置时，宜采用不同标高。

（7）管廊上多根管道的"Π"形膨胀弯管通常应集中布置，以便设置管架。

（8）储罐上有不同的辅助装置时（如：固定式喷淋器、惰性气密封层、空气泡沫发生器），与这些装置连接的水管道、惰性气体管道、泡沫混合液管道上的切断阀应设在围堰外。

（9）需喷淋降温的储罐，其上部及周围应设多喷头的环形管，圈数、喷头数量、喷水量及间距等应符合PI图和消防规范要求。

（10）泵的入口一股应低于储罐的出口。

（11）液化石油气储罐气相返回管道不得形成下凹的袋状，以免造成U形液封。

（12）当液化石油气储罐顶部安全阀出口允许直接排往大气时，排放口应垂直向上，并在排放管低点设置放净口，用管道引至收集槽或安全地点。对于重组分的气体应排入密闭系统或火炬。

十三、 管廊上的配管

1. 配管一般要求

（1）应按各有关装置（或建筑物）进、出管道交接点坐标、标高协调布置。

（2）应利用管道走向的改变吸收管道的热膨胀，不能满足时可设置膨胀弯管或补偿器。

（3）可利用大管道支吊小管道，以缩小管廊的宽度，并满足小管道的跨距要求。

（4）对于分期建设的工厂，配管设计应能满足分期建设的要求。

（5）布置管道时，应考虑仪表电缆及电气电缆槽或架所需的空间。

（6）布置管道时，宜留有10%～30%的空位，并需考虑预留空位的荷载。

（7）设计采用的支架间距，应小于规定的最大支架间距。

（8）管道布置应合理规划，避免出现不必要的袋形或"盲肠"。

（9）选用管道组成件应符合管道等级的规定。道的连接结构及焊缝位置要求应符合《化工装置管道布置设计工程规定》（HG/T 20549.2—1998）。

（10）呈T形布置的两列管廊宜采用不同的标高。

2. 管道排列

（1）大直径管道尽量靠近柱子布置。

（2）大直径需要热补偿的管道，宜布置在横梁端部，以便设"Π"形膨胀弯。

（3）对设有阀门的管道及需要经常维修的管道，应在适当的位置设置操作平台。

（4）冷介质及易燃介质管道布置在热介质管道的下方。

（5）非金属及腐蚀性介质的管道宜布置在下层。

（6）仪表电缆及电气电缆槽架宜布置在上层。

（7）需要设操作平台或维修走道时，宜布置在上层。

（8）要求无袋形并带有坡度的管道（如火炬管）应放边上。

十四、 地下管道配管

1. 布置原则

（1）符合以下条件的管道，允许将管道直接埋地布置。

①输送介质无腐蚀性、无毒和无爆炸危险的液体、气体管道，由于某种原因无法在地上敷设时；

②与地下储槽或地下泵房有关的工艺介质管道，可不受上款的限制；

③冷却水及消防水或泡沫消防管道；

④操作温度小于150℃的热力管道。上述管道还应满足无需经常检修，凝液可自动排出及停车时管道介质不会发生凝固及堵塞。

（2）在建筑物内的地下管应尽量采用管沟敷设的方式，如不可避免需直接埋地布置，则应设在允许挖开维修的区域，并使管道尽量短。

（3）露天埋设的上水和易冻介质管道的管顶距冰冻线以下不小于0.2m。

（4）埋地布置的管道在交叉中相碰时，除特殊情况外，宜按下列处理：

①管径小的让管径大的，易弯曲的让不易弯曲的；

②有压的让无压的；

③临时的让永久的；

④无坡度要求的让有坡度要求的；

⑤除已建的管允许修改外，新建的让已建的；

⑥施工检修方便的让施工检修不方便的；

⑦电缆除在热的管道下面外，应在其他管道之上；

⑧热的管道应在给水管道上面。

（5）易燃易爆介质管道在装置外，如为埋地敷设，则进入装置区界附近应转为地上管道。

2. 建筑物内埋地管道布置要求

（1）管道与建筑物墙、柱边净距不小于1m，并要躲开基础。管道标高低于基础时，管道与基础外边缘的净距应不小于两者标高差及管道挖沟底宽一半之和。

（2）管道穿过承重墙或建筑物基础时应预留洞，且管顶上部净空不得小于建筑物的沉降量，一般净空为0.15m。

（3）管道在地梁下穿过时，管顶上部净空不得小于0.15m。

（4）两管道间的最小净距：平行时应为0.5m，交叉时应为0.15m。

（5）管道穿过地下室外墙或地下构筑物墙壁时应预埋防水套管。

（6）管道不得布置在可能受重物压坏的地方。

（7）管道不得穿过设备基础。

（8）管顶最小埋设深度：素土地坪不小于0.6m；水泥地面不小于0.4m。

（9）埋地管道不宜采用可能泄漏的连接结构，如法兰或螺纹连接等；管材不宜采用易碎材料。

（10）埋地管道与地面上管道分界点一般在地面以上 0.5m 处。

十五、 装卸站的配管

1. 汽车槽车装卸站

（1）装卸站的布置及水消防或泡沫消防系统应符合《石油化工企业设计防火规范》（GB 50160—2008）的规定。

（2）装卸站应设软管站，操作范围以软管长 15m 为半径，用于吹扫、冲洗、维修和防护。

（3）在装卸酸、碱、氨等介质的区域，应在适当位置设置洗眼器和安全淋浴。

（4）对于输送过程中易产生静电的易燃易爆介质的管道，应有完善的防静电措施（如法兰之间设导电金属跨接措施，管道系统及设备的静电接地等）。

（5）对于高寒地区，要注意采用正确的防冻措施，如伴热保温等。

（6）装车计量，可选用流量计就地计量或用地中衡称量。流量计应布置在槽车进出不会碰撞的地方。设防火围堤者，流量计应布置在围堤之外。

（7）装卸站总管的布置

①装卸站总管布置与汽车槽车的型式有关。槽车的装卸口在顶部时，宜采用高架布置管道；装卸口在车的低位时，宜采用低架布置型式；

②鹤管阀门设在地面或装卸台上，应方便操作，不阻碍通道。对易燃可燃物料管道，如果 PI 图上有要求，应将切断阀安装在距装卸台 10m 以外的易接近处。

（8）罐周围的配管

①与罐接口相连的管道必要时采用柔性连接，如选用金属软管；

②靠近罐的第一个管架应与储罐保持一定距离，并应是可调节的，或加弹簧支托以适应储罐基础可能的沉降；

③对输送沸点较低的物料管道，应与储罐的气相管连通，同时应考虑温度变化可能带来的物料热膨胀的影响，以及突然泄压时所产生的反力，故需要设置坚固的支架；

④不管物料流向如何，吹扫口的位置应设置在能使管道中物料吹向储罐的部位；

⑤罐的配管要求按照罐区设计配管规定。

（9）泵的配管

①对于装车场合，除利用自然地形将储罐设在高出自流装车外，均采用泵输送装车。通常将泵进口标高布置在能够自动灌泵的位置（应满足泵的 NPSH 的要求）；

②泵的吸入管道尽可能短。当出口在泵上方时，要设支架，以避免泵直接承受管道阀门的质量。

（10）鹤管的配置

①鹤管种类很多，有固定式、气动升降式、重锤摆动式、万向式等，能适应各种情况，设计时可视具体的装卸要求选用产品；

②在敞开式装车时，选用液下装车鹤管，以减少液体的飞溅；

③不允许放空的介质应采用密闭装车，鹤管的气相管应与储罐气相管道相连，将排放气排入储罐。该气相管避免出现下凹袋形，以防凝液聚集。当配管不可避免出现下凹

袋形时，则必须在袋形最低点处设集液包及排液管，并按工艺要求收集处理，或对集液包局部伴热，使凝液蒸发，避免产生液封现象。无毒害、非易燃易爆的物料装车时，可将放空管引出顶棚排放；

④当采用上卸方式卸车时，一般是将压缩气体通入槽车，用气相加压法将物料通过鹤管压入储罐中。汽车槽车装卸站配管的典型实例如图6-40和图6-41所示。

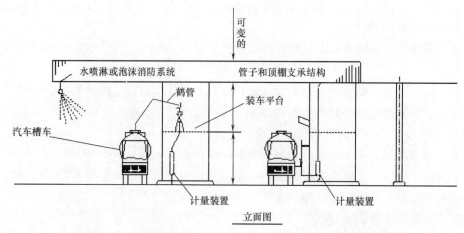

图6-40　鹤管布置在装车台中心时汽车槽车装车台的布置和配管图

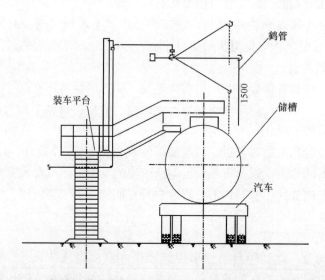

图6-41　鹤管布置在装车台边缘时汽车槽车装车台的布置和配管图

2. 铁路槽车装卸站

（1）铁路槽车可以在装车台下面安装精度较高的流量计就地计量，也可以用"动态电子轨道衡"进行自动计量。就地安装的流量计应靠近鹤管切断阀。

（2）装卸站总管的布置

①铁路槽车装卸站管道有高架布置和低架布置两种型式。管架立柱边缘距铁路中心线应不小于3m；

②采用自流下卸的卸车站，管道采用埋地或管沟布置。当地下管道穿越铁路时，应

加保护套管。

（3）鹤管的配置

①铁路槽车装车鹤管分大鹤管和小鹤管两种。大鹤管有升降式、回转式和伸缩式。升降式鹤管通常布置在两股铁路专用线两侧；回转式鹤管布置在两专用线中间，而伸缩式鹤管则高架于每段专用线中间。鹤管的配置应确保其行程臂长，行车小车及各附件都不能与各种槽车的任何部位相碰，并能满足各种类型铁路槽车的对位灌装；

②鹤管有平衡锤式、机械式和气动式等。为方便操作，两排小鹤管一般都布置在两股铁路专用线中间，可令整列车一次对位灌装；

③对易燃液体管道，如果 PI 图上有要求，应将切断阀安装在距装卸台 10m 以外的易接近处；

④对于密闭装车鹤管，应将其气相管与储罐的气相管相接，其具体要求应符合有关规定；

⑤铁路槽车卸车分上卸和下卸两种方式。上卸方式所采用的鹤管与密闭装车鹤管相同。一般采用压缩气体加压法卸车，也可以通过真空泵卸车。下卸方式一般用于原油、重油的卸车。该种铁路槽车有下卸口和保温夹套。下卸鹤管是单回转套筒式，带快速接头，可以与铁路槽车下卸口连接。鹤管与汇油管用垂直连接或向下 45° 连接。汇油管或集油管安装坡度一般为 0.8%。为防止重质油品凝固，在汇油管的端部设 DN50 的蒸汽吹扫管，汇油管、集油管均需蒸汽伴管加热。零位罐要设通气管、阻火器、透光孔、人孔及液位指示器。单侧铁路槽车的装车台的布置和配管如图 6-42 所示。

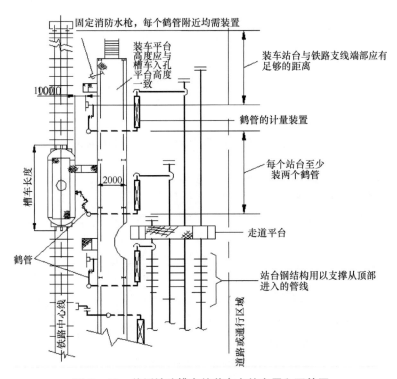

图 6-42　单侧铁路槽车的装车台的布置和配管图

十六、 软管站的配管

1. 软管站组成

以吹扫、置换或维修等需要而设置的软管站，一般是由管道、阀门和软管及其接头组成。使用介质通常为清洁水、蒸汽、氮气和压缩空气。根据需要软管站可由上述几种介质的管道组成。

2. 软管站的布置图

软管站的布置图是在进行管道研究时，由配管专业负责人组织绘制的，一般可画在对应版次的设备布置图的复印二底图上。该图应附有各软管站的数据，标明每个软管站所需的管道根数、介质、标高及站号。软管站应尽量靠近服务对象布置，并以软管站为图圆心，以 15m 为半径画圆，这些圆应覆盖装置内所有的服务对象。双侧铁路槽车的装车台的布置和配管如图 6 - 43 所示。

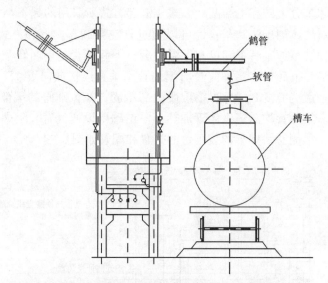

图6 -43　双侧铁路槽车的装车台的布置和配管图

3. 软管站的布置位置

（1）在装置内的软管站通常选用 15m 长的软管。即每个软管站服务的范围为 30m 直径的圆。软管站的位置不应影响正常通行、操作和维修。如设在管廊的柱旁、靠平台的栏杆处、塔壁旁边等。

（2）在塔附近，软管站可设置在地面或操作平台上，塔的软管站和人孔的垂直距离最大不超过 9m。

（3）在炉子附近，软管站的设置要求：

①圆筒炉设在地面上和主要操作平台上；

②箱式炉设在地面上和主要操作平台的一端；

③多室的箱式炉设在地面上和主要操作平台的一端。

（4）换热器和泵区，应设在地面上靠近柱子处。

（5）界区外软管站的位置应设在需要的地方，如界外管道的吹扫口、置换接管口附近，必要时可设在物料管道低点排净口处。

4. 配管要求

（1）软管站的蒸汽、空气管道，应从管廊上总管的顶部引出；水管、氮气管则不宜从总管的与垂直方向直径成30°夹角的管底部区域引出。

（2）管道排列顺序；软管接点宜按如下顺序排列，从左到右是水、蒸汽、氮气、空气。

（3）软管站的切断阀宜设在操作平台或地面以上1.2m的高度。地面软管站如图6－44所示。如软管站高于管廊上的总管时，塔平台上的软管站如图6－45所示，塔平台的软管站布置阀门。

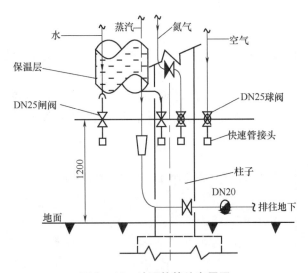

图6－44　地面软管站布置图

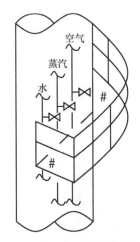

图6－45　塔平台上的软管站示意图

（4）立式容器的软管站接管口不宜布置在平台外侧。宜布置在立式容器和它的平台之间的空隙内。但软管连接管不得妨碍人孔盖的开启。

（5）软管站的管道均为DN25，特殊要求除外，阀门及材料选用应符合管道等级规定。与软管相连接宜采用快速管接头，且各介质管道所用接头的型式或规格有所区别。

（6）在氮气管的切断阀前应加装止回阀。升降式止回阀应安装在水平管道上，如图6-44地面软管站所示。

（7）在寒冷地区为了防冻，宜将水管与蒸汽管一起保温，使蒸汽管起到伴管的作用，但应与水管保持适当间距，使水管不冻结即可。

（8）布置位置低于蒸汽总管的软管站的蒸汽管，应在其切断阀前设疏水阀组，随时排放冷凝液。

十七、 洗眼器与淋浴器的配管

1. 布置位置

对强毒性物料及具有化学灼伤的腐蚀性介质危害的作业环境区域内，需要设置洗眼器、淋浴器，其服务半径小于或等于15m。通常洗眼器、淋浴器由制造厂成套供货。洗眼器、淋浴器应布置在地面上或塔、泵附近，不应影响正常通行、操作和维修。洗眼器、淋浴器布置在管廊的柱子旁，应在软管站布置图上表示位号及定位尺寸。

2. 一般要求

（1）洗眼器、淋浴器接入的生活饮用水，通常来自地下。如果来自管廊，应从总管顶部引出。

（2）在寒冷的地方或季节，接入洗眼器、淋浴器的生活饮用水管线必须采取防冻措施。常用方式：切断阀设在地下冰冻线以下，阀后管线加排放孔及沙坑以排净管内存水；洗眼淋浴器及管道系统采用电伴热；选购带电伴热的洗眼淋浴器。

（3）洗眼器、淋浴器经常被组合成一体，以便减少费用和节省占地空间。

3. 工程实例

洗眼器和淋浴器的管道布置如图6-46所示。

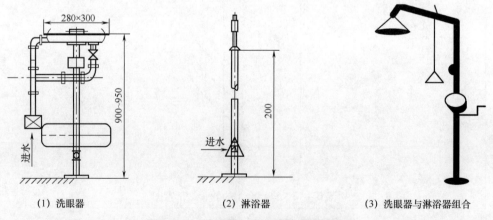

(1) 洗眼器　　　　(2) 淋浴器　　　　(3) 洗眼器与淋浴器组合

图6-46　洗眼器、淋浴器管道布置图

十八、 配管注意事项

1. 阀门操作位置

阀门操作位置如图 6 – 47 和图 6 – 48 所示，该图阀门的安装尺寸是基于平均身高（180 ± 4）cm 的人确定的（这些尺寸应该适应并适宜于当地操作人员的平均身高）。

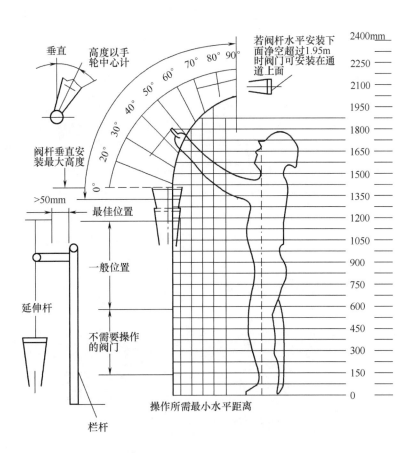

图 6 – 47　阀门操作适宜位置示意图（一）

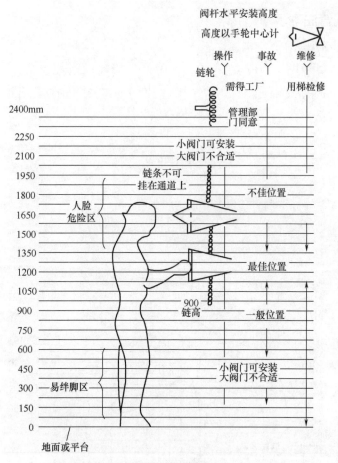

图 6 - 48 阀门操作适宜位置示意图（二）

2. 操作维修空间

（1）站立操作维修 如表 6 - 15、图 6 - 49 所示。

表 6 – 15	站立操作维修空间		单位：mm
项目	最佳	最小	最大
1 高度	2100	1900	—
2 宽度	900	750	—
3 上部自由空间（对于重的部件要考虑吊装）	830 ~ 1140	720 ~ 1030	—
4 部件的高度	935 ~ 1015	900	1200
5 可以到达距离	270 ~ 300	—	500
6 使用工具的净空	—	取决于环境和所使用工具的尺寸，在很多实例中最小需要 200mm	—

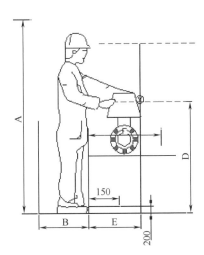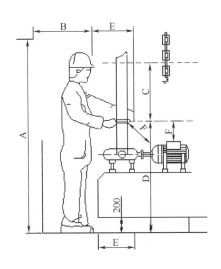

图 6－49　站立操作维修空间示意图

（2）跪姿操作维修空间　如表 6－16、图 6－50 所示。

表 6－16		跪姿操作维修空间		单位：mm
项目	最佳	最小	最大
1	高度	1700	1159	—
2	宽度	取决于工作环境	1150	—
3	上部自由空间（对于重的部件要考虑吊装）	480～880	380～780	—
4	部件的高度	530～700	500	800
5	可以达到的距离	270～300	—	500
6	使用工具的净空	—	取决于环境和使用工具使用尺寸，在很多实例中最小需要200mm	—

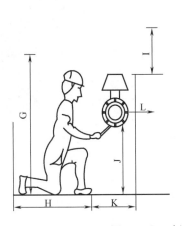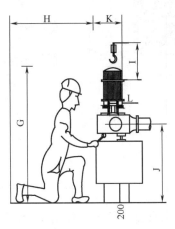

图 6－50　跪姿操作维修空间

（3）俯视操作维修空间　如表6-17、图6-51所示。

表6-17	俯视操作维修空间		单位：mm
项目	最佳	最小	最大
1　手需要的净空	—	100	—
2　肘需要的净空	1350	1200	—
3　可以到达的净空（例如 　为了维修）	2030	1780	—

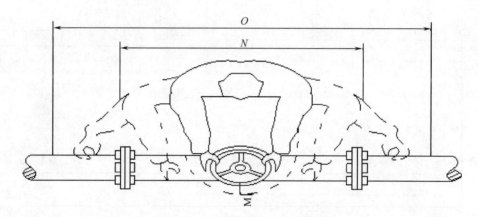

图6-51　俯视维修操作空间示意图

N—肘需要的净空1350mm　*O*—可以到达的净空2030mm

（4）手动阀门布置要求（阀门手动轮应在阴影区）　如图6-52所示。

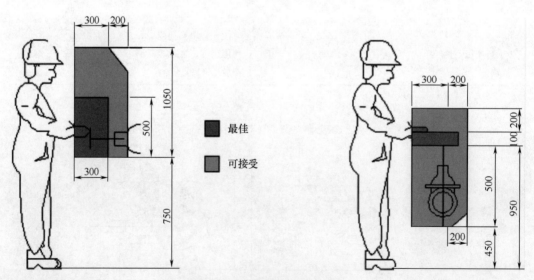

最佳

可接受

图6-52　手动阀门布置示意图

（5）阀门操作适宜位置　如图6-53所示。

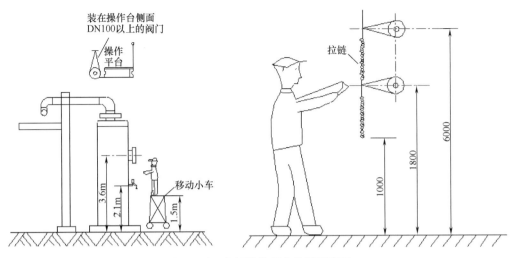

图6-53 阀门操作适宜位置示意图

（6）不同姿态操作空间 如图6-54所示。

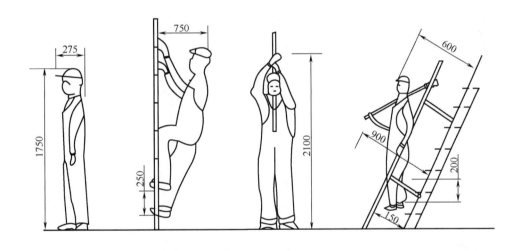

图6-54 不同姿态操作空间示意图

（7）梯子和通道的空间 如图6-55所示。

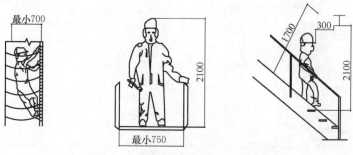

图6-55 梯子和通道的空间示意图

（8）操作通道布置 如图6-56所示。

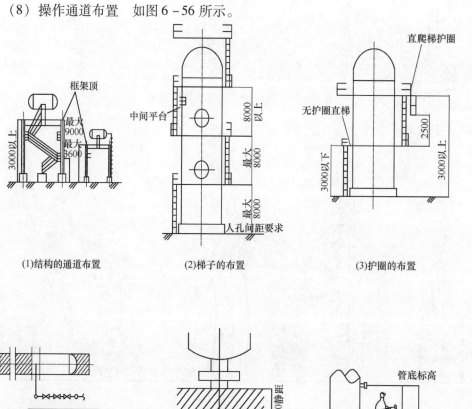

(1)结构的通道布置　　(2)梯子的布置　　(3)护圈的布置

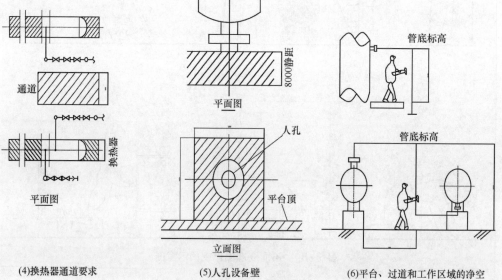

(4)换热器通道要求　　　(5)人孔设备壁　　　(6)平台、过道和工作区域的净空

图6-56 结构上平台的布置槽罐和容器平台的布置图

思考题

1. 油脂工厂管路设计的内容和方法。
2. 管路布置的一般性要求。
3. 油脂工厂的管路布置图绘制。
4. 典型配管。

附表

附表一　粮包尺寸表　　　　　　　　　　　　　　　　　　　　单位：mm

种类	长	宽	厚	包装量
大麻袋	800	600	300	大米 90～100kg、小麦 90kg、稻谷 70kg、红薯 40kg、麸皮 35～40kg
小麻袋	700	430	200	大米 40～50kg
布袋及编织袋	700	370	160	面粉 22.5～25kg、玉米粉 20kg
编织袋	800	600	300	麸皮 35～40kg
编织袋	800	500	200	小麦 65kg、粮食饲料 40～50kg

附表二　常见粮油物料特性表

物料名称	粒度 $a \times b \times c$/mm	水分/%	容重 /（kg/m³）	内摩擦角/°	外摩擦角/° 木材	钢板	混凝土	橡胶
小麦	7×4×3	11～12	700～800	33	29	22	32	30
大麦	11×4×3	11～12	610～650	38	30	22	31	33
稻谷	8×3.5×3	13～15	560～580	40	33	23	36	31
荞麦	6×4×3	13	600	31	27	20	29	—
粟	3.5×3.5×3	12	650	29	23	22	28	25
玉米	9×8×6	13～14	750～780	35	27	23	34	33
高粱	4.5×4×3	13～14	770	34	23	20	27	—
大豆	7×6×5	13～14	720～760	31	24	19	25	—
棉籽	8.8×5.2×4.5	6.4	400～500	—	—	37	—	—
花生仁	15×11×11	8.0	600～680	—	—	—	—	—
油菜籽	2.5×2.5×2	5.8	560～620	25	—	22.5	—	—
芝麻	3.5×2×1	5.4	600～700	28	—	—	—	—
大米	7×3×2.5	13～14	800	30	28	23	30	—
小米	3×3×2.5	12～12.5	780	26	24	20	28	—
面粉	163～800（μm）	13.5	430	57	35	33	37	37
豌豆	6×6×5.5	11.8	800	26	22	18	26	19
荞子	3×3×2.5	—	630	—	—	12	—	—
稗子	3.5×2.5×2	—	320～420	—	30	—	—	—
麸皮米糠	—	—	320～420	38	27	25	37	28
并肩砂石	4.3×2.5×2.3	—	1200	—	30	—	—	—

附表三　通风管道单位摩阻系数表

动压/(kg/m²)	速度/(m/s)	管径/mm																									
		100	115	130	140	150	165	195	215	235	265	285	320	375	440	495	545	595	660	775	885	1025	1100	1200	1325	1425	1540
14.14	15.2	430	570	725	840	965	1170	1630	1990	2370	3020	3490	4400	6040	8320	10500	12750	15200	18700	25800	33650	45150	52000	61850	75400	87250	10900
		2.77	2.33	2.01	1.84	1.70	1.51	1.24	1.10	0.995	0.861	0.791	0.690	0.571	0.474	0.412	0.363	0.332	0.294	0.243	0.208	0.175	0.161	0.146	0.130	0.119	0.109
14.51	15.4	435	575	735	855	980	1180	1650	2010	2400	3060	3530	4460	6120	8430	10650	12950	15400	18950	26150	34100	45700	52650	62650	76400	88350	103200
		2.83	2.38	2.06	1.88	1.74	1.55	1.27	1.13	1.02	0.810	0.810	0.706	0.585	0.485	0.421	0.376	0.339	0.300	0.249	0.213	0.179	0.165	0.149	0.133	0.122	0.111
14.89	15.6	440	585	745	865	990	1200	1680	2040	2430	3100	3580	4510	6200	8530	10800	13100	15600	19200	26500	34550	46300	53350	63500	77400	89500	104600
		2.89	2.44	2.10	1.98	1.78	1.59	1.30	1.16	1.04	0.901	0.830	0.723	0.600	0.496	0.431	0.386	0.347	0.307	0.255	0.218	0.184	0.169	0.153	0.136	0.125	0.114
15.28	15.8	445	590	755	875	1000	1220	1700	2060	2470	3140	3630	4570	6280	8640	10950	13250	15800	19450	26800	34950	46900	54050	64300	78400	90650	105900
		2.95	2.50	2.15	1.97	1.82	1.62	1.33	1.19	1.07	0.923	0.850	0.740	0.614	0.508	0.442	0.395	0.356	0.315	0.261	0.223	0.188	0.173	0.156	0.139	0.128	0.117
15.67	16.0	450	600	765	885	1020	1230	1720	2090	2500	3180	3670	4630	6360	8750	11100	13450	16000	19700	27150	35400	47500	54700	65100	79400	91800	107200
		3.02	2.56	2.20	2.02	1.86	1.66	1.36	1.21	1.09	0.945	0.870	0.757	0.628	0.520	0.452	0.404	0.364	0.322	0.267	0.229	0.193	0.177	0.160	0.143	0.131	0.120
16.06	16.2	460	605	775	895	1030	1250	1740	2120	2530	3210	3720	4690	6440	8860	11200	13600	16200	19950	27500	35850	48100	55400	65900	80350	92950	108600
		3.09	2.61	2.26	2.06	1.90	1.70	1.39	1.24	1.12	0.966	0.890	0.774	0.642	0.531	0.462	0.413	0.372	0.330	0.273	0.234	0.197	0.181	0.164	0.146	0.134	0.122
16.46	16.4	465	615	785	910	1040	1260	1760	2140	2560	3250	3760	4750	6520	8970	11350	13750	16400	20200	27850	36300	48700	56100	66750	81350	94100	109900
		3.16	2.67	2.31	2.11	1.95	1.74	1.42	1.27	1.14	0.985	0.870	0.791	0.656	0.543	0.473	0.423	0.381	0.357	0.279	0.240	0.201	0.185	0.167	0.149	0.137	0.125
16.87	16.6	470	620	795	920	1060	1280	1780	2170	2590	3290	3810	4800	6600	9080	11500	13950	16600	20450	28200	36750	49300	56750	67550	82350	95250	111300
		3.22	2.73	2.36	2.16	1.99	1.78	1.46	1.30	1.17	1.01	0.930	0.809	0.671	0.555	0.484	0.432	0.389	0.344	0.285	0.245	0.206	0.190	0.171	0.152	0.140	0.128
17.27	16.8	475	630	800	930	1070	1290	1810	2190	2620	3330	3860	4860	6680	9190	11650	14100	16800	20700	28500	37200	49900	57450	68350	83350	96400	112600
		3.29	2.79	2.41	2.20	2.03	1.81	1.49	1.32	1.19	1.03	0.950	0.827	0.685	0.568	0.494	0.441	0.398	0.352	0.290	0.250	0.210	0.194	0.175	0.156	0.143	0.131
17.69	17.0	480	635	810	940	1080	1310	1830	2220	2650	3370	3900	4920	6760	9300	11750	14250	17000	20950	28850	37650	50450	58150	69200	84350	97550	113900
		3.37	2.85	2.46	2.25	2.08	1.85	1.52	1.35	1.22	1.05	0.970	0.845	0.700	0.580	0.505	0.450	0.406	0.360	0.306	0.298	0.215	0.198	0.179	0.159	0.146	0.134
18.11	17.2	485	645	820	950	1090	1320	1850	2250	2680	3410	3950	4980	6840	9410	11900	14450	17200	21150	29550	38050	51050	58800	70000	85350	98700	115300
		3.44	2.91	2.51	2.30	2.12	1.89	1.55	1.38	1.25	1.08	0.990	0.864	0.716	0.592	0.515	0.460	0.415	0.367	0.305	0.261	0.220	0.202	0.183	0.163	0.149	0.137
18.53	17.4	490	650	830	965	1110	1340	1870	2270	2720	3450	3990	5040	6910	9520	12050	14600	17400	21400	29850	38500	51650	59500	70800	86350	99850	116600
		3.51	2.97	2.56	2.35	2.16	1.93	1.58	1.41	1.27	1.10	1.01	0.883	0.731	0.604	0.526	0.470	0.424	0.375	0.311	0.266	0.224	0.207	0.183	0.166	0.152	0.140
18.96	17.6	495	660	840	975	1120	1350	1890	2300	2750	3490	4040	5090	6990	9630	12200	14750	17600	21650	30200	38950	52250	60200	71600	87300	101000	118000
		3.58	3.04	2.62	2.40	2.21	1.98	1.62	1.44	1.30	1.12	1.03	0.900	0.748	0.618	0.538	0.480	0.433	0.384	0.318	0.272	0.229	0.212	0.191	0.170	0.156	0.143

续表

管径/mm

表中每个速度对应两行数据：上行为风量/(m³/h)，下行为单位摩擦阻力/(kg/m²/m)。

动压/(kg/m²)	速度/(m/s)	100	115	130	140	150	165	195	215	235	265	285	320	375	440	495	545	595	660	775	885	1025	1100	1200	1325	1425	1540
19.39	17.8	505	665	850	985	1130	1370	1910	2330	2780	3530	4090	5150	7070	9740	12350	14950	17800	21900	30550	39400	52850	60850	72450	88300	102100	119300
		3.66	3.10	2.68	2.45	2.25	2.02	1.65	1.50	1.32	1.15	1.05	0.919	0.762	0.630	0.549	0.490	0.442	0.391	0.324	0.278	0.234	0.215	0.194	0.173	0.159	0.146
19.83	18.0	510	675	860	995	1140	1380	1930	2350	2810	3570	4130	5210	7150	9850	12450	15100	18000	22150	30900	39850	53450	61550	73250	89300	103300	120600
		3.73	3.16	2.73	2.50	2.30	2.06	1.68	1.50	1.35	1.17	1.07	0.938	0.778	0.643	0.560	0.500	0.450	0.399	0.331	0.284	0.239	0.220	0.199	0.177	0.163	0.149
20.27	18.2	515	680	870	1010	1160	1400	1960	2380	2840	3610	4180	5270	7230	9960	12600	15300	18200	22400	31250	40300	54050	62250	74050	90300	104400	122000
		3.81	3.22	2.78	2.55	2.35	2.10	1.72	1.53	1.38	1.19	1.10	0.957	0.794	0.657	0.571	0.510	0.460	0.407	0.338	0.290	0.243	0.224	0.202	0.181	0.166	0.152
20.72	18.4	520	690	880	1020	1170	1420	1980	2400	2870	3650	4220	5320	7310	10050	12750	15450	18400	22650	31550	40750	54650	62900	74900	91300	105600	123300
		3.88	3.28	2.84	2.60	2.40	2.14	1.75	1.56	1.41	1.22	1.12	0.975	0.811	0.670	0.583	0.520	0.469	0.416	0.345	0.296	0.248	0.229	0.206	0.184	0.169	0.155
21.17	18.6	525	695	890	1030	1180	1430	2000	2430	2900	3690	4270	5380	7390	10200	12900	15600	18600	22900	31900	41150	55200	63600	75700	92300	106700	124700
		3.96	3.36	2.90	2.65	2.44	2.18	1.79	1.59	1.44	1.24	1.14	0.995	0.826	0.685	0.595	0.532	0.479	0.425	0.351	0.302	0.254	0.234	0.211	0.188	0.173	0.158
21.63	18.8	530	705	900	1040	1200	1450	2020	2460	2930	3730	4320	5440	7470	10300	13000	15800	18800	23150	32250	41600	55800	64300	76500	93250	107900	126000
		4.04	3.42	2.96	2.70	2.49	2.22	1.82	1.63	1.46	1.26	1.16	1.02	0.841	0.696	0.606	0.542	0.488	0.432	0.358	0.306	0.258	0.238	0.215	0.192	0.176	0.161
22.09	19.0	535	710	905	1050	1210	1460	2040	2480	2970	3770	4360	5500	7550	10400	13150	15950	19000	23400	32600	42050	56400	64950	77300	94250	109000	127300
		4.11	3.48	3.01	2.75	2.54	2.26	1.86	1.66	1.49	1.29	1.19	1.03	0.858	0.710	0.618	0.552	0.497	0.440	0.365	0.314	0.264	0.242	0.219	0.195	0.180	0.164
22.56	19.2	540	720	915	1060	1220	1480	2060	2510	3000	3810	4410	5560	7630	10500	13300	16100	19200	23650	32950	42500	57000	65650	78150	95250	110200	128700
		4.19	3.55	3.07	2.81	2.59	2.31	1.89	1.69	1.52	1.32	1.21	1.05	0.875	0.724	0.654	0.562	0.507	0.450	0.373	0.320	0.268	0.247	0.223	0.199	0.183	0.167
23.03	19.4	550	725	925	1070	1230	1490	2080	2530	3030	3850	4450	5610	7710	10600	13450	16300	19400	23900	33250	42950	57600	66350	78950	96250	111300	130000
		4.27	3.62	3.12	2.86	2.64	2.35	1.93	1.72	1.55	1.34	1.23	1.07	0.890	0.738	0.642	0.573	0.516	0.458	0.379	0.326	0.273	0.251	0.227	0.203	0.186	0.170
23.51	19.6	555	730	935	1090	1250	1510	2110	2560	3060	3890	4500	5670	7790	10700	13550	16450	19600	24150	33600	43400	58200	67000	79750	97250	112500	131400
		4.35	3.68	3.18	2.92	2.69	2.40	1.97	1.75	1.58	1.37	1.25	1.09	0.908	0.752	0.654	0.580	0.526	0.466	0.386	0.332	0.279	0.257	0.232	0.207	0.190	0.173
23.99	19.8	560	740	945	1100	1260	1520	2130	2590	3090	3930	4540	5730	7870	10850	13700	16600	19800	24350	33950	43800	58800	67700	80550	98250	113600	132700
		4.43	3.75	3.24	2.97	2.74	2.44	2.00	1.79	1.61	1.39	1.28	1.12	0.925	0.765	0.667	0.595	0.536	0.475	0.394	0.338	0.284	0.262	0.236	0.211	0.194	0.177
24.28	20.0	565	745	955	1110	1270	1540	2150	2610	3120	3970	4590	5790	7950	10950	13850	16800	20000	24600	34300	44250	59400	68400	81400	99250	114800	134000
		4.52	3.82	3.30	3.02	2.78	2.49	2.04	1.82	1.64	1.42	1.30	1.14	0.942	0.780	0.679	0.605	0.546	0.484	0.401	0.344	0.290	0.266	0.241	0.214	0.197	0.180

注：表中上行——风量/(m³/h)，下行——单位摩擦阻力/(kg/m²/m)。

附表四 通风管道局部阻力系数表

1. 圆形截面弯头阻力系数

$\alpha/°$	D	$1.5D$	$2D$	$2.5D$	$3D$	$6D$	$10D$
7.5	0.028	0.021	0.018	0.016	0.014	0.010	0.008
10	0.058	0.044	0.037	0.033	0.029	0.021	0.016
30	0.110	0.081	0.069	0.061	0.054	0.038	0.030
60	0.18	0.14	0.12	0.10	0.091	0.064	0.051
75	0.205	0.16	0.135	0.115	0.105	0.073	0.058
90	0.23	0.18	0.15	0.13	0.12	0.083	0.066
120	0.27	0.20	0.17	0.15	0.13	0.10	0.076
150	0.30	0.22	0.19	0.17	0.15	0.11	0.084
180	0.33	0.25	0.21	0.18	0.16	0.12	0.092

（表头左上为 R，左下为 $\alpha/°$）

2. 矩形截面弯头阻力系数

式中 C 的值由 a/b 确定。

$\zeta = C \times \zeta_{圆}$			
a/b	C	a/b	C
0.25	1.8	1.50	0.68
0.5	1.5	1.75	0.53
0.75	1.2	2.0	0.47
1.0	1.0	2.5	0.40
1.25	0.8	3.0	0.40

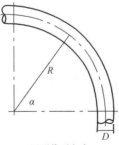

圆形截面弯头

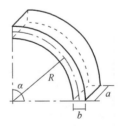

矩形截面弯头

3. 伞形风帽阻力系数

	h/D	ζ	h/D	ζ
	0.1	2.6	0.6	0.6
	0.2	1.3	0.7	0.6
	0.3	0.8	0.8	0.6
	0.4	0.7	0.9	0.6
	0.5	0.6	1.0	—

4. 变形管阻力系数 ζ

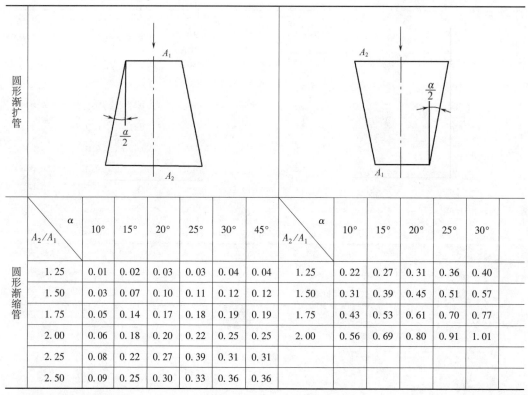

圆形渐扩管													

A_2/A_1	α 10°	15°	20°	25°	30°	45°	A_2/A_1	α 10°	15°	20°	25°	30°
1.25	0.01	0.02	0.03	0.03	0.04	0.04	1.25	0.22	0.27	0.31	0.36	0.40
1.50	0.03	0.07	0.10	0.11	0.12	0.12	1.50	0.31	0.39	0.45	0.51	0.57
1.75	0.05	0.14	0.17	0.18	0.19	0.19	1.75	0.43	0.53	0.61	0.70	0.77
2.00	0.06	0.18	0.20	0.22	0.25	0.25	2.00	0.56	0.69	0.80	0.91	1.01
2.25	0.08	0.22	0.27	0.39	0.31	0.31						
2.50	0.09	0.25	0.30	0.33	0.36	0.36						

（圆形渐缩管）

5. 闸阀阻力系数

h/D	0.9	0.8	0.7	0.6	0.5	0.4	0.3	0.2	0.1	0
圆形管 ζ	97.8	35	10	4.6	2.06	0.98	0.44	0.17	0.06	0.05
矩形管 ζ	193	44.6	17.8	8.12	4.0	2.1	0.95	0.39	0.29	0

6. 蝶阀阻力系数

$α/°$	0	5	10	15	30	45	60	70	90
圆形管 ζ	0.05	0.3	0.52	0.9	3.91	18.7	118	751	∞
矩形管 ζ	0.05	0.28	0.45	0.77	3.54	15	77.4	368	∞

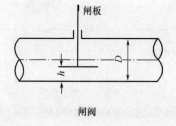

闸阀

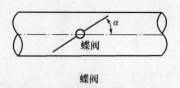

蝶阀

附表五　垂直输料管计算表

风速 /（m/s）	18							19						
动压/（mm 水柱）	19.82							22.1						
符号 管径/mm	Q	R	$K_谷$	$K_粗$	$K_细$	$i_谷粗$	$i_细$	Q	R	$K_谷$	$K_粗$	$K_细$	$i_谷粗$	$i_细$
60	183	8.87	0.469	0.103	0.069	165	179	193	9.85	0.448	0.092	0.064	174	188
65	215	8.01	0.495	0.128	0.086	141	152	227	8.89	0.471	0.119	0.080	148	161
70	249	7.29	0.524	0.154	0.103	121	131	263	8.09	0.500	0.143	0.096	128	138
75	286	6.68	0.552	0.180	0.120	106	115	302	7.42	0.526	0.167	0.112	111	121
80	326	6.16	0.586	0.205	0.137	93	100	344	6.83	0.558	0.191	0.127	98	106
85	368	5.70	0.604	0.233	0.154	82	89	388	6.33	0.577	0.215	0.143	88	94
90	412	5.30	0.626	0.251	0.171	73	79	435	5.89	0.598	0.239	0.159	77	84
95	459	4.95	0.655	0.282	0.188	66	71	485	5.50	0.623	0.263	0.175	69	75
100	509	4.64	0.685	0.308	0.205	59	64	537	5.16	0.646	0.287	0.191	63	68
105	561	4.37	0.702	0.334	0.223	54	58	592	4.85	0.667	0.311	0.207	57	61
110	616	4.12	0.727	0.360	0.240	49	53	650	4.58	0.693	0.335	0.223	52	56
115	673	3.90	0.765	0.385	0.257	45	48	711	4.30	0.722	0.358	0.239	47	51
120	733	3.70	0.785	0.411	0.274	41	45	774	4.10	0.747	0.382	0.255	44	47
125	795	3.51	0.805	0.437	0.291	38	41	839	3.90	0.767	0.406	0.271	40	43
130	860	3.34	0.828	0.462	0.308	35	38	908	3.71	0.791	0.430	0.287	37	40
135	927	3.19	0.852	0.488	0.325	33	35	979	3.54	0.815	0.454	0.303	34	37
140	997	3.05	0.874	0.514	0.342	30	33	1053	3.38	0.836	0.478	0.319	32	35
145	1070	2.92	0.896	0.539	0.360	28	31	1129	3.24	0.856	0.502	0.335	30	32
150	1145	2.80	0.918	0.565	0.377	26	29	1209	3.11	0.876	0.526	0.351	28	30
155	1223	2.69	0.939	0.591	0.394	25	27	1291	2.98	0.897	0.550	0.366	26	28
160	1303	2.58	0.956	0.616	0.411	23	25	1376	2.87	0.913	0.574	0.382	24	26.5
170	1472	2.39	1.003	0.668	0.446	21	22	1530	2.66	0.857	0.622	0.414	22	23.5
180	1643	2.23	1.048	0.714	0.479	18	19	1745	2.48	1.000	0.669	0.447	19	21
190	1840	2.09	1.092	0.772	0.514	16	18	1942	2.32	1.042	0.717	0.478	17	18.8
200	2038	1.96	1.136	0.823	0.548	15	16	2150	2.17	1.083	0.765	0.510	26	17

油脂工厂物料输送

续表

风速/(m/s)	20							21						
动压/(mm水柱)	24.5							27.0						
符号 管径/mm	Q	R	$K_谷$	$K_粗$	$K_细$	$i_{谷粗}$	$i_细$	Q	R	$K_谷$	$K_粗$	$K_细$	$i_{谷粗}$	$i_细$
60	204	10.87	0.425	0.089	0.060	183	198	214	11.95	0.410	0.084	0.056	192	208
65	239	9.82	0.449	0.111	0.074	156	169	251	10.80	0.431	0.105	0.070	164	177
70	277	8.94	0.476	0.134	0.089	135	146	291	9.83	0.459	0.126	0.084	141	153
75	318	8.19	0.501	0.156	0.104	111	127	334	9.00	0.483	0.146	0.098	123	134
80	362	7.55	0.531	0.179	0.11 + 9	103	112	370	8.30	0.511	0.167	0.112	108	117
85	409	6.99	0.549	0.210	0.134	91	99	429	7.69	0.528	0.188	0.126	96	104
90	458	6.50	0.568	0.223	0.149	81	88	481	7.15	0.548	0.209	0.139	86	93
95	510	6.08	0.590	0.246	0.164	73	79	536	6.68	0.569	0.230	0.153	77	83
100	565	5.70	0.615	0.268	0.179	66	71	594	6.26	0.592	0.251	0.167	69	75
105	623	5.36	0.635	0.290	0.193	60	65	655	5.89	0.612	0.272	0.181	63	68
110	684	5.05	0.659	0.313	0.208	55	59	718	5.56	0.635	0.293	0.195	57	62
115	748	4.78	0.685	0.335	0.223	50	54	785	5.26	0.661	0.314	0.209	52	57
120	814	4.53	0.712	0.357	0.238	46	50	855	4.98	0.685	0.335	0.223	48	52
125	883	4.31	0.728	0.380	0.253	42	46	928	4.73	0.702	0.356	0.237	44	48
130	955	4.10	0.751	0.402	0.268	39	42	1003	4.51	0.724	0.377	0.251	41	44
135	1030	3.91	0.774	0.424	0.283	36	39	1082	4.30	0.746	0.398	0.265	38	41
140	1108	3.74	0.759	0.447	0.298	34	36	1163	4.11	0.766	0.418	0.279	35	38
145	1189	3.58	0.814	0.469	0.313	31	34	1248	3.93	0.785	0.439	0.293	33	36
150	1272	3.43	0.834	0.491	0.328	29	32	1336	3.77	0.803	0.460	0.307	31	33
155	1359	3.29	0.852	0.514	0.342	27	30	1427	3.62	0.821	0.481	0.321	29	31
160	1448	3.17	0.868	0.536	0.357	26	28	1520	3.48	0.835	0.502	0.335	27	29
170	1635	2.94	0.912	0.581	0.387	23	25	1718	3.23	0.877	0.544	0.363	24	26
180	1837	2.74	0.952	0.626	0.417	20	22	1929	3.01	0.916	0.586	0.391	21	23
190	2045	2.56	0.993	0.670	0.447	18	20	2145	2.81	0.955	0.628	0.418	19	21
200	2263	2.40	1.034	0.714	0.477	17	18	2378	2.64	0.994	0.669	0.447	17	19

续表

22							23					
32. 4							29. 6					
Q	R	$K_谷$	$K_粗$	$K_细$	$i_谷粗$	$i_细$	Q	R	$K_谷$	$K_粗$	$K_细$	$i_谷粗$	$i_细$
224	13. 08	0. 396	0. 079	0. 052	207	218	234	14. 27	0. 385	0. 074	0. 049	211	228
263	11. 82	0. 417	0. 098	0. 066	172	186	275	12. 88	0. 407	0. 093	0. 062	180	194
305	10. 75	0. 440	0. 118	0. 077	148	160	319	11. 73	0. 436	0. 112	0. 074	155	168
350	9. 86	0. 464	0. 138	0. 092	12 * 9	140	367	10. 75	0. 453	0. 130	0. 087	135	146
398	9. 08	0. 493	0. 157	0. 105	123	123	416	9. 90	0. 480	0. 148	0. 098	119	128
449	8. 41	0. 510	0. 177	0. 118	100	109	470	9. 17	0. 496	0. 167	0. 110	105	114
504	7. 83	0. 528	0. 197	0. 131	90	97	527	8. 53	0. 514	0. 185	0. 124	94	101
561	7. 31	0. 548	0. 216	0. 144	80	87	587	7. 97	0. 537	0. 204	0. 136	84	91
622	6. 86	0. 572	0. 236	0. 157	73	79	650	7. 47	0. 561	0. 223	0. 148	76	82
686	6. 45	0. 590	0. 256	0. 170	66	71	717	7. 03	0. 575	0. 241	0. 161	69	74
753	6. 08	0. 613	0. 275	0. 184	60	65	770	6. 32	0. 596	0. 260	0. 173	63	68
821	5. 75	0. 637	0. 295	0. 200	55	59	860	6. 27	0. 620	0. 278	0. 185	57	62
896	5. 45	0. 661	0. 315	0. 210	50	55	936	5. 95	0. 644	0. 297	0. 198	53	57
972	5. 18	0. 678	0. 334	0. 223	46	50	1016	5. 65	0. 657	0. 315	0. 210	49	52
1051	4. 93	0. 699	0. 354	0. 236	43	46	1099	5. 38	0. 678	0. 334	0. 223	45	49
1133	4. 71	0. 720	0. 374	0. 249	40	43	1185	5. 13	0. 698	0. 352	0. 235	42	45
1219	4. 50	0. 739	0. 393	0. 262	37	40	1274	4. 91	0. 718	0. 371	0. 247	39	42
1308	4. 31	0. 757	0. 413	0. 275	34	37	1367	4. 70	0. 736	0. 389	0. 260	36	39
1400	4. 13	0. 775	0. 432	0. 283	32	35	1463	4. 50	0. 753	0. 408	0. 272	34	37
1495	3. 96	0. 793	0. 452	0. 302	30	33	1562	4. 32	0. 771	0. 426	0. 284	32	34
1593	3. 81	0. 806	0. 472	0. 315	28	31	1665	4. 15	0. 785	0. 445	0. 300	30	32
1800	3. 53	0. 848	0. 512	0. 341	25	27	1881	3. 85	0. 820	0. 479	0. 319	26	28
2020	3. 29	0. 885	0. 551	0. 367	22	24	2109	3. 59	0. 860	0. 515	0. 344	23	25
2247	3. 08	0. 922	0. 591	0. 394	20	22	2350	3. 36	0. 890	0. 552	0. 368	21	23
2490	2. 89	0. 960	0. 630	0. 419	18	20	2604	3. 15	0. 930	0. 589	0. 393	19	20

续表

风速/(m/s)	24							25						
动压/(mm 水柱)	35.3							38.3						
符号 管径/mm	Q	R	$K_谷$	$K_粗$	$K_细$	$i_{谷粗}$	$i_细$	Q	R	$K_谷$	$K_粗$	$K_细$	$i_{谷粗}$	$i_细$
60	244	15.50	0.375	0.070	0.047	220	238	254	16.78	0.367	0.064	0.044	229	248
65	287	14.00	0.396	0.088	0.058	188	203	299	15.15	0.384	0.083	0.053	195	210
70	333	12.74	0.420	0.105	0.070	162	175	346	13.80	0.411	0.097	0.064	168	182
75	382	11.67	0.440	0.123	0.081	141	152	398	12.64	0.437	0.116	0.074	147	159
80	434	10.76	0.467	0.140	0.093	124	134	452	11.65	0.457	0.135	0.089	129	139
85	490	9.96	0.482	0.158	0.105	111	119	511	10.79	0.473	0.149	0.099	114	124
90	550	9.27	0.500	0.175	0.117	98	106	573	10.04	0.490	0.166	0.111	102	110
95	612	8.66	0.519	0.193	0.128	88	95	638	9.38	0.507	0.183	0.122	91	99
100	679	8.12	0.539	0.210	0.140	79	86	707	8.79	0.527	0.199	0.133	83	89
105	748	7.64	0.558	0.228	0.152	72	78	779	8.27	0.545	0.216	0.144	75	81
110	821	7.21	0.580	0.245	0.164	66	71	855	7.80	0.567	0.232	0.155	68	74
115	898	6.81	0.604	0.263	0.175	60	65	935	7.38	0.591	0.249	0.166	62	63
120	977	6.46	0.627	0.280	0.187	55	60	1018	6.99	0.613	0.266	0.177	57	62
125	1060	6.14	0.641	0.299	0.199	51	55	1104	6.65	0.628	0.282	0.188	53	57
130	1147	5.84	0.661	0.315	0.210	47	51	1194	6.33	0.647	0.299	0.199	49	53
135	1236	5.58	0.680	0.333	0.222	43	47	1288	6.04	0.666	0.315	0.210	45	49
140	1330	5.33	0.698	0.350	0.234	40	44	1385	5.77	0.684	0.332	0.221	42	46
145	1426	5.10	0.714	0.368	0.245	38	42	1486	5.52	0.701	0.348	0.232	39	42
150	1527	4.89	0.731	0.385	0.257	35	38	1590	5.29	0.718	0.365	0.243	37	40
155	1630	4.70	0.749	0.403	0.269	33	36	1698	5.08	0.734	0.382	0.255	34	37
160	1738	4.51	0.763	0.420	0.280	31	34	1810	4.89	0.747	0.398	0.266	32	35
170	1985	4.19	0.800	0.451	0.301	27	30	2043	4.53	0.780	0.427	0.284	28	31
180	2193	3.90	0.830	0.486	0.324	24	26	2290	4.22	0.810	0.464	0.306	25	28
190	2454	3.65	0.860	0.520	0.347	22	24	2552	3.95	0.840	0.493	0.328	23	25
200	2716	3.42	0.890	0.555	0.370	20	21	2830	3.71	0.870	0.525	0.349	21	22

弯头后水平输料管的 K 值

风速/ （m/s）	18	19	20	21	22	23	24	25
$K_谷$	0.0040D	0.0038D	0.0036D	0.0033D	0.0031D	0.0030D	0.0028D	0.0027D
$K_粗$	0.0036D	0.0034D	0.0032D	0.0030D	0.0028D	0.0027D	0.0025D	0.0024D
$K_细$	0.0030D	0.0028D	0.0026D	0.0024D	0.0023D	0.0022D	0.0021D	0.0020D

附表六　叶轮式供料器（关风器）

型号	TGFY2.8 TGFZ2.8	TGFY4 TGFZ4	TGFY5 TGFZ5	TGFY7 TGFZ7	TGFY9 TGFZ9
容量/（L/r）	2.8	4	5	7	9
转速/（r/min）			20~60		
配用功率/kW		0.25~0.55		0.5~0.75	

注：型号中：T—粮油通用机械；GF—关风器；Y—叶轮关风器，不带传动机构；Z—组合式叶轮关风器，带传动机构。

附表七　离心式除尘器（卸料器）

1. 下旋60型除尘器

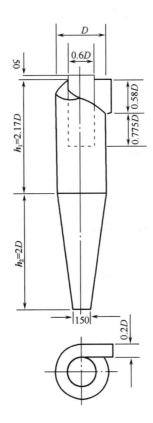

■■ 油脂工厂物料输送

D H u		250	275	300	325	350	375	400	425	450	475	500
12	41	314	380	450	529	614	710	802	906	1020	1130	1252
13	47	340	412	487	574	665	768	870	982	1105	1225	1355
14	55	365	443	525	617	715	827	935	1057	1190	1320	1450
15	64	391	475	561	662	766	886	1000	1132	1275	1415	1566
16	72	417	507	600	706	819	945	1065	1210	1360	1510	1670
17	81	444	530	637	750	870	1006	1135	1285	1445	1605	1775
18	91	470	570	674	795	920	1064	1200	1360	1530	1700	1880

注：表中：D—离心式除尘器外筒体直径（mm）；H—离心式除尘器阻力（mmH$_2$O）；u—进口风速（m/s）；阻力系数 $\xi=4.6$。

图中各符号与下图中均同。

2. 下旋 55 型除尘器

D H u		250	275	300	325	350	375	400	425	450	475	500
12	50	272	324	393	458	536	609	700	782	881	976	1093
13	59	295	351	426	496	580	660	758	847	955	1057	1184
14	68	318	378	459	534	625	711	816	912	1028	1139	1275
15	80	340	405	491	572	670	761	875	977	1102	1220	1366
16	90	363	432	524	610	714	812	933	1042	1175	1302	1457

3. 内旋 50 型除尘器

D H u		500	550	600	650	700	750	800	900	1000
12	45	1350	1630	1940	2280	2650	3040	3460	4360	5400
13	53	1460	1770	2100	2460	2870	3300	3740	4730	5850
14	61	1570	1900	2270	2660	3090	3550	4030	5100	6300
15	70	1685	2040	2430	2840	3310	3800	4320	5450	6750
16	80	1800	2180	2590	3030	3530	4050	4610	5820	7200

（1）下旋 55 型 　　　　　　　　　　　（2）内旋 50 型

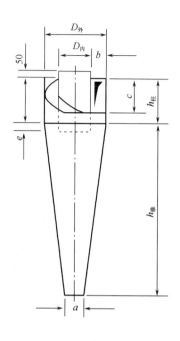 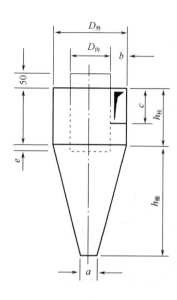

$D_内 = 0.55D_外$ 　　　　$h_锥 = 2.5D_外$ 　　　　$D_内 = 0.5D_外$ 　　　　$h_锥 = 1.5D_外$

$b = 0.225D_外$ 　　　　$e = 0.1D_外$ 　　　　$b = 0.25D_外$ 　　　　$e = 0.1D_外$

$c = 0.45D_外$ 　　　　$a = 0.125mm$ 　　　　$c = 0.5D_外$ 　　　　$a = 150mm$

$h_柱 = 0.6D_外$ 　　　　　　　　　　　　$h_柱 = 0.75D_外$

4. 外旋 45 型除尘器

u	Q\H	D	240	260	280	300	320	340	360	380	400	450	500
12		Q	259	306	354	410	462	523	587	656	726	912	1137
		H	53	57	62	66	70	75	80	84	88	99	110
13		Q	281	332	384	445	502	567	637	712	787	997	1232
		H	62	67	72	77	82	88	93	98	103	116	129
14		Q	302	358	413	479	439	609	685	766	847	1073	1325
		H	72	78	84	90	96	102	108	114	120	135	150

5. 外旋 38 型除尘器

u	Q\H	D	240	260	280	300	320	340	360	380	400	450	500
12		Q	155	181	212	242	276	311	350	389	432	562	674
		H	42	46	49	53	56	60	63	67	70	79	88

续表

	D		240	260	280	300	320	340	360	380	400	450	500
u	Q	H											
13		Q	169	197	229	262	300	336	379	421	468	608	730
		H	49	54	58	62	66	70	74	78	81	93	103
14		Q	181	212	247	282	322	362	401	454	504	655	785
		H	58	62	67	72	77	82	86	91	96	108	120

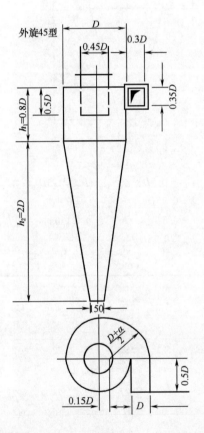

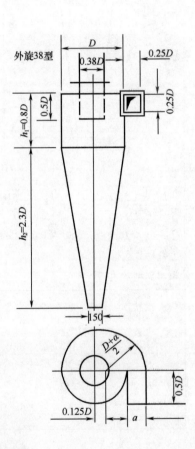

附表八　脉冲除尘器

1. 低压脉冲除尘器

技术参数 型号	滤袋长度/ mm	处理风量/ （m³/h）	过滤面积/ m²	关风器 功率/kW	括板功率/ kW	气泵功率/ kW	质量/kg
TBLM－4	1800	156~780	2.6				
	2000	174~870	2.9	0.55		1.1	
	2400	210~1050	3.5				

续表

技术参数 型号	滤袋长度/ mm	处理风量/ (m³/h)	过滤面积/ m²	关风器 功率/kW	括板功率/ kW	气泵功率/ kW	质量/kg
TBLM – 10	1800	396 ~ 1980	6.6				
	2000	444 ~ 2220	7.4	0.55		1.1	
	2400	534 ~ 2670	8.9				
TBLM – 18	1800	714 ~ 3570	11.9				
	2000	792 ~ 3960	13.2	0.55		1.1	
	2400	954 ~ 4770	15.9				
TBLM – 26 I	1800	1032 ~ 5160	17.2				
	2000	1146 ~ 5730	19.1	0.55	0.55	1.1	
	2400	1380 ~ 6900	23				
TBLM – 39 I	1800	1542 ~ 7710	25.7				
	2000	1722 ~ 8610	28.7	0.75	0.75	1.5	
	2400	2076 ~ 10380	34.6				
TBLM – 52 I	1800	2112 ~ 11460	35.2				
	2000	2292 ~ 11460	38.2	1.1	1.1	2.2	
	2400	2766 ~ 13830	46.1				
TBLM – 78 I	1800	3090 ~ 15450	51.5				
	2000	3438 ~ 17190	57.5	1.1	1.1	2.2	
	2400	4146 ~ 20730	69.1				
TBLM – 104 I	1800	4116 ~ 20580	68.6				
	2000	4590 ~ 22950	76.5	1.5	1.5	3	
	2400	5526 ~ 27630	92.1				
TBLM – 130 I	1800	2592 ~ 26460	88.2				
	2000	5880 ~ 29400	115.2	1.5	1.5	3	
	2400	6912 ~ 34560	1.3				
TBLM – 156 I	1800	6180 ~ 30900	103				
	2000	6882 ~ 34410	114.2	2.2	1.5	3	
	2400	8292 ~ 41460	138.2				

注：一般过滤风速 1 ~ 5m/min，最佳过滤风速 3 ~ 4m/min；设备阻力小于 1470Pa；除尘器工作压力 1960 ~ 2940Pa；脉冲喷吹压力 4.9 × 10⁴Pa；除尘效率≥99.5%；进风口含尘浓度高或粉尘湿度大时，处理风量取小值。

2. 高压脉冲除尘器

BLM 型脉冲布袋除尘器的主要技术数据

项目	单位	BLM. 24	BLM. 36	BLM. 48	BLM. 60
布筒数	个	24	36	48	60

续表

项目	单位	BLM. 24	BLM. 36	BLM. 48	BLM. 60
布筒规格	mm	$\phi 120 \times 2000$	$\phi 120 \times 2000$	$\phi 120 \times 2000$	$\phi 120 \times 2000$
过滤面积	m²	18	27	36	45
处理风量	m³/h	3200 ~ 5400	4800 ~ 8100	6400 ~ 10800	8000 ~ 13500
脉冲周期	s	140 ± 5	140 ± 5	140 ± 5	140 ± 5
脉冲时间	s	0.1 ~ 0.2	0.1 ~ 0.2	0.1 ~ 0.2	0.1 ~ 0.2
工作压力	Pa	$(4 \sim 6) \times 10^5$	$(4 \sim 6) \times 10^5$	$(4 \sim 6) \times 10^5$	$(4 \sim 6) \times 10^5$
压缩空气耗量	m³/min	0.035	0.055	0.075	0.090
进气含尘度	g/m³	3 ~ 5	3 ~ 5	3 ~ 5	3 ~ 5
除尘效率	%	≥99	≥99	≥99	≥99
设备阻力	Pa	490 ~ 980	490 ~ 980	490 ~ 980	490 ~ 980
螺旋机规格	mm			$\phi 200 \times 1350$	
螺旋机转速	r/min	45	45	45	45
螺旋机动力	kW	0.8	0.8	0.8	0.8
控制系统动力	kW	0.25	0.25	0.25	0.25
外形尺寸 长×宽×高	mm	2260×1320×3925	2260×1720×3495	2260×2276×3820	2260×2520×3820
重量	kg	1100	1300	1400	1800

3. 回转反吹除尘器

ZC 型回转反吹扁袋除尘器技术性能

型号	过滤面积/m³ 公称	实际	袋长/m	圈数/圈	袋数/条	除尘率/%	入口粉尘质量深度/(g/m³)	使用温度/℃
24ZC200	40	38	2	1	24			
24ZC300	60	57	3	1	24			
24ZC400	80	76	4	1	24			
72ZC200	110	104	2	2	72			
72ZC300	170	170	3	2	72			
72ZC400	230	228	4	2	72			
144ZC300	340	340	3	3	144	99.0 ~ 99.7	< 15	110
144ZC400	450	445	4	3	144			
144ZC500	570	569	5	3	144			
240ZC400	760	758	4	4	240			
240ZC500	950	950	5	4	240			
240ZC600	1140	1138	6	4	240			

附表九　离心通风机性能表

1.9 – 19 型离心通风机性能表

机号 No.	转速/（r/min）	序号	全压/Pa	风量/（m³/h）	内效率	传动方式	电动机 功率/kW	电动机 型号
4	2900	1	3584	824	70	A	2.2	Y90L – 2
		2	3665	970	73.5			
		3	3647	1116	75.5			
		4	3597	1264	76			
		5	3507	1410	75.5			
		6	3384	1558	73.5		3	Y100L – 2
		7	3253	1704	70			
4.5	2900	1	4603	1174	71.2	A	4	Y112M – 2
		2	4684	1397	75			
		3	4672	1616	77			
		4	4580	1835	77.3			
		5	4447	2062	76.2			
		6	4297	2281	73.8		5.5	Y132S1 – 2
		7	4112	2504	70			
5	2900	1	5697	1610	72.2	A	7.5	Y132S2 – 2
		2	5768	1932	76.2			
		3	5740	2254	78.2			
		4	5630	2576	78.5			
		5	5517	2844	77.2			
		6	5323	3166	74.5			
		7	5080	3488	70.5		11	Y160M1 – 2
5.6	2900	1	7182	2622	72.7	A	11	Y160M1 – 2
		2	7273	2714	76.2			
		3	7236	3167	78.2			
		4	7109	3619	78.5			
		5	6954	3996	77.2			
		6	6709	4448	74.5		18.5	Y160L – 2
		7	6400	4901	70.5			
6.3	2900	1	9149	3220	72.7	A	18.5	Y160L – 2
		2	9265	3865	76.2			
		3	9219	4509	78.2			
		4	9055	5153	78.5			
		5	8857	5690	77.2		30	Y200L1 – 2
		6	8543	6334	74.5			
		7	8148	6978	70.5			

续表

机号 No.	转速/ (r/min)	序号	全压/ Pa	风量/ (m³/h)	内效率	传动 方式	电动机	
							功率/kW	型号
7.1	2900	1	11717	4610	72.7	D	37	Y200L2 - 2
		2	11868	5532	76.2			
		3	11807	6454	78.2			
		4	11596	7376	78.5			
		5	11340	8144	77.2		55	Y250M - 2
		6	10935	9066	74.5			
		7	10426	9988	70.5			

2.9 - 26 型离心通风机性能表

机号 No.	转速/ (r/min)	序号	全压/ Pa	风量/ (m³/h)	内效率	传动 方式	电动机	
							功率/kW	型号
4	2900	1	3852	2198	74.7	A	5.5	Y132S1 - 2
		2	3820	2368	75.5			
		3	3765	2536	75.7			
		4	3684	2706	75			
		5	3607	2877	73.8			
		6	3502	2044	72.1			
		7	3407	3215	70			
4.5	2900	1	4910	3130	76.1	A	7.5	Y132S2 - 2
		2	4863	3407	77.1			
		3	4776	3685	77.1			
		4	4661	3963	76			
		5	4546	4237	74.5			
		6	4412	4515	72.3			
		7	4256	4792	70		11	Y160M1 - 2
5	2900	1	6035	4293	77.2	A	15	Y160M2 - 2
		2	5984	4706	78.2			
		3	5869	5114	78			
		4	5725	5527	76.7			
		5	5553	5941	74.9			
		6	5381	6349	72.7			
		7	5180	6762	70		18.5	Y160L - 2
5.6	2900	1	7610	6032	77.2	A	22	Y180M - 2
		2	7546	6612	78.2			
		3	7400	7185	78			
		4	7218	7766	76.7			
		5	7000	8346	74.9		30	T200L1 - 2
		6	6781	8919	72.7			
		7	6527	9500	70			

续表

机号 No.	转速/ (r/min)	序号	全压/ Pa	风量/ (m³/h)	内效率	传动方式	电动机 功率/kW	电动机 型号
6.3	2900	1	9698	8588	77.2	A	45	Y225M - 2
		2	9616	9415	78.2			
		3	9429	10230	78			
		4	9195	11056	76.7			
		5	8915	11883	74.9		55	Y250M - 2
		6	8636	12699	72.7			
		7	8310	13525	70			
7.1	2900	1	12467	12292	77.2	D	75	Y280S - 2
		2	12321	13475	78.2			
		3	12078	14643	78			
		4	11776	15826	76.7			
		5	11415	17009	74.9		110	Y315S - 2
		6	11055	18177	72.7			
		7	10635	19360	70			

3. 6 - 23 型离心通风机性能曲线

（注：6 - 30 离心通风机性能曲线见图 8 - 40）

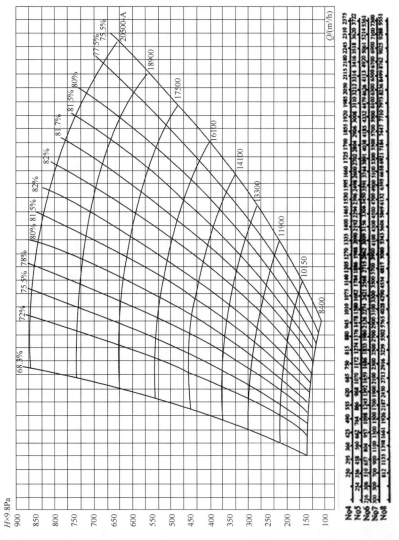

附表十　罗茨鼓风机性能表

1. RRE – 145V 型

转速 / (r/min)	理论流量 / (m³/min)	真空度 /kPa	流量 / (m³/min)	轴功率 /kW	配套电机 型号	配套电机 功率/kW	机组最大质量/kg
730*	20.8	-9.8	17.4	5.3	Y160L-8	7.5	1470
		-14.7	16.2	7.3	Y180L-8	11	
		-19.6	15.8	9.2	Y180L-8	11	
		-24.5	15.1	10.7	Y200L-8	15	
		-29.4	14.4	12.1	Y200L-8	15	
		-34.3	13.9	13.9	Y225S-8	18.5	
		-39.2	13.4	15.5	Y225S-8	18.5	
		-44.1	12.8	17.5	Y225M-8	22	
970*	27.6	-9.8	24.2	7.0	Y160L-6	11	1470
		-14.7	23.0	9.25	Y160L-6	11	
		-19.6	22.6	11.5	Y180L-6	15	
		-24.5	21.9	14	Y200L1-6	18.5	
		-29.4	21.2	16.5	Y200L1-6	18.5	
		-34.3	20.7	18.8	Y200L2-6	22	
		-39.2	20.2	21.0	Y225M-6	30	
		-44.1	19.6	23.3	Y225M-6	30	
		-49.0	18.5	25.5	Y225M-6	30	
1170	33.3	-9.8	29.9	8.5	Y160M-4	11	1430
		-14.7	28.7	11.3	Y160L-4	15	
		-19.6	28.3	14.0	Y180M-4	18.5	
		-24.5	27.6	16.8	Y180L-4	22	
		-29.4	26.9	19.5	Y180L-4	22	
		-34.3	26.4	22.3	Y200L-4	30	
		-39.2	25.9	25.0	Y200L-4	30	
		-44.1	25.3	27.8	Y225S-4	37	
		-49.0	24.6	30.5	Y225S-4	37	

续表

| 转速
/ (r/min) | 理论流量
/ (m³/min) | 真空度
/kPa | 流量
/ (m³/min) | 轴功率
/kW | 配套电机 | | 机组最大
质量/kg |
					型号	功率/kW	
		-9.8	32.2	9.0	Y160M-4	11	
		-14.7	31.0	12	Y160L-4	15	
		-19.6	30.6	15.0	Y180M-4	18.5	
		-24.5	29.9	18	Y180L-4	22	
1250	35.6	-29.4	29.2	21.0	Y200L-4	30	1430
		-34.3	28.7	24	Y200L-4	30	
		-39.2	28.2	27.0	Y200L-4	30	
		-44.1	27.6	30	Y225S-4	37	
		-49.0	26.9	33.0	Y225S-4	37	
		9.8	35.0	9.5	Y160M-4	11	
		-14.7	33.8	12.8	Y160L-4	15	
		-19.6	33.4	16.0	Y180M-4	18.5	
		-24.5	32.7	19.3	Y180L-4	22	
1350	38.1	-29.4	32.0	22.5	Y200L-4	30	1460
		-34.3	31.5	25.8	Y200L-4	30	
		-39.2	31.0	29.0	Y225S-4	37	
		-44.1	30.4	32.3	Y225S-4	37	
		-49.0	29.7	35.5	Y225M-4	45	

注：（1）* 所示转速的罗茨真空泵采用联轴器传动，其余为皮带轮传动。

（2）电机防护等级 IP44，电压 380V。

2. RRE-150V 型

| 转速
/ (r/min) | 理论流量
/ (m³/min) | 真空度
/kPa | 流量
/ (m³/min) | 轴功率
/kW | 配套电机 | | 机组最大
质量
/kg |
					型号	功率/kW	
		-9.8	22.2	6.8	Y180L-8	11	
		-14.7	21.0	9.0	Y180L-8	11	
		-19.6	20.6	11.2	Y200L-8	15	
		-24.5	19.6	13.4	Y200L-8	15	
730*	26.7	-29.4	18.8	15.5	Y225S-8	18.5	1680
		-34.3	18.1	17.8	Y225M-8	22	
		-39.2	17.5	19.9	Y225M-8	22	
		-44.1	16.7	22.2	Y250M-8	30	

续表

转速 / (r/min)	理论流量 / (m³/min)	真空度 /kPa	流量 / (m³/min)	轴功率 /kW	配套电机		机组最大质量 /kg
					型号	功率/kW	
		-9.8	31.0	8.5	Y160L-6	11	
		-14.7	29.8	11.5	Y180L-6	15	
		-19.6	29.4	14.5	Y200L1-6	18.5	
		-24.5	28.5	17.5	Y200L2-6	22	
970*	35.5	-29.4	27.7	20.5	Y225M-6	30	1670
		-34.3	27.0	23.5	Y225M-6	30	
		-39.2	26.4	26.5	Y225M-6	30	
		-44.1	25.5	29.5	Y250M-6	37	
		-49.0	24.8	32.5	Y250M-6	37	
		-9.8	38.4	10.0	Y160M-4	11	
		-14.7	37.2	13.8	Y180M-4	18.5	
		-19.6	36.7	17.5	Y180L-4	22	
		-24.5	35.8	21	Y200L-4	30	
1170	42.8	-29.4	35.0	24.3	Y200L-4	30	1550
		-34.3	34.3	28.3	Y225S-4	37	
		-39.2	33.7	32.0	Y225S-4	37	
		-44.1	32.9	35.5	Y225M-4	45	
		-49.0	32.2	39.0	Y225M-4	45	
		-9.8	41.3	11.0	Y160L-4	15	
		-14.7	40.1	14.8	Y180M-4	18.5	
		-19.6	39.6	18.5	Y180L-4	22	
		-24.5	38.7	22.5	Y200L-4	30	
1250	45.8	-29.4	37.9	26.5	Y200L-4	30	1630
		-34.3	37.2	30.3	Y225S-4	37	
		-39.2	36.6	34.0	Y225M-4	45	
		-44.1	34.8	37.8	Y225M-4	45	
		-49.0	34.1	41.5	Y250M-4	55	

续表

转速 / (r/min)	理论流量 / (m³/min)	真空度 /kPa	流量 / (m³/min)	轴功率 /kW	配套电机		机组最大质量 /kg
					型号	功率/kW	
1350	49.4	-9.8	45.0	12.0	Y160L-4	15	1630
		-14.7	43.8	16	Y180M-4	18.5	
		-19.6	43.3	20.0	Y180L-4	22	
		-24.5	42.4	24.3	Y200L-4	30	
		-29.4	41.6	28.5	Y225S-4	37	
		-34.3	40.9	32.5	Y225S-4	37	
		-39.2	40.3	36.5	Y225M-4	45	
		-44.1	39.5	40.8	Y225M-4	45	
		-49.0	38.8	45.5	Y250M-4	55	

注：（1）* 所示转速的罗茨真空泵采用联轴器传动，其余为皮带轮传动。

（2）电机防护等级 IP44，电压 380V。

3. RRD-150V 型

转速 / (r/min)	理论流量 / (m³/min)	真空度 /kPa	流量 / (m³/min)	轴功率 /kW	配套电机		机组最大质量 /kg
					型号	功率/kW	
970*	20.8	-9.8	17.2	5.2	Y160M-6	7.5	1095
		-14.7	16.1	6.95	Y160L-6	11	
		-19.6	15.6	8.7	Y160L-6	11	
		-24.5	14.9	10.5	Y180L-6	15	
		-29.4	14.2	12.2	Y180L-6	15	
		-34.3	13.5	14	Y200L1-6	18.5	
		-39.2	12.9	15.7	Y200L1-6	18.5	
		-44.1	12.1	17.5	Y200L2-6	22	
1150	24.6	-9.8	21.2	6.0	Y132M-4	7.5	1010
		-14.7	20.0	8.1	Y160M-4	11	
		-19.6	19.5	10.2	Y160L-4	15	
		-24.5	18.8	12.3	Y160L-4	15	
		-29.4	18.1	14.4	Y180M-4	18.5	
		-34.3	17.4	16.5	Y180L-4	22	
		-39.2	16.8	18.5	Y180L-4	22	
		-44.1	16.0	20.6	Y200L-4	30	
		-49.0	15.0	22.7	Y200L-4	30	

续表

转速 / (r/min)	理论流量 / (m³/min)	真空度 /kPa	流量 / (m³/min)	轴功率 /kW	配套电机		机组最大质量 /kg
					型号	功率/kW	
1450*	31.1	-9.8	27.5	7.5	Y160M-4	11	1145
		-14.7	26.4	10.1	Y160L-4	15	
		-19.6	25.9	12.7	Y160L-4	15	
		-24.5	25.2	15.4	Y180M-4	18.5	
		-29.4	24.5	18.0	Y180L-4	22	
		-34.3	23.8	20.6	Y200L-4	30	
		-39.2	23.2	23.2	Y200L-4	30	
		-44.1	22.4	25.9	Y200L-4	30	
		-49.0	21.4	28.5	Y225S-4	37	
1750	37.5	-9.8	33.9	9.0	Y160M-4	11	1080
		-14.7	32.8	12.2	Y160L-4	15	
		-19.6	32.3	15.3	Y180M-4	18.5	
		-24.5	31.6	18.5	Y180L-4	22	
		-29.4	30.9	21.6	Y200L-4	30	
		-34.3	30.2	24.8	Y200L-4	30	
		-39.2	29.6	28.0	Y225S-4	37	
		-44.1	28.8	31.2	Y225S-4	37	
		-49.0	27.8	34.3	Y225M-4	45	
2000	42.9	-9.8	39.3	10.2	Y160L-4	15	1080
		-14.7	38.2	13.9	Y180M-4	18.5	
		-19.6	37.7	17.5	Y180L-4	22	
		-24.5	37.0	21.1	Y200L-4	30	
		-29.4	36.3	24.7	Y200L-4	30	
		-34.3	35.6	28.3	Y225S-4	37	
		-39.2	35.0	31.9	Y225S-4	37	
		-44.1	34.2	35.5	Y225M-4	45	
		-49.0	33.2	39.1	Y225M-4	45	

注：(1) * 所示转速的罗茨真空泵采用联轴器传动，其余为皮带轮传动。

(2) 电机防护等级 IP44，电压 380V。

4. RRE – 140V 型

转速 / (r/min)	理论流量 / (m³/min)	真空度 /kPa	流量 / (m³/min)	轴功率 /kW	配套电机		机组最大 质量 /kg
					型号	功率/kW	
730 *	17.1	– 9.8	14.1	4.8	Y160M2 – 8	5.5	1430
		– 14.7	13.1	6.1	Y160L – 8	7.5	
		– 19.6	12.8	7.3	Y180L – 8	11	
		– 24.5	12.2	8.7	Y180L – 8	11	
		– 29.4	11.7	10.2	Y180L – 8	11	
		– 34.3	11.2	11.6	Y200L – 8	15	
		– 39.2	10.7	13.1	Y200L – 8	15	
		– 44.1	10.1	14.6	Y225S – 8	18.5	
970 *	22.7	– 9.8	19.7	6.0	Y160M – 6	7.5	1460
		– 14.7	18.7	8	Y160L – 6	11	
		– 19.6	18.4	10.0	Y160L – 6	11	
		– 24.5	17.8	11.8	Y180L – 6	15	
		– 29.4	17.3	13.5	Y180L – 6	15	
		– 34.3	16.8	15.5	Y200L1 – 6	18.5	
		– 39.2	16.3	17.5	Y200L2 – 6	22	
		– 44.1	15.7	19.3	Y200L2 – 6	22	
		– 49.0	15.1	21.0	Y225M – 6	30	
1170	27.4	– 9.8	24.4	7.5	Y160M – 4	11	1410
		– 14.7	23.4	9.75	Y160M – 4	11	
		– 19.6	23.1	12.0	Y160L – 4	15	
		– 24.5	22.5	14.3	Y180M – 4	18.5	
		– 29.4	22.0	16.5	Y180M – 4	18.5	
		– 34.3	21.5	18.8	Y180L – 4	22	
		– 39.2	21.0	21.0	Y200L – 4	30	
		– 44.1	20.4	23.3	Y200L – 4	30	
		– 49.0	19.9	25.5	Y200L – 4	30	
1250	29.2	– 9.8	26.3	8.0	Y160M – 4	11	1450
		– 14.7	25.3	10.3	Y160L – 4	15	
		– 19.6	25.0	12.5	Y160L – 4	15	
		– 24.5	24.4	15	Y180M – 4	18.5	
		– 29.4	23.9	17.5	Y180L – 4	22	
		– 34.3	23.4	20	Y180L – 4	22	
		– 39.2	22.9	22.5	Y200L – 4	30	
		– 44.1	22.3	25	Y200L – 4	30	
		– 49.0	21.8	27.5	Y225S – 4	37	

续表

转速 / (r/min)	理论流量 / (m³/min)	真空度 /kPa	流量 / (m³/min)	轴功率 /kW	配套电机		机组最大质量 /kg
					型号	功率/kW	
		-9.8	28.6	8.5	Y160M-4	11	
		-14.7	27.6	11	Y160L-4	15	
		-19.6	27.3	13.5	Y180M-4	18.5	
		-24.5	26.7	16.3	Y180M-4	8.5	
1350	31.6	-29.4	26.2	19.0	Y180L-4	22	1450
		-34.3	25.7	21.5	Y200L-4	30	
		-39.2	25.2	24.0	Y200L-4	30	
		-44.1	24.6	26.8	Y200L-4	30	
		-49.0	24.1	29.5	Y225S-4	37	

注：（1）* 所示转速的罗茨真空泵采用联轴器传动，其余为皮带轮传动。

（2）电机防护等级 IP44，电压 380V。

5. RRE-190V 型

转速 / (r/min)	理论流量 / (m³/min)	真空度 /kPa	流量 / (m³/min)	轴功率 /kW	配套电机		机组最大质量 /kg
					型号	功率/kW	
		-9.8	29.0	8.3	Y180L-8	11	
		-14.7	27.4	11.0	Y200L-8	15	
		-19.6	26.6	13.6	Y200L-8	15	
		-24.5	25.3	16.5	Y225S-8	18.5	
730*	33.4	-29.4	24.2	19.4	Y225M-8	22	2025
		-34.3	23.2	22.1	Y250M-8	30	
		-39.2	22.3	24.8	Y250M-8	30	
		-44.1	21.2	27.7	Y280S-8	37	
		-49.0	19.7	30.6	Y280S-8	37	
		-9.8	40.0	10.5	Y180L-6	15	
		-14.7	38.4	14.3	Y200L1-6	18.5	
		-19.6	37.6	18.0	Y200L2-6	22	
		-24.5	36.3	21.8	Y225M-6	30	
970*	44.4	-29.4	35.2	25.5	Y225M-6	30	2025
		-34.3	34.2	29.3	Y250M-6	37	
		-39.2	33.3	33.0	Y250M-6	37	
		-44.1	32.2	36.5	Y280S-6	45	
		-49.0	30.8	40.0	Y280S-6	45	

续表

转速 / (r/min)	理论流量 / (m³/min)	真空度 /kPa	流量 / (m³/min)	轴功率 /kW	配套电机		机组最大质量 /kg
					型号	功率/kW	
		−9.8	49.2	12.5	Y160L−4	15	
		−14.7	47.6	17	Y180L−4	22	
		−19.6	46.8	21.5	Y200L−4	30	
		−24.5	45.5	26	Y200L−4	30	
1170	53.6	−29.4	44.4	30.5	Y225S−4	37	1850
		−34.3	43.4	35	Y225M−4	45	
		−39.2	42.5	39.5	Y225M−4	45	
		−44.1	41.4	44	Y250M−4	55	
		−49.0	40.0	48.5	Y250M−4	55	
		−9.8	52.8	13.5	Y180M−4	18.5	
		−14.7	51.2	18.3	Y180L−4	22	
		−19.6	50.4	23.0	Y200L−4	30	
		−24.5	49.1	27.8	Y225S−4	37	
1250	57.2	−29.4	48.0	32.5	Y225S−4	37	2000
		−34.3	47.0	37.3	Y225M−4	45	
		−39.2	46.1	42.0	Y250M−4	55	
		−44.1	45.0	47	Y250M−4	55	
		−49.0	43.6	52.0	Y280S−4	75	
		−9.8	57.4	14.5	Y180M−4	18.5	
		−14.7	55.8	19.8	Y180L−4	22	
		−19.6	55.0	25.0	Y200L−4	30	
		−24.5	53.7	30.0	Y225S−4	37	
1350	61.8	−29.4	52.6	35.0	Y225M−4	45	2000
		−34.3	51.6	40.3	Y225M−4	45	
		−39.2	50.7	45.5	Y250M−4	55	
		−44.1	49.6	50.8	Y280S−4	75	
		−49.0	48.2	56.0	Y280S−4	75	

注：（1）* 所示转速的罗茨真空泵采用联轴器传动，其余为皮带轮传动。

（2）电机防护等级 IP44，电压 380V。

6. RRE – 200V 型

转速 /（r/min）	理论流量 /（m³/min）	真空度 /kPa	流量 /（m³/min）	轴功率 /kW	配套电机		机组最大质量 /kg
					型号	功率/kW	
730*	40.8	-9.8	35.4	9.7	Y180L – 8	11	1640
		-14.7	33.8	13.1	Y200L – 8	15	
		-19.6	33.1	16.5	Y225S – 8	18.5	
		-24.5	31.9	19.9	Y225M – 8	22	
		-29.4	30.8	23.3	Y250M – 8	30	
		-34.3	29.8	26.7	Y250M – 8	30	
		-39.2	28.8	30.1	Y280S – 8	37	
		-44.1	27.6	33.5	Y280S – 8	37	
		-49.0	26.0	36.9	Y280M – 8	45	
970*	54.3	-9.8	48.9	13	Y180L – 6	15	1645
		-14.7	47.3	17.5	Y200L2 – 6	22	
		-19.6	46.6	22	Y225M – 6	30	
		-24.5	45.4	26.5	Y250M – 6	37	
		-29.4	44.3	31	Y250M – 6	37	
		-34.3	43.3	35.6	Y280S – 6	45	
		-39.2	42.3	40	Y280M – 6	55	
		-44.1	41.1	44.6	Y280M – 6	55	
		-49.0	39.5	49	Y280M – 6	55	
1170	65.5	-9.8	60.1	15	Y180M – 4	18.5	2080
		-14.7	58.5	21.3	Y200L – 4	30	
		-19.6	57.8	26	Y200L – 4	30	
		-24.5	56.6	35.5	Y225S – 4	37	
		-29.4	55.5	37	Y225M – 4	45	
		-34.3	54.5	42.5	Y250M – 4	55	
		-39.2	53.5	48	Y250M – 4	55	
		-44.1	52.3	53.5	Y280S – 4	75	
		-49.0	50.7	59	Y280S – 4	75	
1250	70.0	-9.8	64.6	16	Y180M – 4	18.5	2080
		-14.7	63.0	21.8	Y200L – 4	30	
		-19.6	62.3	27.5	Y225S – 4	37	
		-24.5	61.1	33.3	Y225S – 4	37	
		-29.4	60.0	39	Y225M – 4	45	
		-34.3	59.0	45	Y250M – 4	55	
		-39.2	58.0	51	Y280S – 4	75	
		-44.1	56.8	57	Y280S – 4	75	
		-49.0	55.2	63	Y280S – 4	75	

续表

转速 / (r/min)	理论流量 / (m³/min)	真空度 /kPa	流量 / (m³/min)	轴功率 /kW	配套电机		机组最大 质量 /kg
					型号	功率/kW	
		-9.8	70.1	17	Y180L-4	22	
		-14.7	68.5	23.5	Y200L-4	30	
		-19.6	67.8	30	Y225S-4	37	
		-24.5	66.6	36	Y225M-4	45	
1350	75.5	-29.4	65.5	42	Y250M-4	55	2080
		-34.3	64.5	48.5	Y250M-4	55	
		-39.2	63.5	56	Y280S-4	75	
		-44.1	62.3	61.5	Y280S-4	75	
		-49.0	60.7	68	Y280S-4	75	

注：（1）* 所示转速的罗茨真空泵采用联轴器传动，其余为皮带轮传动。

（2）电机防护等级 IP44，电压 380V。

参考文献

[1]《运输机械设计选用手册》化学工业出版社，北京，2004.

[2] 张荣善. 散料输送与贮存［M］. 化学工业出版社，2003.

[3] 洪致育，林良明. 连续输送机［M］. 机械工业出版社，北京，1985.

[4] 朱斌晰. 粮食装卸输送机械［M］. 中国财政经济出版社，1984

[5] 熊万斌. 通风除尘与气力输送［M］. 化学工业出版社，2008

[6] 石国祥，余汪洋. 刮板和埋刮板输送机［M］. 机械工业出版社，1991

[7] 汪宗华. 带式输送机［M］. 机械工业出版社，1989

[8] 螺旋输送机、斗式提升机和振动输送机［M］. 机械工业出版社，1991

[9] 王鹰. 连续输送机械设计手册. 中国铁道出版社. 2001

[10] GB 50270－2010《连续输送设备安装工程施工及验收规范》

[11] JB/T7679－2008《螺旋输送机》

[12] JB/T3926－2014《垂直斗式提升机》

[13] GB/T10596－2011《埋刮板输送机》

[14] GB/T10595－2009《带式输送机》

[15] GB 14784－2013《带式输送机 安全规范》

[16] 孟文俊，王鹰. 连续输送机械及其系统的现状和未来发展［A］，物流工程30年技术创新发展之道［C］. 中国铁道出版社，2010，10.

[17] 何东平 王兴国 刘玉兰主编. 油脂工厂设计手册（上、中、下册）［M］. 湖北：湖北科学技术出版社，2012.

[18] 徐宝东主编. 化工管路设计手册［M］. 北京：化学工业出版社，2014.

[19] 吴德荣主任. 化工工业设计手册（第四版）［M］. 北京：化学工业出版社，2013.

[20] 何东平主编. 食品工厂设计［M］. 北京：中国轻工业出版社，2015.